应用型人才培养精品教材

新一代信息技术实训教程

主　编　陈万钧　吴秀英　王　荣　曾小山

副主编　刘　刚　涂平生　黄飞翔　黄　刚

周梦洁　赖　薇　萧　巍

参　编　王玉健　郭　翔　刘万灯　欧阳可恩

刘霏霏　易伟东　张金霞　朱丽琴　张　兰

北京理工大学出版社

BEIJING INSTITUTE OF TECHNOLOGY PRESS

内 容 简 介

近年来，以大数据、人工智能、物联网、云计算、区块链为代表的新一代信息技术产业正在酝酿着新一轮的信息技术革命。新一代信息技术产业不仅重视信息技术本身和商业模式的创新，而且强调将信息技术渗透、融合到社会和经济发展的各个行业，推动其他行业的技术进步和产业发展。

本书的宗旨是帮助高职高专院校的学生提高信息素养，熟悉新一代信息技术基础知识，从而提高信息技术应用能力。本书以新一代信息技术为主线，分为9个项目，分别是应用机器学习进行“鸢尾花”品种分类、工业互联网应用——智能养殖平台的设计、使用Docker技术部署Web项目、光宽带接入与无线扩展、常用网络工具的使用与网络协议分析、校园VR全景漫游设计与制作、综合文档排版、“公司员工情况表”的制作和分析、员工岗位竞聘和企业员工职业素质培训演示文稿的制作。

本书可以作为高职高专院校信息技术通识教育的教材，也可供对新一代信息技术感兴趣的读者自学使用。

图书在版编目(CIP)数据

新一代信息技术实训教程／陈万钧等主编. -- 北京：北京理工大学出版社，2022.9

ISBN 978-7-5763-1694-0

Ⅰ.①新… Ⅱ.①陈… Ⅲ.①电子计算机-高等职业教育-教材 Ⅳ.①TP3

中国版本图书馆CIP数据核字(2022)第165614号

出版发行／北京理工大学出版社有限责任公司
社　　址／北京市海淀区中关村南大街5号
邮　　编／100081
电　　话／(010) 68914775（总编室）
　　　　　(010) 82562903（教材售后服务热线）
　　　　　(010) 68944723（其他图书服务热线）
网　　址／http：//www. bitpress. com. cn
经　　销／全国各地新华书店
印　　刷／北京国马印刷厂
开　　本／787毫米×1092毫米　1/16
印　　张／14.75
字　　数／292千字
版　　次／2022年9月第1版　2022年9月第1次印刷
定　　价／36.00元

责任编辑／钟　博
文案编辑／钟　博
责任校对／周瑞红
责任印制／施胜娟

图书出现印装质量问题，请拨打售后服务热线，本社负责调换

前　言

随着计算机技术、通信技术的飞速发展，人类也随之进入信息化社会，如今信息化建设已经渗透到了各行各业。新一代信息技术不只是指信息领域的一些分支技术的纵向升级，更是指信息技术的整体平台和产业的代际变迁。

同时，近年来以大数据、人工智能、物联网、云计算和区块链为代表的新一代信息技术推动着新一轮的信息技术产业发展。新一代信息技术产业不仅重视信息技术本身和商业模式的创新，而且强调将信息技术渗透、融合到社会和经济发展的各个行业，推动其他行业的技术进步和产业发展。

本书以落实国家战略，加速培养熟悉新一代信息技术的高素质人才，为实现经济高质量发展提供人才支撑为基本出发点，主要面向高职高专院校的学生，帮助他们了解大数据、人工智能、物联网、云计算和区块链等技术的基本原理和实际问题，熟悉新一代信息技术在各行各业中的应用，为他们在后续的专业课程中更好地学习奠定基础。

本书按照“以学生为中心、学习成果为导向、促进学生自主学习”的思路进行，教材结构设计符合活页式教材和新形态教材建设标准，全书采用项目化设计，以任务为驱动，更加突出实践性，力求实现情景化教学。全书共分为九个项目，下设若干个任务清单，重点激发学生的学习兴趣，明确学习的目标。任务清单设置“任务实施”，学生通过完成任务知识，循序渐进，实现必要知识的积累、动手能力的实践和分析问题能力的提高，更加符合学生的认知规律和接受能力。

本书由陈万钧、吴秀英、王荣、曾小山担任主编，刘刚、涂平生、黄飞翔、黄刚、周梦洁、赖薇、萧巍担任副主编，王玉健、郭翔、刘万灯、欧阳可恩、刘霏霏、易伟东、张金霞、朱丽琴、张兰参与了本书的编写。全书由陈万钧负责修改并统稿。

由于新一代信息技术的发展日新月异，加之编者水平有限，书中难免存在不足之处，恳请广大读者批评指正，以便编者进一步完善。

编　者

目　录

项目 1

应用机器学习进行“鸢尾花”品种分类

【项目导读】

一名植物爱好者根据 Iris – versicolor（杂色鸢尾）、Iris – setosa（山鸢尾）或 Iris – virginica（维吉尼亚鸢尾）这三个品种的鸢尾花花瓣的长度和宽度以及萼片的长度和宽度的特征，分别对每个品种收集了 50 组特征数据，共计 150 组特征数据，数据集部分数据如图 1 – 1 所示。

	A	B	C	D	E
1	萼片长度	萼片宽度	花瓣长度	花瓣宽度	类型
2	5	2	3.5	1	Iris-versicolor
3	6	2.2	4	1	Iris-versicolor
4	6.2	2.2	4.5	1.5	Iris-versicolor
5	6	2.2	5	1.5	Iris-virginica
6	4.5	2.3	1.3	0.3	Iris-setosa
7	5.5	2.3	4	1.3	Iris-versicolor
8	6.3	2.3	4.4	1.3	Iris-versicolor
9	5	2.3	3.3	1	Iris-versicolor
10	4.9	2.4	3.3	1	Iris-versicolor
11	5.5	2.4	3.8	1.1	Iris-versicolor
12	5.5	2.4	3.7	1	Iris-versicolor
13	5.6	2.5	3.9	1.1	Iris-versicolor
14	6.3	2.5	4.9	1.5	Iris-versicolor
15	5.5	2.5	4	1.3	Iris-versicolor
16	5.1	2.5	3	1.1	Iris-versicolor
17	4.9	2.5	4.5	1.7	Iris-virginica
18	6.7	2.5	5.8	1.8	Iris-virginica
19	5.7	2.5	5	2	Iris-virginica
20	6.3	2.5	5	1.9	Iris-virginica

图 1 – 1　数据集部分数据

根据该测量数据可以确定每朵鸢尾花所属品种，本项目的目标是让机器从这些已知品种的鸢尾花测量数据中学习并生成一个机器学习模型，通过调用模型来预测未知鸢尾花的品种。

【项目目标】

- ➢ 掌握特征数据集的设计；
- ➢ 掌握模型训练的关键参数设置；
- ➢ 掌握模型训练过程中的损失度与准确率；
- ➢ 掌握模型的加载；
- ➢ 掌握模型的测试方法；
- ➢ 掌握机器学习中的相关术语；
- ➢ 掌握神经网络对结构化数据进行分类的方法。

【项目地图】

本项目的项目地图如图 1－2 所示。

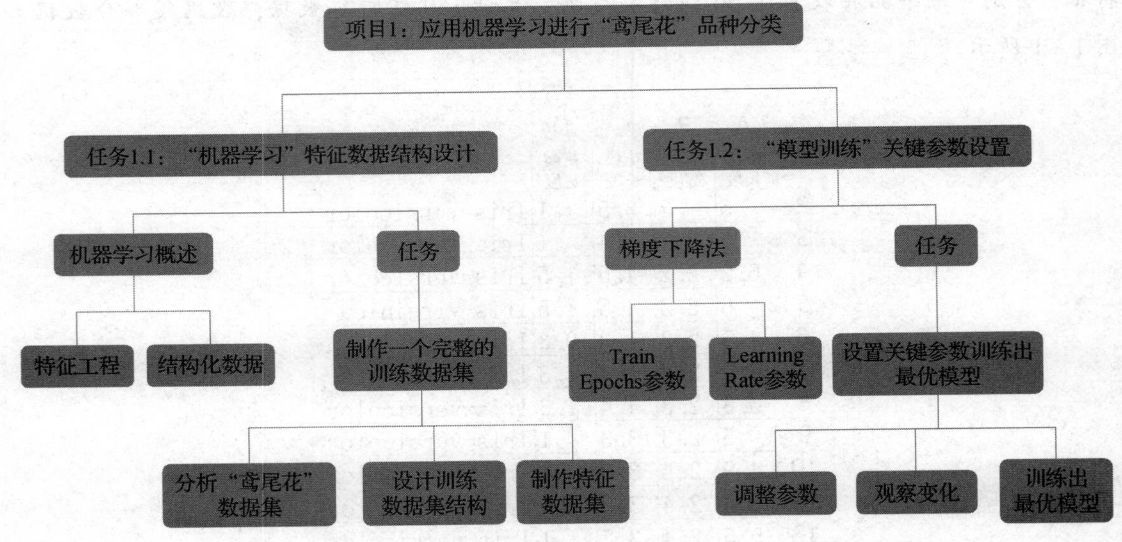

图 1－2　项目 1 的项目地图

【思政小课堂】

2021 年 9 月 25 日，国家新一代人工智能治理专业委员会发布了《新一代人工智能伦理规范》（以下简称《伦理规范》），旨在将伦理道德融入人工智能全生命周期，为从事人工智能相关活动的自然人、法人和其他相关机构等提供伦理指引。

《伦理规范》提出，在提供人工智能产品和服务时，应充分尊重和帮助弱势群体、特殊群体，并根据需要提供相应替代方案，同时要保障人类拥有充分的自主决策权，确保人工智能始终处于人类控制之下。

《伦理规范》提出了增进人类福祉、促进公平公正、保护隐私安全、确保可控可信、强化责任担当、提升伦理素养 6 项基本伦理要求。人工智能各类活动应增进人类福祉，坚持公

共利益优先，促进人机和谐友好，同时应促进公平公正，坚持普惠性和包容性，促进社会公平正义和机会均等。

《伦理规范》明确，要坚持人类是最终责任主体，在人工智能全生命周期各环节自省自律，建立人工智能问责机制，不回避责任审查，不逃避应负责任；积极学习和普及人工智能伦理知识，客观认识伦理问题，不低估、不夸大伦理风险。

（来源：新京报社百家号）

任务1.1　“机器学习”特征数据结构设计

【任务工单】　任务工单1－1：“机器学习”特征数据结构设计

<table>
<tr><td>任务名称</td><td colspan="4">“机器学习”特征数据结构设计</td></tr>
<tr><td>组别</td><td></td><td>成员</td><td>小组成绩</td><td></td></tr>
<tr><td>学生姓名</td><td colspan="2"></td><td>个人成绩</td><td></td></tr>
<tr><td>任务情境</td><td colspan="4">数据处理员要完成某年龄段“身高、体重”的机器学习特征数据结构设计工作。现请你以数据处理员身份，完成某年龄段“身高、体重”的机器学习特征数据结构设计。请参考“鸢尾花”品种分类数据集，完成某年龄段“身高、体重”的机器学习特征数据结构设计</td></tr>
<tr><td>任务目标</td><td colspan="4">某年龄段“身高、体重”的机器学习特征数据结构设计：完成一个完整的训练数据集</td></tr>
<tr><td>任务要求</td><td colspan="4">按本任务后面列出的具体任务内容，完成某年龄段“身高、体重”的机器学习特征数据集</td></tr>
<tr><td>知识链接</td><td colspan="4"></td></tr>
<tr><td>计划决策</td><td colspan="4"></td></tr>
<tr><td>任务实施</td><td colspan="4">（1）分析“鸢尾花”数据集的数据结构

（2）根据某年龄段“身高、体重”数据设计机器学习用的数据结构

（3）制作某年龄段“身高、体重”特征数据集</td></tr>
</table>

续表

<table>
<tr><td>任务名称</td><td colspan="5">“机器学习”特征数据结构设计</td></tr>
<tr><td>组别</td><td></td><td>成员</td><td></td><td>小组成绩</td><td></td></tr>
<tr><td>学生姓名</td><td colspan="3"></td><td>个人成绩</td><td></td></tr>
<tr><td>检查</td><td colspan="5">（1）“鸢尾花”数据集分析概述；（2）体现数据结构的电子表格；（3）某年龄段“身高、体重”特征数据集电子表格</td></tr>
<tr><td>实施总结</td><td colspan="5"></td></tr>
<tr><td>小组评价</td><td colspan="5"></td></tr>
<tr><td>任务点评</td><td colspan="5"></td></tr>
</table>

【前导知识】

机器学习概述

机器学习是人工智能的一个子集，能够指导计算机通过数据进行学习，并利用经验改进自身的性能。在机器学习过程中，机器学习算法会不断进行训练，从数据集中发现模式和相关性，并根据数据分析结果做出最佳决策和预测。

1. 特征工程

特征工程是利用数据领域的相关知识来创建能够使机器学习算法达到最佳性能的特征的过程。特征工程就是个把原始数据转变成特征的过程，这些特征可以很好地描述这些数据，并且利用它们所建的模型在未知数据上的表现性能可以达到最优。从数学的角度来看，特征工程就是人工地设计输入变量 X。

2. 结构化数据

结构化数据也称作行数据，是由二维表结构来逻辑表达和实现的数据，它严格地遵循数据格式与长度规范。

如图 1－1 所示，“鸢尾花”数据集包含 4 个特征（萼片长度、萼片宽度、花瓣长度、花瓣宽度），特征值都为正浮点数，单位为厘米。标签值为鸢尾花的分类——Iris－setosa（山鸢尾）、Iris－versicolour（杂色鸢尾）、Iris－virginica（维吉尼亚鸢尾）。也就是说，该数据集包含 4 个特征、1 个标签。

任务1.2　“模型训练”关键参数设置

【任务工单】　任务工单1-2：“模型训练”关键参数设置

<table>
<tr><td>任务名称</td><td colspan="5">“模型训练”关键参数设置</td></tr>
<tr><td>组别</td><td></td><td>成员</td><td></td><td>小组成绩</td><td></td></tr>
<tr><td>学生姓名</td><td colspan="3"></td><td>个人成绩</td><td></td></tr>
<tr><td>任务情境</td><td colspan="5">根据不同的数据集，通过调整训练参数，训练出最优模型</td></tr>
<tr><td>任务目标</td><td colspan="5">设置关键参数，训练出最优模型</td></tr>
<tr><td>任务要求</td><td colspan="5">按本任务后面列出的具体任务内容，完成训练参数的设置</td></tr>
<tr><td>知识链接</td><td colspan="5"></td></tr>
<tr><td>计划决策</td><td colspan="5"></td></tr>
<tr><td>任务实施</td><td colspan="5">（1）调整“鸢尾花”数据集模型训练的关键参数

（2）观察不同参数下 loss 和 accuracy 的变化

（3）调整某年龄段“身高、体重”数据模型训练的关键参数进行训练并验证结果，训练出最优的模型</td></tr>
<tr><td>检查</td><td colspan="5">（1）不同参数下的 loss 和 accuracy 变化图；（2）推理结果最优的体重预测模型</td></tr>
<tr><td>实施总结</td><td colspan="5"></td></tr>
<tr><td>小组评价</td><td colspan="5"></td></tr>
<tr><td>任务点评</td><td colspan="5"></td></tr>
</table>

【前导知识】

1. 梯度下降法

梯度下降法（Gradient Descent）是一个广泛被用来最小化模型误差的参数优化算法。梯度下降法通过多次迭代，并在每一步中最小化成本函数（cost function）来估计模型的参数（weight）。

2. Train Epochs 参数

epoch 被定义为向前和向后传播中所有批次的单次训练迭代。这意味着 1 个周期是整个输入数据的单次向前和向后传递。简单地说，epoch 指的就是训练过程中数据将被“轮”多少次。

下面举个例子。

训练集有 1 000 个样本，batch_size = 10，那么训练完整的样本集需要 100 次 iteration、1 次 epoch。

具体的计算公式为：

epoch = iteration = N = 训练样本的数量/ batch_size

3. Learning Rate 参数

学习率（Learning Rate，LR）表示参数每次更新的幅度。

梯度下降法的数学表达式为

$$w_{t+1} = w_t - \text{Learning Rate} \times \frac{\partial \text{loss}}{\partial w_t}$$

其中 Learning Rate 是超参数，它不能设置得过大，也不能设置得过小。如果 Learning Rate 过小，模型容易陷入局部最优解，且收敛缓慢，Learning Rate 过大，梯度可能会在最小值附近来回振荡，甚至可能无法收敛，因此，Learning Rate 的设置在深度学习中尤为关键。

【任务内容】

（1）在训练页面中调整 Train Epochs、Learning Rate 参数后从头开始训练模型，如图 1 -4 所示。

（2）观察不同参数下 Loss 和 Accuracy 的变化。

（3）在“身高、体重”数据模型训练页面调关键参数进行训练并验证结果，训练出最优的模型，如图 1 -3 所示。

注：训练页面通过本书的资源网站链接（http://www.huiwei51.com/wx/#/bookSearch/978 -7 -5763 -1694 -0）进入。

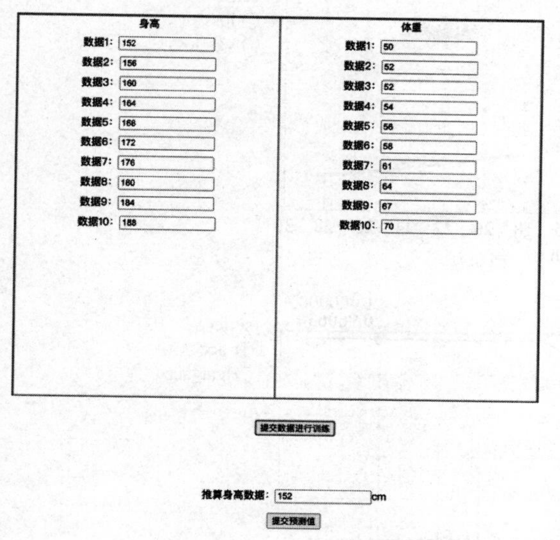

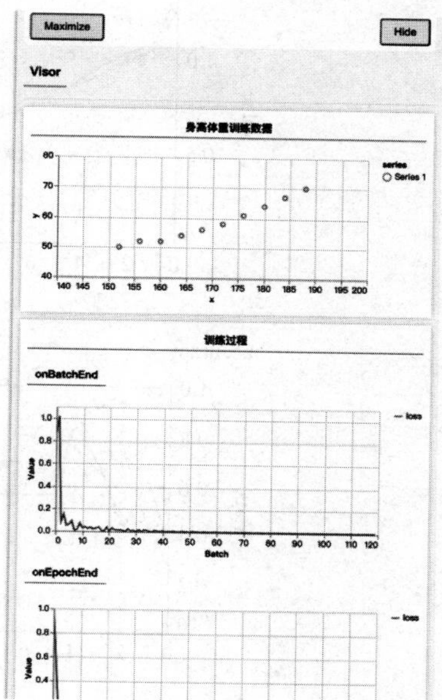

图1－3　调整参数

【任务实施】

（1）在训练页面中调整 Train Epochs、Learning Rate 参数。

在训练平台参数设定框中输入自定义 Train Epochs、Learning Rate 参数，如图 1－4 所示。

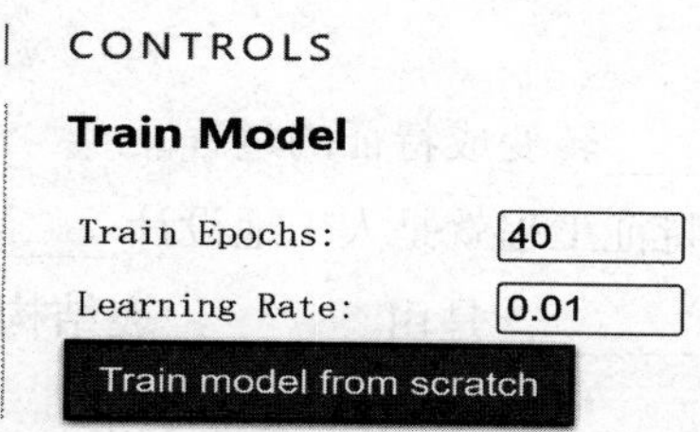

图1－4　训练平台参数设定框

（2）观察不同参数下 loss 和 accuracy 的变化。

输入自定义 Train Epochs、Learning Rate 参数后单击“Train model from scratch”按钮，观察 loss 和 accuracy 的变化，如图 1－5 所示。

（3）在“身高、体重”数据模型训练页面调整关键参数进行训练并验证结果，训练出最优的模型。

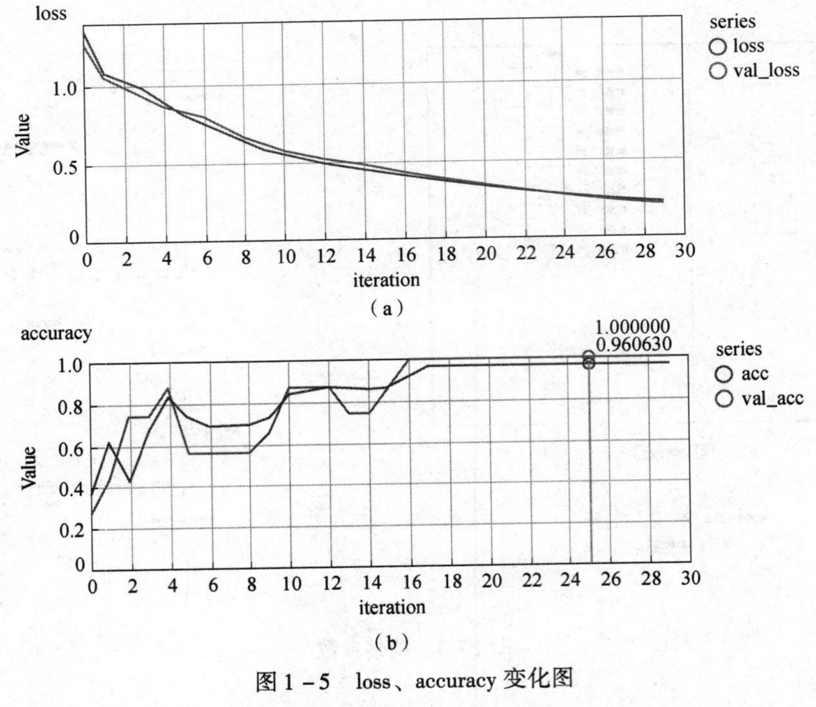

（a）

（b）

图 1－5　loss、accuracy 变化图

（a）loss 变化图；（b）accuracy 变化图

【知识考核】

1. 填空题

（1）________是利用数据领域的相关知识来创建能够使机器学习算法达到最佳性能的特征的过程。

（2）特征工程就是把________转变成特征的过程。

（3）从数学的角度来看，特征工程就是人工地设计________。

（4）结构化数据也称作________，是由________表结构来逻辑表达和实现的数据，它严格遵循数据格式与长度规范。

2. 选择题

（1）（　　）为“鸢尾花”数据集的特征数据之一。

A. 萼片颜色　　B. 萼片长度　　C. 花瓣颜色　　D. 花瓣形状

（2）训练集有 1 000 个样本，batch_size＝10，那么训练完整的样本集需要（　　）。

A. 100 次 iteration、1 次 epoch　　B. 200 次 iteration、2 次 epoch

C. 300 次 iteration、3 次 epoch　　D. 400 次 iteration、4 次 epoch

3. 设计题

设计通过“体重、年龄”预测“血脂”的机器学习数据集。

项目 2
工业互联网应用——智能养殖平台的设计

【项目导读】

工业互联网（Industrial Internet）是新一代信息通信技术与工业经济深度融合的新型基础设施、应用模式和工业生态，它通过对人、机、物、系统等的全面连接，构建起覆盖全产业链、全价值链的全新制造和服务体系，为工业乃至产业数字化、网络化、智能化发展提供了实现途径，是第四次工业革命的重要基石。

智能养殖平台是工业互联网技术在养殖生产、经营、管理和服务中的具体应用。具体地讲，智能养殖平台就是运用各类传感器，广泛采集家禽水产养殖、农产品物流等相关信息；通过建立数据传输和格式转换方法，集成无线传感器网络、电信网和互联网，实现产品信息的多尺度（个域、视域、区域、地域）传输；最后将获取的海量产品信息进行融合、处理，并通过智能化操作终端实现产品产前、产中、产后的过程监控、科学管理和即时服务，进而实现养殖业集约、高产、高效、优质、生态和安全的目标。

综上所述，本项目要完成的任务有：传感器的安装与配置、网络的规划与配置、服务器的安装与配置。

【项目目标】

➢ 掌握传感器的安装步骤；
➢ 掌握传感器的参数配置方法和步骤；
➢ 掌握有线网络接入的规划与配置；
➢ 掌握无线网络接入的规划与配置；
➢ 掌握服务器的安装方法；
➢ 掌握服务器的业务配置。

【项目地图】

本项目的项目地图如图 2－1 所示。

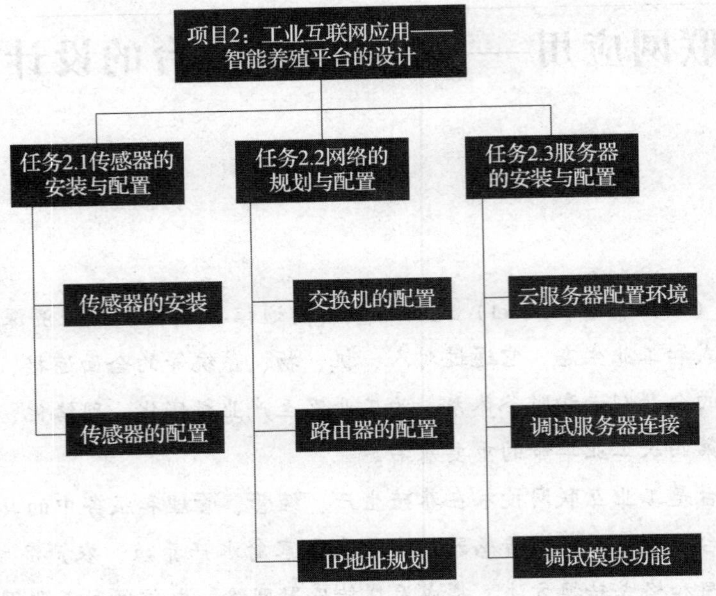

图 2－1　项目 2 的项目地图

【思政小课堂】

乡村振兴战略是习近平同志于 2017 年 10 月 18 日在党的十九大报告中提出的战略。十九大报告指出，农业农村农民问题是关系国计民生的根本性问题，必须始终把解决好“三农”问题作为全党工作的重中之重，实施乡村振兴战略。

乡村是具有自然、社会、经济特征的地域综合体，兼具生产、生活、生态、文化等多重功能，与城镇互促互进、共生共存，共同构成人类活动的主要空间。乡村兴则国家兴，乡村衰则国家衰。我国人民日益增长的美好生活需要和不平衡、不充分的发展之间的矛盾在乡村最为突出，我国仍处于并将长期处于社会主义初级阶段，它的特征在很大程度上表现在乡村。全面建成小康社会和全面建设社会主义现代化强国，最艰巨、最繁重的任务在农村，最广泛、最深厚的基础在农村，最大的潜力和后劲也在农村。实施乡村振兴战略，是解决新时代我国社会主要矛盾、实现“两个一百年”奋斗目标和中华民族伟大复兴中国梦的必然要求，具有重大的现实意义和深远的历史意义。

随着数字经济的快速发展，为养殖业构建数字化“双眼”“大脑”与“神经系统”已成为政府、社会及行业共识，智能养殖话题的关注度节节攀升。

随着智能养殖在人们视野中逐渐活跃，越来越多的互联网企业用“算力”撬动农业升级。农业的现代化必然伴随着信息化和数字化，京东、阿里、华为等互联网企业纷纷在畜

牧、水产、家禽等多领域布局，为传统养殖业的触网蝶变推出智能养殖数字化方案。

为养殖企业的管理打造“数字大脑”至关重要。网易大数据平台“网易数帆”相关负责人表示，“养殖供应链是一个十分庞大且复杂的系统，‘数字大脑’可以聚合纷繁的产业链数据，将养殖能手的经验固化为数字模型，一目了然地辅助企业进行科学监管”。

近日，中央网信办、农业农村部、国家发展改革委、工业和信息化部、国家乡村振兴局联合印发《2022年数字乡村发展工作要点》，明确提出数字乡村发展的重点任务之一是大力推进智慧农业建设，包括夯实智慧农业发展基础、加快推动农业数字化转型、强化农业科技创新供给、提升农产品质量安全追溯数字化水平。

面对仍然存在的人才短缺、资金不足、数据匮乏等挑战，智能养殖业的高质量发展离不开政策的引导推动。《2022年数字乡村发展工作要点》立足于中国数字乡村的发展现状，充分衔接了《中共中央国务院关于做好2022年全面推进乡村振兴重点工作的意见》《数字乡村发展战略纲要》《“十四五”国家信息化规划》《数字乡村发展行动计划（2022—2025年）》的总体目标要求，对持续推动农村数字普惠金融发展、推进新型数字化技术应用及供给等领域提出了明确的任务要求。

随着国家及地方政策利好和行业发展，养殖业将逐步向“精准、绿色、高效”的发展模式转变，充分释放数字经济的潜力和红利，赋能乡村振兴进程。

任务2.1　传感器的安装与配置

【任务工单】 任务工单2-1：传感器的安装与配置

<table>
<tr><td>任务名称</td><td colspan="5">传感器的安装与配置</td></tr>
<tr><td>组别</td><td></td><td>成员</td><td rowspan="2"></td><td>小组成绩</td><td></td></tr>
<tr><td>学生姓名</td><td colspan="2"></td><td>个人成绩</td><td></td></tr>
<tr><td>任务情境</td><td colspan="5">智能设备运维工程师要完成某养殖场传感器的安装与配置工作。现请你以智能设备装维工程师的身份，帮助管理员完成传感器的安装与配置工作。请围绕养殖场日常的事务工作，根据所需要的传感器类型，完成传感器的安装与配置工作</td></tr>
<tr><td>任务目标</td><td colspan="5">传感器的安装与配置</td></tr>
<tr><td>任务要求</td><td colspan="5">按本任务后面列出的具体任务内容，完成传感器的安装与配置</td></tr>
<tr><td>知识链接</td><td colspan="5"></td></tr>
<tr><td>计划决策</td><td colspan="5"></td></tr>
</table>

续表

<table>
<tr><td>任务名称</td><td colspan="5">传感器的安装与配置</td></tr>
<tr><td>组别</td><td></td><td>成员</td><td></td><td>小组成绩</td><td></td></tr>
<tr><td>学生姓名</td><td colspan="3"></td><td>个人成绩</td><td></td></tr>
<tr><td>任务实施</td><td colspan="5">（1）传感器的安装

（2）传感器的配置</td></tr>
<tr><td>检查</td><td colspan="5">（1）传感器的安装；（2）传感器的配置</td></tr>
<tr><td>实施总结</td><td colspan="5"></td></tr>
<tr><td>小组评价</td><td colspan="5"></td></tr>
<tr><td>任务点评</td><td colspan="5"></td></tr>
</table>

【前导知识】

传感器概述

传感器是能感受规定的被测量并按照一定规律将被测量转换成可用输出信号的器件或装置。传感器通常由敏感元件和转换元件组成。敏感元件指传感器中能直接感受被测量的部分，转换元件指传感器中能将敏感元件的输出转换为适于传输和测量的电信号部分。传感器的输出信号有很多形式，如电压、电流、频率、脉冲等，输出信号的形式由传感器的原理确定。

1. 搭建 ESP8266 网关开发环境

1）基本配置

ESP8266 是乐鑫信息科技针对 IOT 推出的一款 WiFi 芯片，在国内普及度较高。其开发方式有多种，例如采用 LUA 语言开发，或以 Arduino 形式开发，以及使用 SDK 开发。

工具包中的“AiThinkerIDE_V0. 5_Setup. exe”文件是使用 7z 自解压程序打包的，下载

后双击运行，首先设置开发环境的目录，可以使用默认路径。

安装完成后，安装路径下会有 AiThinker_IDE 和 Config Tool 两个程序，通过鼠标右键以管理员的权限运行 Config Tool 来配置相关程序的路径，默认情况下单击“Dafault”按钮即可自动识别，如果不能自动识别，则按以下步骤手动添加。

选择之前放置的“Eclipse”文件夹和“Cygwin”文件夹的位置，其中“Eclipse”文件夹的位置为“eclipse. exe”所在的目录。若配置无误，则单击“Save”按钮进行保存。启动 Eclipse，首次使用 Eclipse 时会提示选择一个目录作为工作空间，之后就可以使用 Eclipse 进行程序开发。

2）导入项目

（1）选择“File”→“Import”命令，如图 2－2 所示。

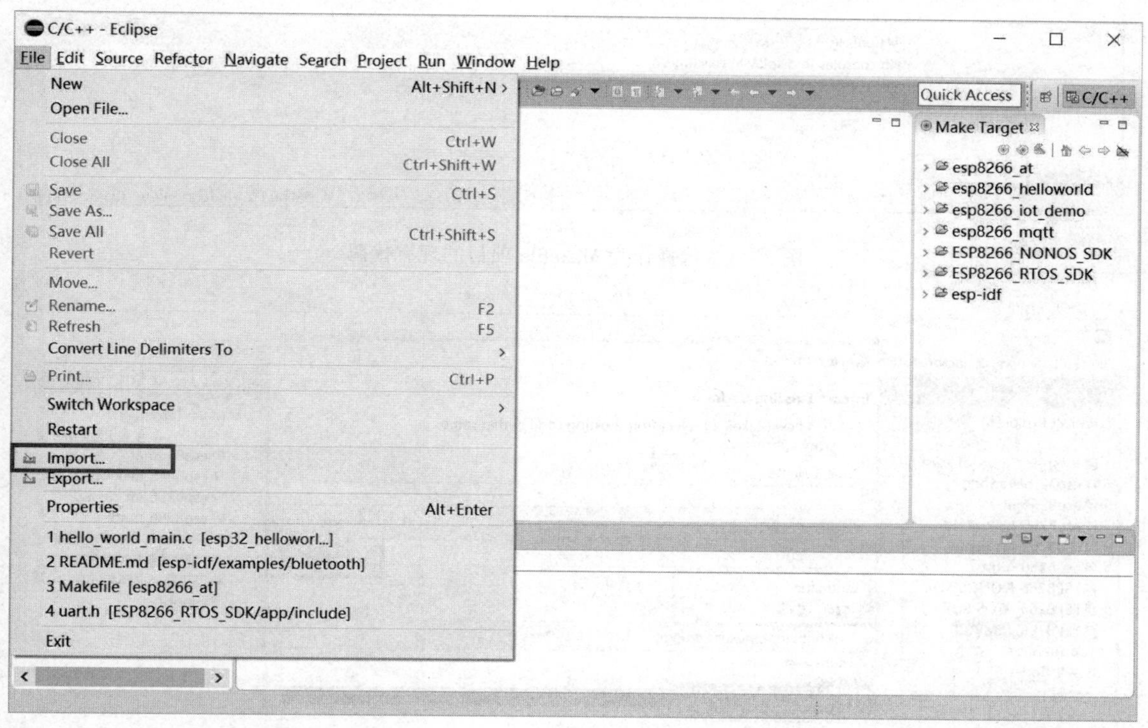

图 2－2　导入项目

（2）打开 C/C ++ 分支，并选择作为 Makefile 项目的现有代码（“Existing Code as Makefile Project”），如图 2－3 所示。

（3）去除 C ++ 支持，选择“Cygwin GCC”选项，单击“Browser”按钮，如图 2－4 所示。

（4）选择 ESP8266_TEMPLET 所在的目录，如图 2－5 所示。

（5）单击“Finish”按钮完成 ESP8266_TEMPLET 的导入，如图 2－6 所示。

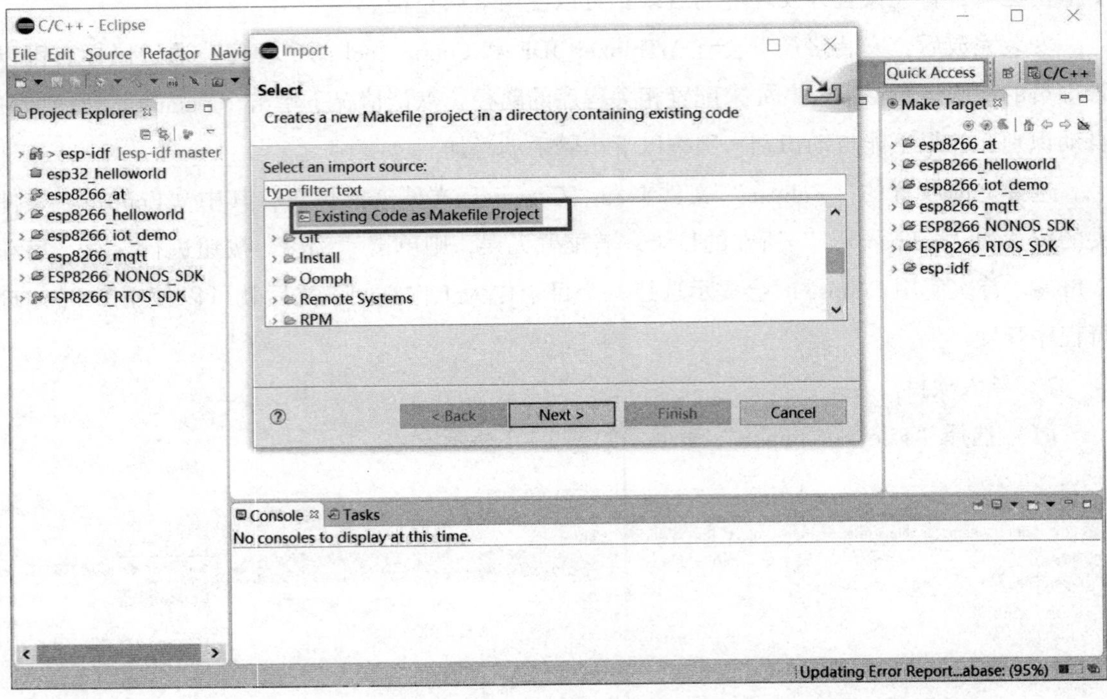

图 2－3　选择作为 Makefile 项目的现有代码

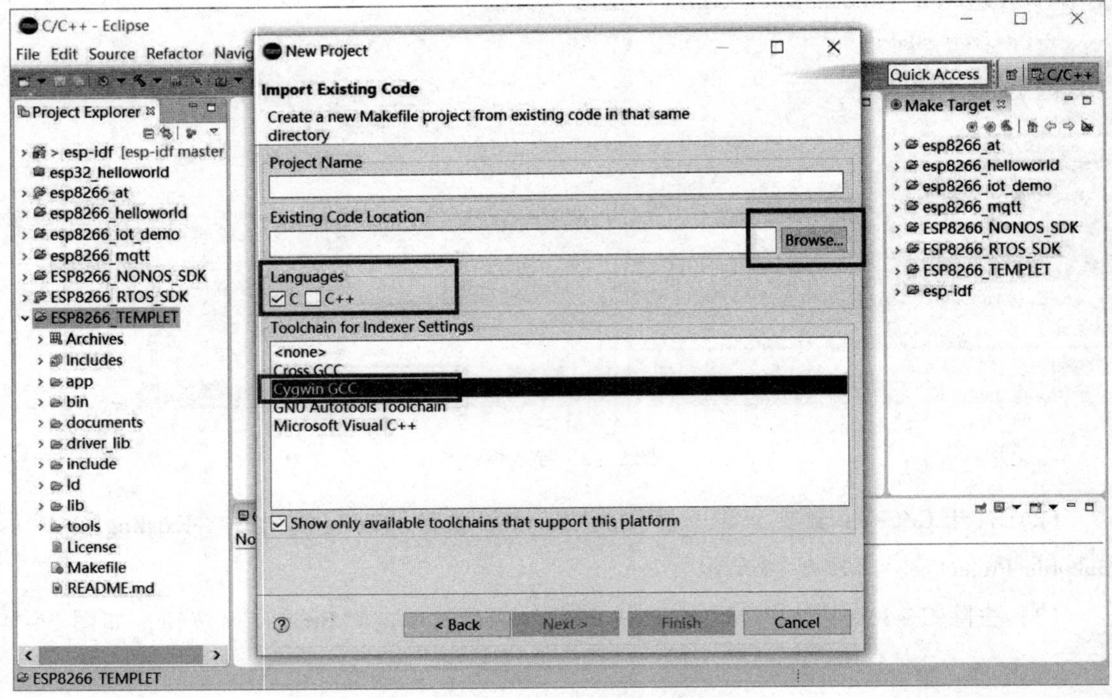

图 2－4　选择"Cygwin GCC"选项

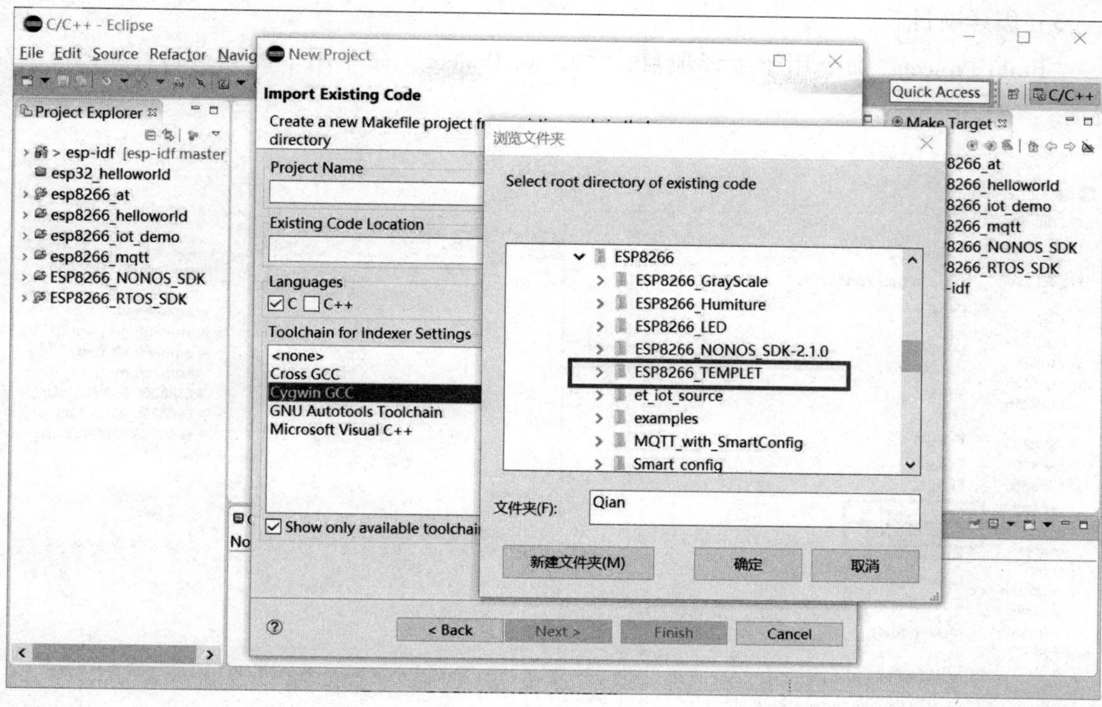

图 2-5　选择 ESP8266_TEMPLET 所在的目录

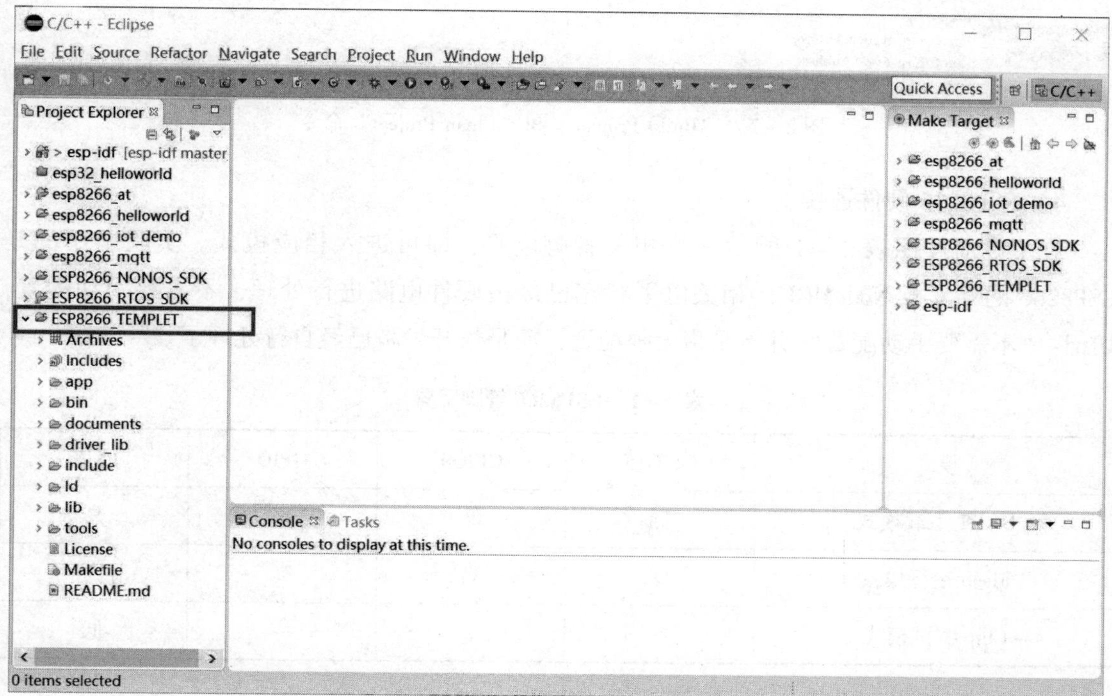

图 2-6　导入 ESP8266_TEMPLET

3）编译项目

“Build Project”命令用于编译项目，“Clean Project”命令用于清理项目，如图 2－7 所示。

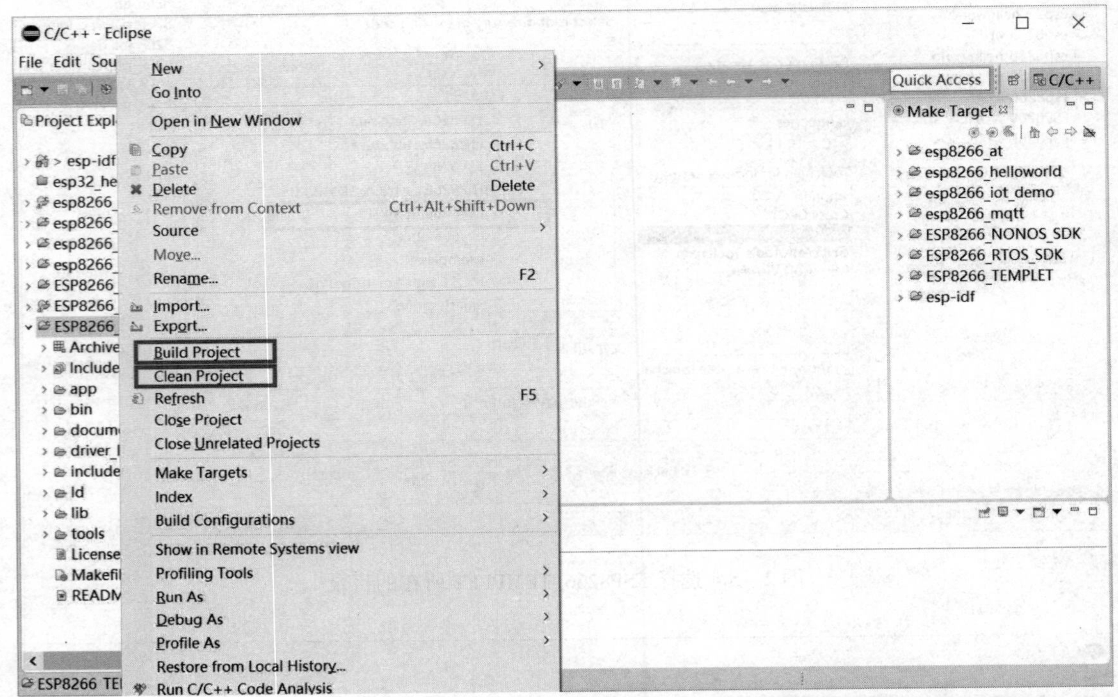

图 2－7　“Build Project”和“Clean Project”命令

4）ESP8266 硬件连接

在上电前按照表 2－1 所示配置相关管脚电平，即可进入相应模式。实验中用的是 ESP8266 的开发板 NodeMCU，相关电平状态已经由硬件电路进行处理，不需要手动配置，切记：“不需要手动配置”并不是指无须配置，而是指开发板已经自行处理了。

表 2－1　ESP8266 管脚配置

模式	GPIO15	GPIO0	GPIO	TXD0
UART 下载模式	低	低	高	高
Flash 运行模式	低	高	高	高
Chip 测试模式	—	—	—	低

5）ESP8266 Flash 地址配置

烧录时的配置选项与编译时的配置是相关的，编译 SDK 前，需要根据硬件信息进行编

译配置，配置不同，烧录的地址和需要的文件也不同。ESP8266 Flash 地址配置如图 2－8 所示。

BIN	各个 Flash 容量对应的下载地址					
	512	1024	2048	4096	8192	16*1024
blank.bin	0x7B000	0xFB000	0x1FB000	0x3FB000	0x7FB000	0xFFB000
esp_init_data_default.bin	0x7C000	0xFC000	0x1FC000	0x3FC000	0x7FC000	0xFFC000
blank.bin	0x7E000	0xFE000	0x1FE000	0x3FE000	0x7FE000	0xFFE000
eagle.flash.bin	0x00000					
eagle.irom0text.bin	0x10000					

图 2－8　ESP8266 Flash 地址配置

6）ESP8266 固件烧录

ESP8266 固件烧录工具有很多种，大多为第三方合作公司或玩家编写的，良莠不齐。本实验选用 ESP8266 官方发布的烧录工具，相关操作界面如图 2－9～图 2－11 所示。

电脑 › 本地磁盘 (D:) › ESP8266_FlashDownLoad › FLASH_DOWNLOAD_TOOLS_V3.4.9.2 ›

名称	修改日期	类型	大小
bin_tmp	2017/12/21 16:04	文件夹	
combine	2017/7/7 11:14	文件夹	
init_data	2017/7/7 20:25	文件夹	
logs	2016/10/18 22:51	文件夹	
RESOURCE	2017/7/7 11:14	文件夹	
.DS_Store	2017/7/7 20:24	DS_STORE 文件	7 KB
ESPFlashDownloadTool_v3.4.9.2.exe	2017/7/13 18:05	应用程序	24,785 KB
tool_config.txt	2017/12/21 16:18	文本文档	4 KB

图 2－9　操作界面（1）

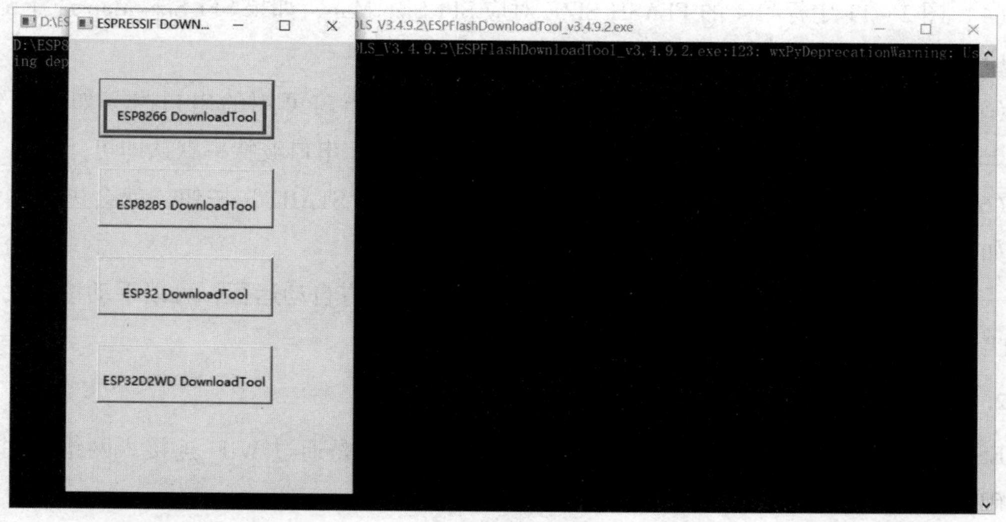

图 2－10　操作界面（2）

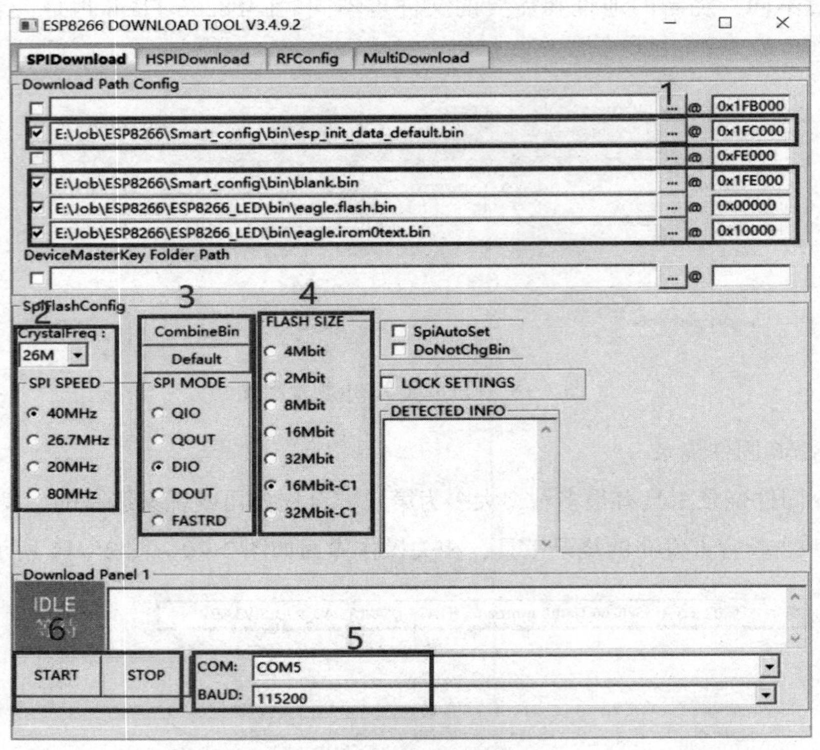

图 2－11　操作界面（3）

（1）图 2－11 中标号 1 所示为需要下载的文件，后面是对应的下载地址。

（2）图 2－11 中标号 2 上面的“26M”是指模块晶振的实际频率（一般都是 26 MHz），下面的 SPI SPEED 编译固件时设定的一致。

（3）图 2－11 中标号 3 的 SPI MODE 要与编译固件时设置的一致。

（4）图 2－11 中标号 4 的 FLASH SIZE 对应 SPI Size Map，如果 SPI Size Map 选择 5，这里对应的就是 16 Mbit－C1。

（5）图 2－11 中标号 5 的串口号下拉列表可显示当前可用的串口号，如果不知道 ESP8266 对应的是哪个串口号，可以在设备管理器中查看。串口波特率默认即可。

（6）在以上配置完成后，单击图 2－11 中标号 6 的“START”按钮，就会进行固件烧录，如图 2－12 所示。

一般情况下固件烧录完成后程序会自动运行，如果没有自动运行，可以手动按模块上的“RST”按键，以复位模块，运行程序。

2. 网关一键配网

ESP8266 是一款 WiFi 芯片，选择这款芯片的目的之一是通过 WiFi 连接入网络，并以此为基础，做一些 WiFi 相关的智能硬件开发。

ESP8266 DOWNLOAD TOOL V3.4.9.2

SPIDownload　HSPIDownload　RFConfig　MultiDownload

Download Path Config

☐		@ 0x1FB000
☑	E:\Job\ESP8266\Smart_config\bin\esp_init_data_default.bin	@ 0x1FC000
☐		@ 0xFE000
☑	E:\Job\ESP8266\Smart_config\bin\blank.bin	@ 0x1FE000
☑	E:\Job\ESP8266\ESP8266_LED\bin\eagle.flash.bin	@ 0x00000
☑	E:\Job\ESP8266\ESP8266_LED\bin\eagle.irom0text.bin	@ 0x10000

DeviceMasterKey Folder Path

SpiFlashConfig

CrystalFreq : 26M　CombineBin　Default

SPI SPEED: 40MHz, 26.7MHz, 20MHz, 80MHz

SPI MODE: QIO, QOUT, DIO, DOUT, FASTRD

FLASH SIZE: 4Mbit, 2Mbit, 8Mbit, 16Mbit, 32Mbit, 16Mbit-C1, 32Mbit-C1

SpiAutoSet　DoNotChgBin　LOCK SETTINGS

DETECTED INFO: flash vendor: EFh : WB flash devID: 4016h QUAD;32Mbit crystal: 26 Mhz

Download Panel 1

FINISH 完成　AP: 62-01-94-02-C2-31 STA: 60-01-94-02-C2-31

START　STOP　COM: COM3　BAUD: 115200

图 2 - 12　固件烧录

复制之前的 ESP8266_TEMPLET 项目并重命名为“ESP8266_SmartConfig”，然后导入项目，项目中已经加入了 WiFi 连接的相关文件，如图 2 - 13 所示。

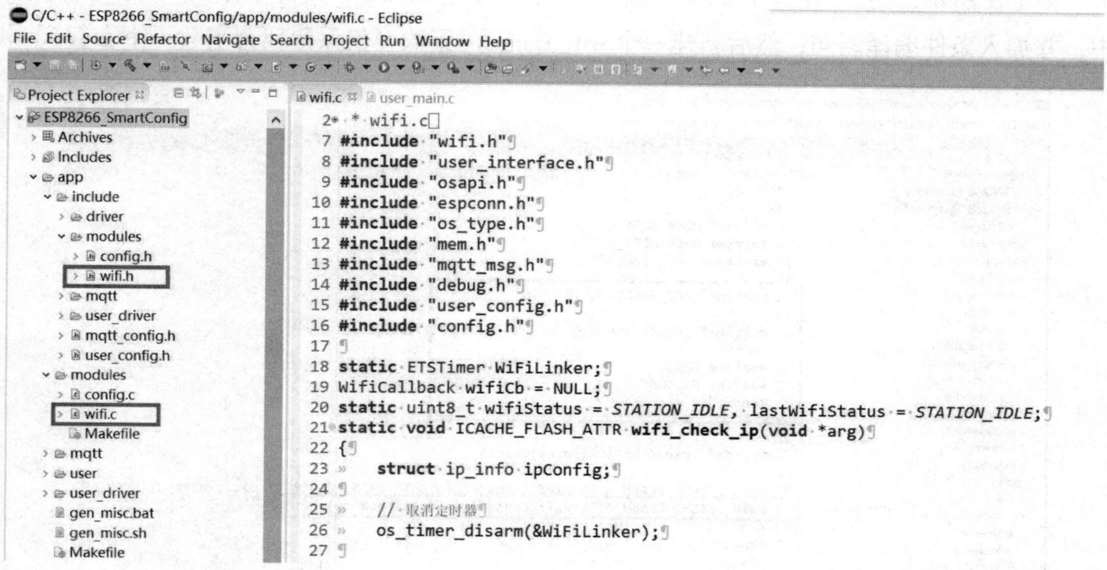

图 2 - 13　WiFi 连接的相关文件

"wifi. c" 以及 "wifi. h" 文件是官方 SDK 提供的，只需要调用相关 WiFi 连接函数就可以。

首先在 "user_main. c" 文件中添加 "wifi. h" 头文件引用，然后设置 SSID 以及 PASSWD 宏定义，通过调用 WIFI_Connect 函数连接 WiFi，如图 2-14 所示。

```
C/C++ - ESP8266_SmartConfig/app/user/user_main.c - Eclipse

#include "wifi.h"

#define SSID        "HUATEC"
#define PASSWD      "huatec"

* @brief      wifi状态改变回调函数
void wifiConnectCb(uint8_t status)
{
    if(status == STATION_CONNECTING){
        os_printf("Already connected to WiFi");
    } else {

    }
}
* @brief      GPIO中断处理函数
void PIRSensor_handle(void)
* FunctionName : user_rf_cal_sector_set
user_rf_cal_sector_set(void)

/**************************************************************************
user_rf_pre_init(void)

void user_init(void)
{
    //获取sdk版本号并通过串口打印出来
    os_printf("SDK version:%s\n", system_get_sdk_version());

    PIRSensor_Init(PIRSensor_handle);

    //连接wifi
    WIFI_Connect(SSID, PASSWD, wifiConnectCb);
```

图 2-14　连接 WiFi 设置

一键配网功能一般称为 SmartConfig。

如上图所示，将 SSID 及 PASSWD 宏定义从 "user_main. c" 文件中挪到 "wifi. h" 文件中，并加入条件编译语句，然后新建一个 wifi_Connect 函数，仅保留回调函数一个参数。

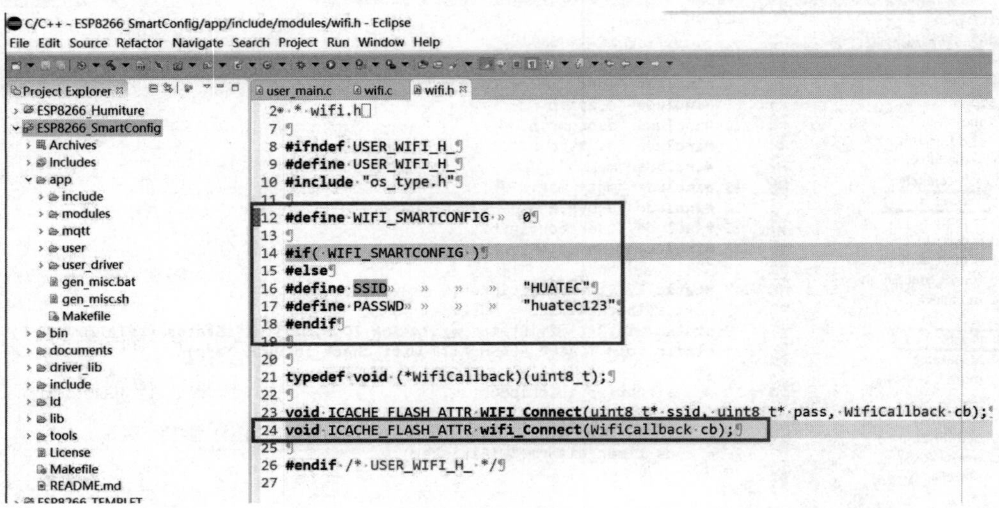

图 2-15　新建 wifi_Connect 函数

接下来，编写“wifi. c”文件，如图 2－16 所示。

```
#include "user_config.h"
#include "config.h"
#include "smartconfig.h"

struct station_config s_staconf;

static ETSTimer WiFiLinker;
WifiCallback wifiCb = NULL;
static uint8_t wifiStatus = STATION_IDLE, lastWifiStatus = STATION_IDLE;
static void ICACHE_FLASH_ATTR wifi_check_ip(void *arg)

void ICACHE_FLASH_ATTR WIFI_Connect(uint8_t* ssid, uint8_t* pass, WifiCallback cb)

connect_wifi(void)

smartconfig_done(sc_status status, void *pdata)

void smartconfig(WifiCallback cb)


void ICACHE_FLASH_ATTR wifi_Connect(WifiCallback cb)
{
#if( WIFI_SMARTCONFIG )
	// SmartConfig 方式连接WIFI
	smartconfig(cb);
#else
	// 直接连接WIFI
	WIFI_Connect(SSID, PASSWD, cb);
#endif
}
```

图 2－16　编写“wifi. c”文件

在“wifi. c”文件中实现 wifi_Connect(cb) 函数，用条件编译方式分开直接连接 WiFi 的函数和以 SmartConfig 方式连接 WiFi 的函数。WIFI_Connect(SSID，PASSWD，cb) 函数是上面实验中调用过的直接连接 WiFi 的函数，而 smartconfig(cb) 函数是以 SmartConfig 方式连接 WiFi 的函数。

相关代码如图 2－17～图 2－20 所示。

设置 WIFI_SMARTCONFIG 宏的值为 1，选择编译 SmartConfig 模式，然后烧录程序，打开串口，重启模块。SmartConfig 模式需要手机 App 配合来完成配网。填写手机当前连接的 WiFi 信息，单击“连接”按钮，系统会提示正在连接，连接后获取 IP 地址，最后提示连接成功，并给出设备 IP 地址。

3. 传感器数据上报

接触式浸水探测器基于液体导电原理，用电极探测是否有水存在，再用传感器将信息转换成干接点输出。正常时两极探头被空气绝缘；在浸水状态下探头导通，传感器输出干接点信号。当探头浸水高度约为 1 mm 时，产生告警信号。

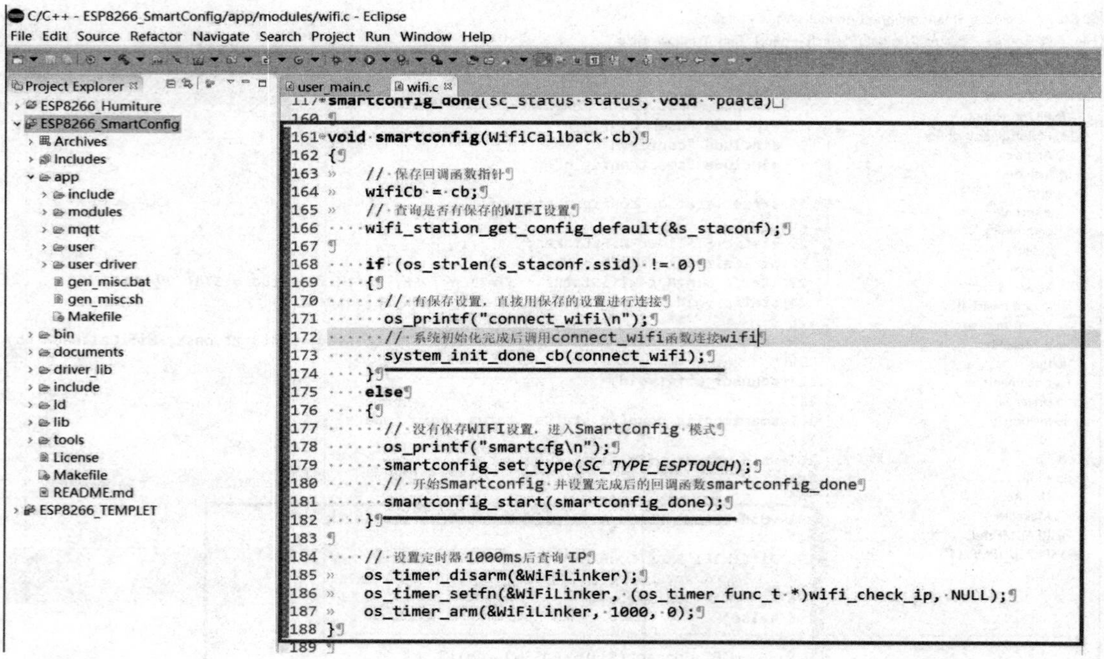

```
C/C++ - ESP8266_SmartConfig/app/modules/wifi.c - Eclipse

smartconfig_done(sc_status status, void *pdata)

void smartconfig(WifiCallback cb)
{
	// 保存回调函数指针
	wifiCb = cb;
	// 查询是否有保存的WIFI设置
    wifi_station_get_config_default(&s_staconf);

    if (os_strlen(s_staconf.ssid) != 0)
    {
      // 有保存设置，直接用保存的设置进行连接
      os_printf("connect_wifi\n");
      // 系统初始化完成后调用connect_wifi函数连接wifi
      system_init_done_cb(connect_wifi);
    }
    else
    {
      // 没有保存WIFI设置，进入SmartConfig 模式
      os_printf("smartcfg\n");
      smartconfig_set_type(SC_TYPE_ESPTOUCH);
      // 开始Smartconfig 并设置完成后的回调函数smartconfig_done
      smartconfig_start(smartconfig_done);
    }

    // 设置定时器1000ms后查询IP
	os_timer_disarm(&WiFiLinker);
	os_timer_setfn(&WiFiLinker, (os_timer_func_t *)wifi_check_ip, NULL);
	os_timer_arm(&WiFiLinker, 1000, 0);
}
```

图 2－17　相关代码（1）

```
C/C++ - ESP8266_SmartConfig/app/modules/wifi.c - Eclipse

#include "user_config.h"
#include "config.h"
#include "smartconfig.h"

struct station_config s_staconf;

static ETSTimer WiFiLinker;
WifiCallback wifiCb = NULL;
static uint8_t wifiStatus = STATION_IDLE, lastWifiStatus = STATION_IDLE;
static void ICACHE_FLASH_ATTR wifi_check_ip(void *arg)
void ICACHE_FLASH_ATTR WIFI_Connect(uint8_t* ssid, uint8_t* pass, WifiCall

void ICACHE_FLASH_ATTR
connect_wifi(void)
{
	// 设置wifi连接配置，不保存到存储器，并以此配置连接WIFI
	wifi_station_set_config_current(&s_staconf);
}

smartconfig_done(sc_status status, void *pdata)
```

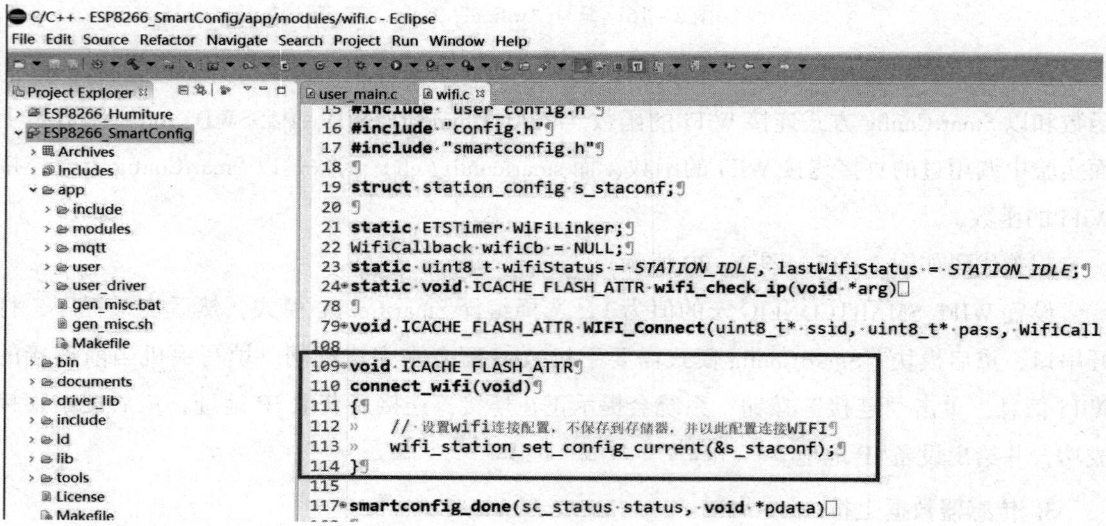

图 2－18　相关代码（2）

```
void ICACHE_FLASH_ATTR
smartconfig_done(sc_status status, void *pdata)
{
    switch(status) {
        case SC_STATUS_WAIT:
            os_printf("SC_STATUS_WAIT\n");
            break;
        case SC_STATUS_FIND_CHANNEL:
            os_printf("SC_STATUS_FIND_CHANNEL\n");
            break;
        case SC_STATUS_GETTING_SSID_PSWD:
            os_printf("SC_STATUS_GETTING_SSID_PSWD\n");
            sc_type *type = pdata;
            if (*type == SC_TYPE_ESPTOUCH) {
                os_printf("SC_TYPE:SC_TYPE_ESPTOUCH\n");
            } else {
                os_printf("SC_TYPE:SC_TYPE_AIRKISS\n");
            }
            break;
        case SC_STATUS_LINK:  //完成连接
            os_printf("SC_STATUS_LINK\n");
            struct station_config *sta_conf = pdata;

            //设置wifi连接配置，保存到存储器
            wifi_station_set_config(sta_conf);
            wifi_station_disconnect(); // 断开当前连接
            wifi_station_connect();    // 连接wifi
            break;
        case SC_STATUS_LINK_OVER: // WIFI 连接完成
            os_printf("SC_STATUS_LINK_OVER\n");
            if (pdata != NULL) {
                //SC_TYPE_ESPTOUCH
                uint8 phone_ip[4] = {0};

                os_memcpy(phone_ip, (uint8*)pdata, 4);
                os_printf("Phone ip: %d.%d.%d.%d\n",phone_ip[0],phone_
            } else {
                //SC_TYPE_AIRKISS - support airkiss v2.0
                //airkiss_start_discover();
            }
            smartconfig_stop();
            break;
    }
}
```

图2-19　相关代码（3）

```
#include "driver/uart.h"
#include "osapi.h"
#include "user_interface.h"
#include "mem.h"
#include "PIRSensor.h"
#include "wifi.h"

 * @brief      wifi状态改变回调函数
void wifiConnectCb(uint8_t status)
 * @brief      GPIO中断处理函数
void PIRSensor_handle(void)
 * FunctionName : user_rf_cal_sector_set
user_rf_cal_sector_set(void)

/*******************************************************************
void ICACHE_FLASH_ATTR
user_rf_pre_init(void)
{
}

void user_init(void)
{
    //获取sdk版本号并通过串口打印出来
    os_printf("SDK version:%s\n", system_get_sdk_version());

    PIRSensor_Init(PIRSensor_handle);

    // 连接wifi
    wifi_Connect(wifiConnectCb);
}
```

图2-20　相关代码（4）

MQTT 协议是一个物联网传输协议，它被设计用于轻量级的发布/订阅式消息传输，旨在为低带宽和不稳定的网络环境中的物联网设备提供可靠的网络服务。MQTT 协议是专门针对物联网开发的轻量级传输协议。MQTT 协议针对低带宽网络、低计算能力的设备，做了特殊的优化，以便适应各种物联网应用场景。

MQTT 协议包含客户端和服务器两个角色。客户端向服务器发布和订阅主题。服务器接收客户端发布的主题并发送给订阅过该主题的客户端。本实验使用客户端的身份。

ESP8266 已经实现了 MQTT 客户端的功能，所以不需要自己编写 MQTT 客户端源代码，只要进行配置就可以使用了。

复制前面的工程 ESP8266_SmartConfig，重命名为“ESP8266_Flood”，然后导入工程。在“app”->“mqtt”以及“app”->“include”->“mqtt”文件夹下分别添加“user_mqtt. c”和“user_mqtt. h”文件，并在“user_mqtt. c”文件中添加对“user_mqtt. h”文件的引用，如图 2 – 21 所示。

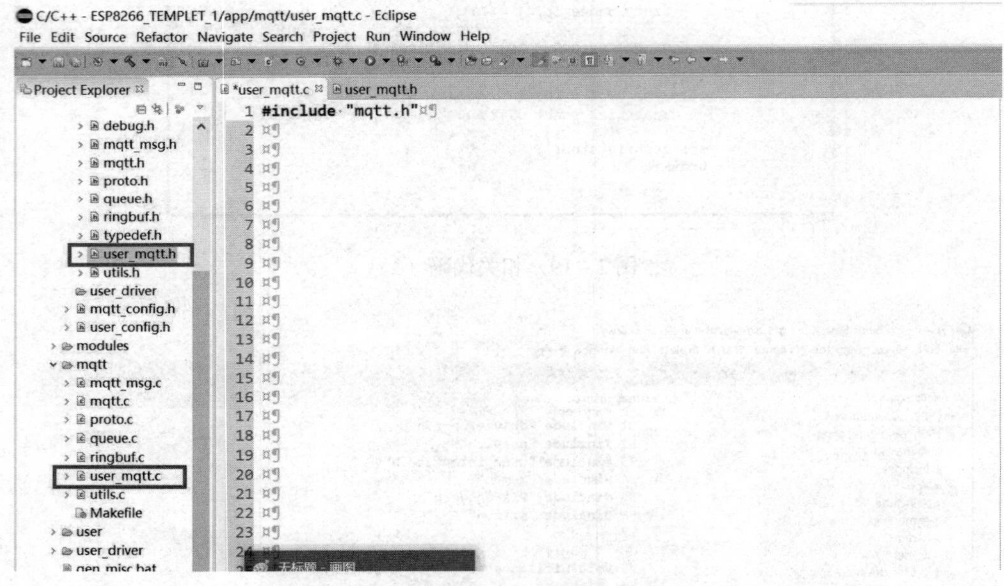

图 2 – 21　引用“user_mqtt. c”文件

在“user_mqtt. h”文件中添加两个用到的头文件，然后声明三个函数，如图 2 – 22 所示。

图 2 – 22 所示代码中声明了三个函数，分别是 mqtt_connect、mqtt_disconnect 以及 mqtt_config。它们分别实现了 MQTT 连接、MQTT 断开连接、MQTT 配置功能。

新增设备，选择设备数量，设备模板选择之前创建的浸水模板，然后单击“生成”按钮，就可以生成一个浸水设备，如图 2 – 23 ~ 图 2 – 25 所示。此时的设备状态是未激活。单击后面的操作按钮（绿色笔）根据提示即可完成激活，然后单击“查看”按钮，可以看到设备信息，如图 2 – 26 所示。

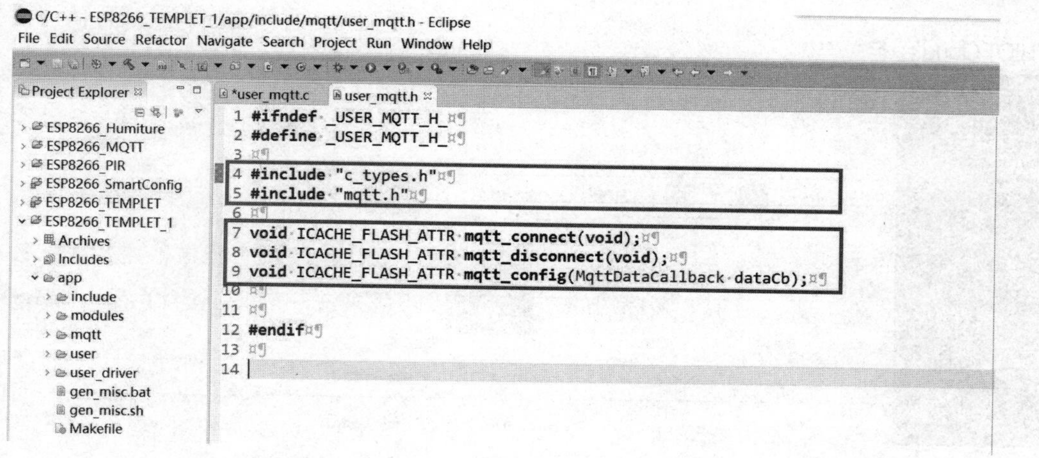

图 2－22　添加头文件和函数

图 2－23　生成浸水设备（1）

图 2－24　生成浸水设备（2）

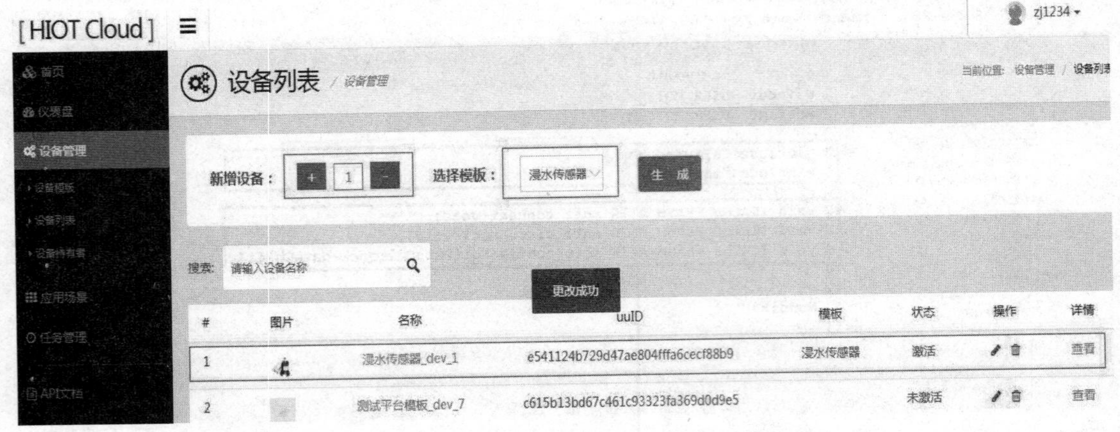

图 2－25　生成浸水设备（3）

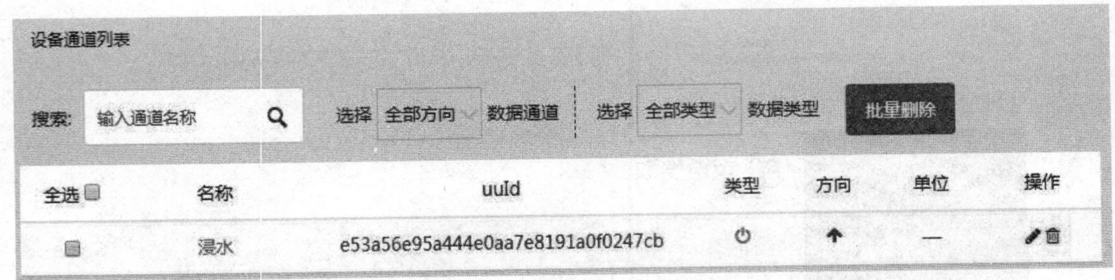

图 2－26　激活设备/查看设备信息

在“app”->“include”文件夹中打开“mqtt_config. h”文件，添加或修改图 2－27 中红框所示的内容，需要根据实际情况填写。

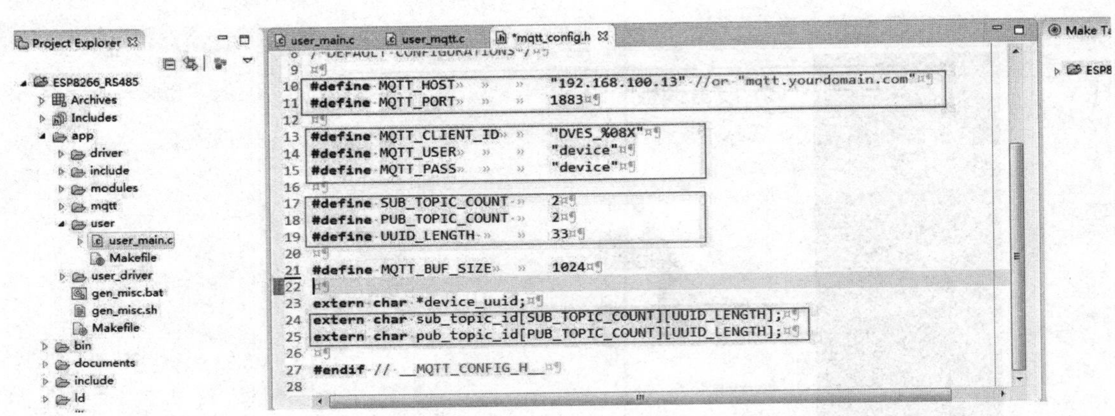

图 2－27　修改“mqtt_config. h”文件

打开“user_mqtt. c”文件，添加函数实现。

图 2－28 所示是 mqtt_config 函数实现。该函数完成了初始化连接配置、初始化客户端配

置、回调函数注册等功能。

```
mqtt_config(MqttDataCallback dataCb)
{
    //MQTT_InitConnection(&mqttClient, sysCfg.mqtt_host, sysCfg.mqtt_port, sysCfg.security);
    //初始化MQTT连接配置
    MQTT_InitConnection(&mqttClient, MQTT_HOST, MQTT_PORT, 0);

    //MQTT_InitClient(&mqttClient, sysCfg.device_id, sysCfg.mqtt_user, sysCfg.mqtt_pass, sysCfg.mqtt_keepaliv
    //初始化MQTT客户端配置
    MQTT_InitClient(&mqttClient, "FZQ15-Humiture", MQTT_USER, MQTT_PASS, 60, 1);

    MQTT_InitLWT(&mqttClient, device_uuid, "offline", 0, 0); //遗嘱
    MQTT_OnConnected(&mqttClient, mqttConnectedCb);          //设置连接完成回调函数
    MQTT_OnDisconnected(&mqttClient, mqttDisconnectedCb);    //设置断开连接回调函数
    MQTT_OnPublished(&mqttClient, mqttPublishedCb);          //设置发布回调函数
    MQTT_OnData(&mqttClient, dataCb);                        //设置订阅回调函数
}
```

图 2 - 28　mqtt_config 函数实现

在 mqtt _ config 函数中，共注册了四个回调函数，即 mqttConnectedCb、mqttDisconnectedCb、mqttPublishedCb 和 dataCb，其中前三个回调函数是在当前文件中实现的，dataCb 函数是以函数参数的形式传递过来的。

在图 2 - 29 所示的三个回调函数中，mqttDisconnectedCb 和 mqttPublishedCb 函数只打印提示就可以，mqttConnectedCb 函数需要完成主题的订阅。

```
void ICACHE_FLASH_ATTR
mqttConnectedCb(uint32_t *args)
{
        MQTT_Client* client=(MQTT_Clinet*)args;
        os_printf("MQTT:Connected\r\n");
        //订阅主题
        MQTT_Subscribe(client,sub_topic_id[0],0);
        MQTT_Subscribe(client,sub_topic_id[1],0);

        MQTT_Publish(client,device_uuid,"online",6,0,0);
}

void ICACHE_FLASH_ATTR
mqttDisconnectedCb(uint32_t *args)
{
        MQTT_Client* client=(MQTT_Clinet*)args;
        os_printf("MQTT:Disconnected\r\n");
}

void ICACHE_FLASH_ATTR
mqttPublishedCb(uint32_t *args)
{
        //MQTT_Client* client=(MQTT_Clinet*)args;
        os_printf("MQTT:Published\r\n");
}
```

图 2 - 29　三个回调函数

“user_mqtt. c” 文件（图 2 - 30）至此就完成了，然后打开 “user_main. c” 文件，如图 2 - 31 所示。

```
MQTT_Client mqttClient;

mqttConnectedCb(uint32_t *args)

mqttDisconnectedCb(uint32_t *args)

mqttPublishedCb(uint32_t *args)

void ICACHE_FLASH_ATTR
mqtt_connect(void)
{
	MQTT_Connect(&mqttClient);
}

void ICACHE_FLASH_ATTR
mqtt_disconnect(void)
{
	MQTT_Disconnect(&mqttClient);
}
```

图 2-30 “user_mqtt. c” 文件

```
user_main.c   user_mqtt.c   mqtt_config.h
									keys_Pin_FUNC,
									key_LongPressCB,
									key_shortPressCB );

		key_param.key_num = 1;
		key_param.single_key = single_key;

		// 初始化按键功能
		key_init( &key_param );
	}
	{
		os_timer_disarm(&updata_timer);
		os_timer_setfn(&updata_timer, (os_timer_func_t *)upDataCB, NULL);
		os_timer_arm(&updata_timer, 4000, 1);
	}
	//配置mqtt
	mqtt_config(mqttDataCB);
	// 连接wifi
	wifi_Connect(wifiConnectCb);
}
```

图 2-31 “user_main. c” 文件

在 user_init 中调用 mqtt_config 函数配置 MQTT 协议，此时软件会报错，提示找不到 mqttDataCB 函数，然后添加此函数的实现，如图 2-32 所示。

浸水探测器的驱动代码参照热释电传感器，在 PIRSensor_handle 函数中加入主题(图 2-33)。这样，当浸水探测器根据浸水阈值输出 0 或 1 时，就可以通过发布主题函数，将数据发送给 MQTT 服务器。

在修改 “mqtt_config. h” 文件时添加了主题变量的外部声明，但是还没有定义，把定义放到 “user_main. c” 文件中即可，如图 2-34 所示。

```
#define keys_Pin_NUM         0
#define keys_Pin_FUNC        FUNC_GPIO0
#define keys_Pin_MUX         PERIPHS_IO_MUX_GPIO0_U

* @brief      wifi状态改变回调函数
void wifiConnectCb(uint8_t status)
{
    if(status == STATION_CONNECTING)
    {
        mqtt_connect();
        os_printf("Already connected to WiFi\n");
    }
    else
    {
        mqtt_disconnect();
    }
}
void mqttDataCB(uint32_t *args, const char* topic, uint32_t topic_len, const char *data, uint32_t data_len)
{

}
/**
```

图 2-32　添加 mqttDataCB 函数的实现

```
void PIRSensor_handle(void)
{
    //读取GPIO中断状态
  U32 gpio_status =GPIO_REG_READ(GPIO_STATUS_ADDRESS );

   //关闭GPIO中断
 ETS_GPIO_INTR_DISABLE( );

  // 清除GPIO中断标志
  GPIO_REG_WRITE( GPIO_STATUS_W1TC_ADDRESS, gpio_status);

  //检测是否已开关输入引脚中断
  if(gpio_status & BIT(PIRSENSOR_NUM))
{
  if( GPIO_INPUT_GET(PIRSENSOR_NUM)!=0 )"
  {
  //检测到人或动物
 os_printf("someone is here\n");
 MQTT_Publish(&mqttClient, pub_topic_id[0],"1",1,0,0);
 }
 else
{
 //人或动物离开了
 os_printf("Mo one is here\n");
 MQTT_Publish(&mqttClient,pub_topic_id[0],"0", 1, 0, 0);
}
```

```
#define MQTT_CLIENT_ID      "DVES_%08X"
#define MQTT_USER            "device"
#define MQTT_PASS             "device"

#define SUB_TOPIC_COUNT   2
#define PUB_TOPIC_COUNT  2
#define UUID_LENGTH          33

#define MQTT_BUF_SIZE          1024
#define MQTT_KEEPALIVE       120

#define STA_SSID   "DVES_HOME"
#define STA_PASS   "yourpassword"
#define STA_TYPE AUTH_WPA2_PSK

#define MQTT_RECONNECT_TINEOUT 5

#define DEFAULT_SECURITY  0
#define QUEUE_BUFFER_SIZE   2048

#define PROTOCOL_NAMEv31

extern char *device_uuid;
extern char sub_topic_id[SUB_TOPIC_COUNT][UUID_LENGTH];
extern char pub_topic_id[PUB_TOPIC_COUNT][UUID_LENGTH];
```

图 2-33　加入主题

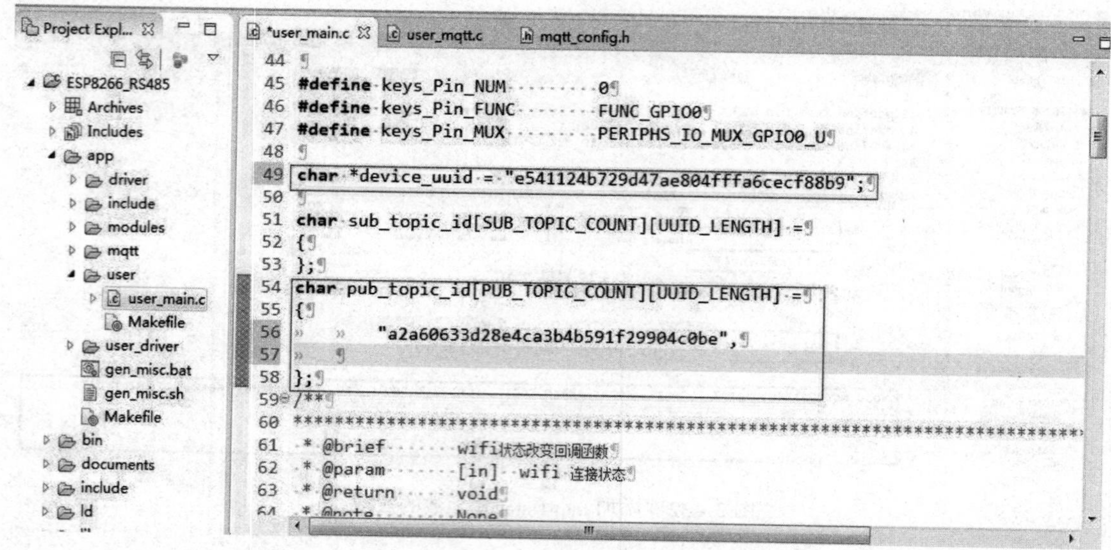

图 2-34　把主题变量的定义放在“user_main. c”文件中

在“user_mian. c”文件中添加主题变量的定义，由于没用用到订阅主题，所以为空。发布主题只需要用到一个通道，所以只需要填写一个 UUID 即可。红色线所示的 UUID 需要根据设备生成以及通道生成所产生的 UUID 填写。

mosquitto 是一款实现了消息推送协议 MQTT v3. 1 的开源消息代理软件，提供轻量级的、支持可发布/可订阅的的消息推送模式，使设备对设备之间的短消息通信变得简单。安装 mosquitto 的，把 OpenSSL 安装目录下的“libeay32. dll”和“ssleay32. dll”文件复制到 mosquitto 安装目录下，再把“pthreadVC2. dll”文件复制到 mosquitto 安装目录下。

启动 broker，在 Windows 环境下使用命令提示符，进入 mosquitto 安装目录，输入命令“mosquitto - c mosquitto. conf”，无提示信息，表示 MQTT 的 broker 端已经启动。

MQTT. fx 是目前主流的 MQTT 客户端，可以快速验证是否可以与 IoT Hub 服务交流发布或订阅消息。

打开软件，打开时会提示更新，最好别单击“yes”按钮，否则会报错，从而无法使用。打开配置界面，首先配置 MQTT 代理。“Broker Address”为代理地址，比如 127. 0. 0；“Broker Port”为代理端口号。

回到主界面，单击“Connect”按钮连接到 MQTT 代理服务器，就可以进行订阅和发布消息测试。本实验中的浸水探测器只能上传湿度值，在程序开发中采用在物联网云平台创建的设备信息，只有单向的向上通道，所以使用向上通道 ID 在 MQTT. fx 中当作订阅主题。订阅浸水采集的数值，配置 MQTT 代理服务器完毕，然后连接代理服务。单击“Connect”按钮，如图 2-35 所示，连接成功。

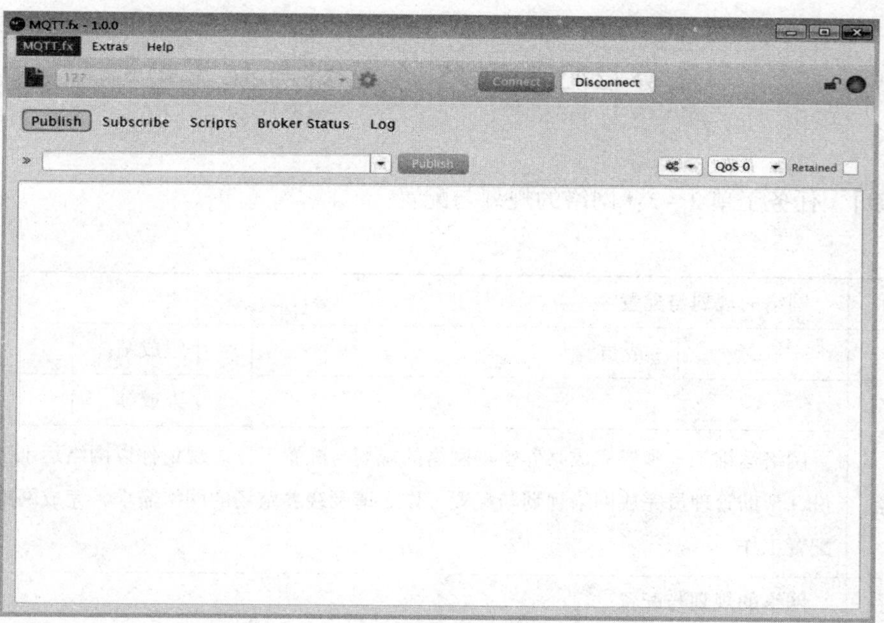

图 2－35 连接代理服务

在输入框中写入要订阅的主题“478f1e7ea8e842c5bd99ecf0f8c8669d”，单击“Subscribe”按钮，如图 2－36 所示。

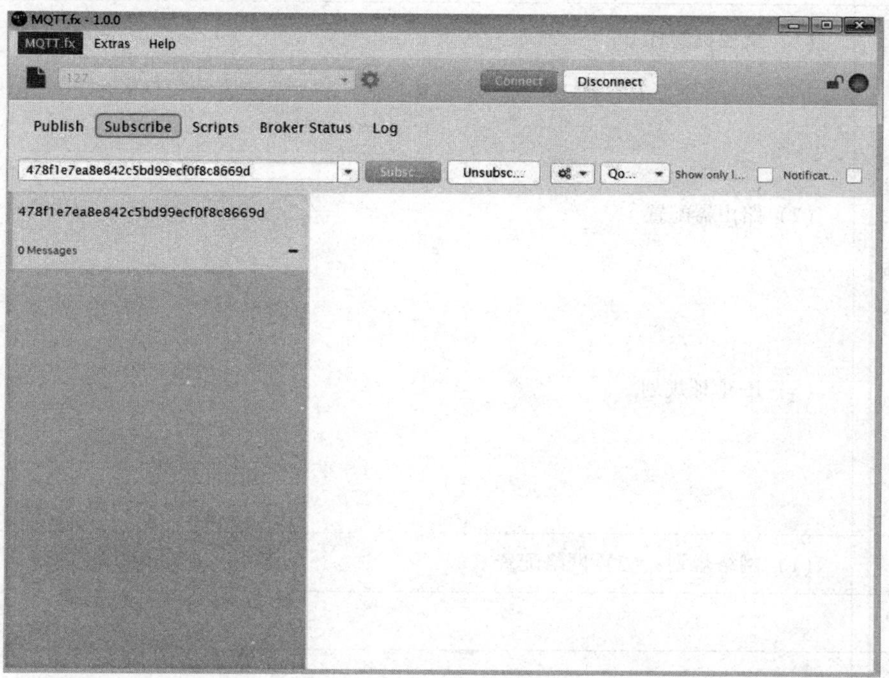

图 2－36 输入订阅主题

任务 2.2　网络的规划与配置

【任务工单】　任务工单 2－2：网络的规划与配置

<table>
<tr><td>任务名称</td><td colspan="5">网络的规划与配置</td></tr>
<tr><td>组别</td><td></td><td>成员</td><td></td><td>小组成绩</td><td></td></tr>
<tr><td>学生姓名</td><td colspan="3"></td><td>个人成绩</td><td></td></tr>
<tr><td>任务情境</td><td colspan="5">网络运维工程师要完成某养殖场网络的规划与配置工作。现请你以网络运维工程师的身份，帮助管理员完成网络规划与配置工作。请围绕养殖场的网络需求，完成网络的规划与配置工作</td></tr>
<tr><td>任务目标</td><td colspan="5">网络的规划与配置</td></tr>
<tr><td>任务要求</td><td colspan="5">按本任务后面列出的具体任务内容，完成网络的规划与配置</td></tr>
<tr><td>知识链接</td><td colspan="5"></td></tr>
<tr><td>计划决策</td><td colspan="5"></td></tr>
<tr><td>任务实施</td><td colspan="5">（1）交换机配置

（2）路由器配置

（3）IP 地址规划</td></tr>
<tr><td>检查</td><td colspan="5">（1）网络规划；（2）网络配置</td></tr>
<tr><td>实施总结</td><td colspan="5"></td></tr>
<tr><td>小组评价</td><td colspan="5"></td></tr>
<tr><td>任务点评</td><td colspan="5"></td></tr>
</table>

华为交换机配置基础命令

1. 创建 VLAN

代码如下。

```
<Quidway>//用户视图,也就是在 Quidway 模式下运行命令
<Quidway>system-view //进入配置视图
[Quidway]vlan 10 //创建 vlan 10,并进入 vlan10 配置视图,如果 vlan10 存在就直接进入 vlan10 配置视图
[Quidway-vlan10]quit//回到配置视图
[Quidway]vlan 100 //创建 vlan 100,并进入 vlan100 配置视图,如果 vlan100 存在就直接进入 vlan100 配置视图
[Quidway-vlan100]quit //回到配置视图
```

2. 将端口加入 VLAN

代码如下。

```
[Quidway]interface GigabitEthernet2/0/1(10G 光口)
[Quidway-GigabitEthernet2/0/1]port link-type access//定义端口传输模式
[Quidway-GigabitEthernet2/0/1]port default vlan 100//将端口加入 vlan100
[Quidway-GigabitEthernet2/0/1]quit //回到配置视图
[Quidway]interface GigabitEthernet1/0/0 //进入 1 号插槽上的第一个千兆网口配置视图,0 代表 1 号端口
[Quidway-GigabitEthernet1/0/0]port link-type access//定义端口传输模式
[Quidway-GigabitEthernet2/0/1]port default vlan 10//将这个端口加入 vlan10
[Quidway-GigabitEthernet2/0/1]quit
```

3. 将多个端口加入 VLAN

代码如下。

```
<Quidway>system-view
[Quidway]vlan 10
[Quidway-vlan10]portGigabitEthernet 1/0/0 to 1/0/29 /将 0 ~29 号端口加入 vlan10
[Quidway-vlan10]quit
```

4. 交换机配置 IP 地址

代码如下。

```
[Quidway]interface Vlanif100 //进入 vlan100 接口视图与 vlan 100 命令进入的地方不同
[Quidway-vlanif100]ip address 119.167.200.90 255.255.255.252 //定义 vlan100 管理 IP 三层交换网关路由
[Quidway-vlanif100]quit /返回视图
[Quidway]interface Vlanif10 //进入 vlan10 接口视图与 vlan 10 命令进入的地方不同
[Quidway-vlanif10]ip address 119.167.206.129 255.255.255.128 //定义 vlan10 管理 IP 三层交换网关路由
[Quidway-vlanif10]quit
```

5. 配置默认网关

代码如下。

```
[Quidway]ip route-static 0.0.0.0 0.0.0.0 119.167.200.89 //配置默认网关
```

6. 交换机保存设置和重置命令

代码如下。

```
<Quidway>save //保存配置信息
<Quidway>reset saved-configuration//重置交换机的配置
<Quidway>reboot //重新启动交换机
```

7. 配置实例

某智能养殖场拥有多台 PC（代表不同类型的服务器）且位于不同网段，各 PC 均有访

问 Internet 的需求。现要求通过三层交换机和路由器访问外部网络，且要求三层交换机作为用户的网关，同时各种传感器、监控设备均可通过交换机与 PC 进行通信。

图 2-37 所示三层交换机与路由器对接上网组网示意。

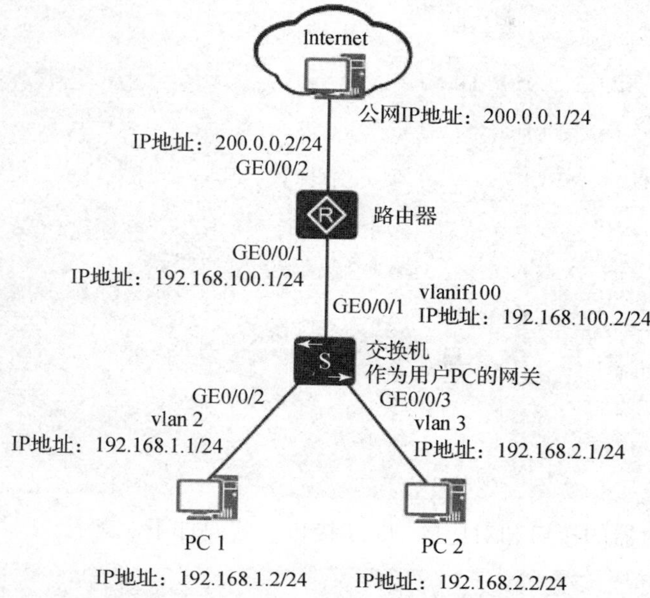

图 2-37　三层交换机与路由器对接上网组网示意

1）配置思路

采用如下思路进行配置。

（1）配置交换机作为用户 PC 的网关，通过 vlanif 接口，实现跨网段用户互访。

（2）配置交换机作为 DHCP 服务器，为用户分配 IP 地址。

（3）配置路由器通过 NAT 转换，使用户可以访问外部网络。

2）操作步骤

（1）配置交换机。

①配置连接用户的接口和对应的 vlanif 接口。代码如下。

```
<HUAWEI>system-view
[HUAWEI]sysname Switch
[Switch]vlan batch 2 3
[Switch]interfacegigabitethernet 0/0/2
[Switch-GigabitEthernet0/0/2]port link-type access //配置接口接入类型为 access
```

```
[Switch-GigabitEthernet0/0/2]port defaultvlan 2 //配置接口加入vlan 2
[Switch-GigabitEthernet0/0/2]quit
[Switch]interfacegigabitethernet 0/0/3
[Switch-GigabitEthernet0/0/3]port link-type access
[Switch-GigabitEthernet0/0/3]port defaultvlan 3
[Switch-GigabitEthernet0/0/3]quit
[Switch]interfacevlanif 2
[Switch-vlanif2]ip address 192.168.1.1 24
[Switch-vlanif2]quit
[Switch]interfacevlanif 3
[Switch-vlanif3]ip address 192.168.2.1 24
[Switch-vlanif3]quit
```

②配置连接路由器的接口和对应的 vlanif 接口。代码如下。

```
[Switch]vlan batch 100
[Switch]interfacegigabitethernet 0/0/1
[Switch-GigabitEthernet0/0/1]port link-type access
[Switch-GigabitEthernet0/0/1]port defaultvlan 100
[Switch-GigabitEthernet0/0/1]quit
[Switch]interfacevlanif 100
[Switch-vlanif100]ip address 192.168.100.2 24
[Switch-vlanif100]quit
```

③配置缺省路由。代码如下。

```
[Switch]ip route-static 0.0.0.0 0.0.0.0 192.168.100.1 //缺省路由的下一跳是路由器接口的 IP 地址 192.168.100.1
```

④配置 DHCP 服务器。代码如下。

```
[Switch]dhcp enable
[Switch]interfacevlanif 2
```

```
[Switch-vlanif2]dhcp select interface //DHCP 使用接口地址池的方式为用户分配 IP 地址
[Switch-vlanif2]dhcp server dns-list 114.114.114.114 223.5.5.5 //配置的 DNS-List 114.114.114.114 是公用的 DNS 服务器地址,是不区分运营商的。在实际应用中,请根据运营商分配的 DNS 进行配置
[Switch-vlanif2]quit
[Switch]interfacevlanif 3
[Switch-vlanif3]dhcp select interface
[Switch-vlanif3]dhcp server dns-list 114.114.114.114 223.5.5.5
[Switch-vlanif3]quit
```

（2）配置路由器。

①配置连接交换机的接口对应的 IP 地址。代码如下。

```
<Huawei> system-view
[Huawei]sysname Router
[Router]interfacegigabitethernet 0/0/1
[Router-GigabitEthernet0/0/1]ip address 192.168.100.1 255.255.255.0 //配置的 IP 地址 192.168.100.1 为交换机缺省路由的下一跳 IP 地址
[Router-GigabitEthernet0/0/1]quit
```

②配置连接公网的接口对应的 IP 地址。代码如下。

```
[Router]interfacegigabitethernet 0/0/2
[Router-GigabitEthernet0/0/2]ip address 200.0.0.2 255.255.255.0 //配置连接公网接口的 IP 地址和公网的 IP 地址在同一网段
[Router-GigabitEthernet0/0/2]quit
```

③配置缺省路由和回程路由。代码如下。

```
[Router]ip route-static 0.0.0.0 0.0.0.0 200.0.0.1 //配置静态缺省路由的下一跳指向公网提供的 IP 地址 200.0.0.1
[Router]ip route-static 192.168.0.0 255.255.0.0 192.168.100.2 //配置回程路由的下一跳就指向交换机上行接口的 IP 地址 192.168.100.2
```

④配置 NAT 功能，使内网用户可以访问外网。代码如下。

```
[Router]acl number 2001
[Router - acl - basic - 2001]rule 5 permit source 192.168.0.0 0.0.255.255 //NAT 转换只对源 IP 地址是 192.168.0.0/16 的网段生效,并在接口 GE0/0/2 的出方向进行转换
[Router - acl - basic - 2001]quit
[Router]interfacegigabitethernet 0/0/2
[Router - GigabitEthernet0/0/2]nat outbound 2001
[Router - GigabitEthernet0/0/2]quit
```

（3）检查配置结果。

配置 PC1 的 IP 地址为 192.168.1.2/24，网关为 192.168.1.1；PC2 的 IP 地址为 192.168.2.2/24，网关为 192.168.2.1。

配置外网 PC 的 IP 地址为 200.0.0.1/24，网关为 200.0.0.2。

配置完成后，PC1 和 PC2 都可以 Ping 通外网的 IP 地址 200.0.0.1/24，PC1 和 PC2 都可以访问 Internet。

任务 2.3　服务器的安装与配置

【任务工单】 任务工单 2－3：服务器的安装与配置

<table>
<tr><td>任务名称</td><td colspan="5">服务器的安装与配置</td></tr>
<tr><td>组别</td><td></td><td>成员</td><td></td><td>小组成绩</td><td></td></tr>
<tr><td>学生姓名</td><td colspan="3"></td><td>个人成绩</td><td></td></tr>
<tr><td>任务情境</td><td colspan="5">智能平台运维工程师要完成某养殖场智能平台服务器的安装与配置。现请你以智能平台运维工程师的身份，帮助管理员完成智能平台服务器的安装与配置。请围绕养殖场智能平台的需求，完成智能平台服务器的安装与配置</td></tr>
<tr><td>任务目标</td><td colspan="5">服务器的安装与配置</td></tr>
<tr><td>任务要求</td><td colspan="5">按本任务后面列出的具体任务内容，完成服务器的安装与配置</td></tr>
<tr><td>知识链接</td><td colspan="5"></td></tr>
<tr><td>计划决策</td><td colspan="5"></td></tr>
</table>

续表

任务名称	服务器的安装与配置				
组别		成员		小组成绩	
学生姓名				个人成绩	
任务实施	（1）云服务器配置环境 （2）调试服务器连接 （3）调试模块功能				
检查	（1）服务器环境配置；（2）服务器调试				
实施总结					
小组评价					
任务点评					

1. 云服务器配置环境

（1）选择下载的计算机环境，如图 2－38 所示。

Get the latest official version

Apollo 1.7.1

Release Notes | Installation Instructions | Documentation

Binaries for Unix/Linux/OS X:	**apache-apollo-1.7.1-unix-distro.tar.gz**	**GPG Signature**
Binaries for Windows:	**apache-apollo-1.7.1-windows-distro.zip**	**GPG Signature**
Source Code Distribution:	**apollo-project-1.7.1-source-release.tar.gz**	**GPG Signature**

图 2－38　选择下载的计算机环境

（2）下载 Apollo 服务器，下载后解压，如图 2－39 所示。

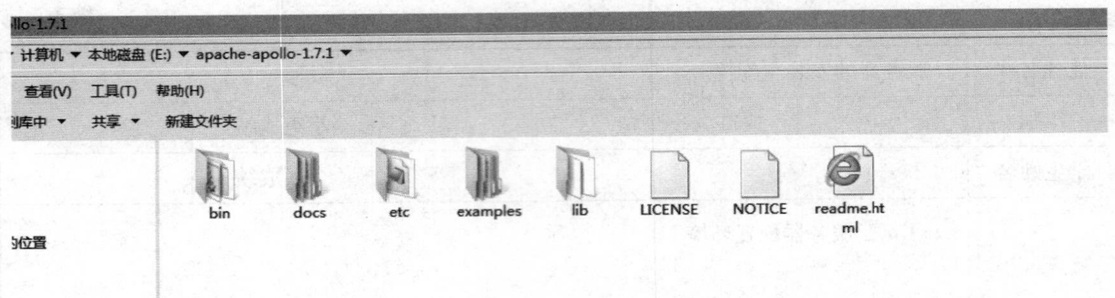

图 2－39　下载 Apollo 服务器并解压

（3）运行“C：\apache－apollo－1.7.1\bin\apollo.cmd”，输入“create 名字（名字可以任意取，这里使用的是‘apolloserver’）”，创建服务器实例，如图 2－40 所示。服务器实例包含了所有的配置、运行数据等，并且和一个服务器进程关联。

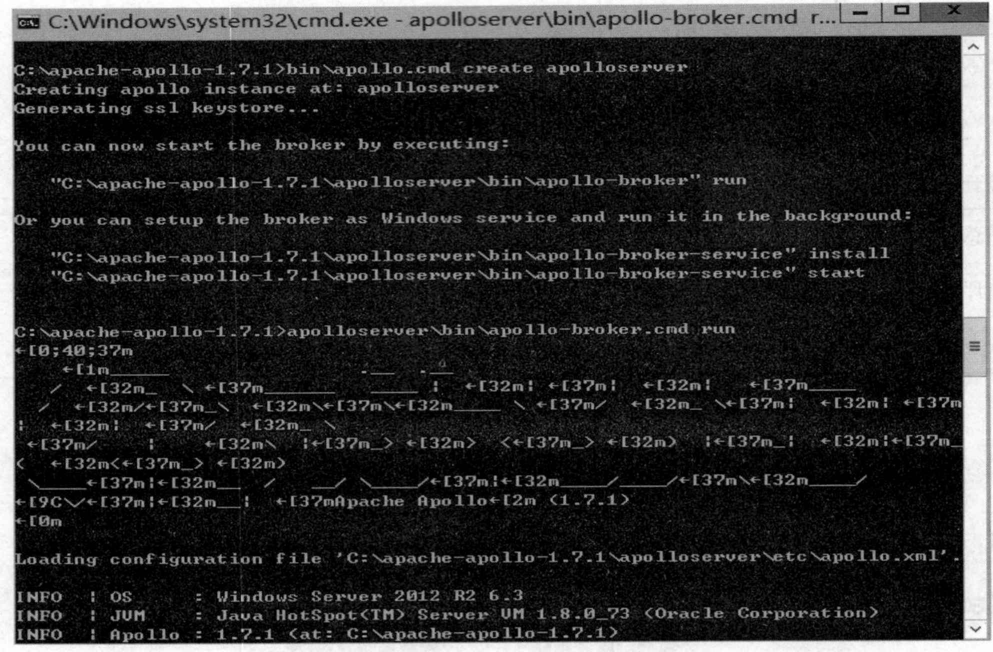

图 2－40　创建服务器实例

创建服务器实例之后会在根目录下生成对应文件夹，如图 2－41 所示。

（4）打开命令提示符窗口，输入“C：\apache－apollo－1.7.1＞apolloserver\bin\apollo－broker.cmd run”，开启服务器，如图 2－42 所示。

（5）开启服务器以后，可以在浏览器中输入“http：//127.0.0.1：61681”，如图 2－43 所示。该登录的用户名和密码在“C：\apache－apollo－1.7.1\apolloserver\etc\users.properties”中，打开“users.properties”文件。

apache-apollo-1.7.1

共享　查看

↑ 这台电脑 ▸ 本地磁盘 (C:) ▸ apache-apollo-1.7.1 ▸

名称	修改日期	类型	大小
apolloserver	2019/10/29 17:40	文件夹	
bin	2019/10/29 17:32	文件夹	
docs	2019/10/29 17:32	文件夹	
etc	2019/10/29 17:32	文件夹	
examples	2019/10/29 17:32	文件夹	
lib	2019/10/29 17:32	文件夹	
LICENSE	2015/1/29 10:55	文件	12 KB
NOTICE	2015/1/29 10:55	文件	7 KB
readme	2015/1/29 10:55	HTML 文档	2 KB

图2－41　根目录下的对应文件夹

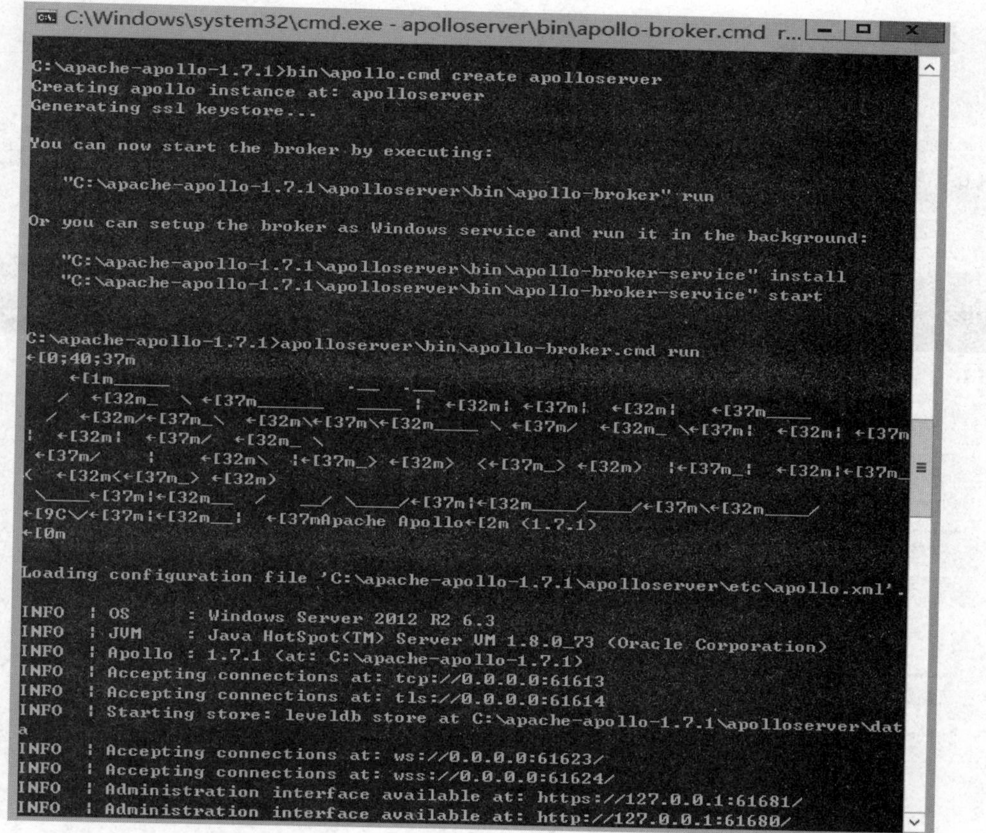

图2－42　开启服务器

```
## ----------------------------------------------------------------------
---
## Licensed to the Apache Software Foundation (ASF) under one or more
## contributor license agreements.  See the NOTICE file distributed with
## this work for additional information regarding copyright ownership.
## The ASF licenses this file to You under the Apache License, Version 2.0
## (the "License"); you may not use this file except in compliance with
## the License.  You may obtain a copy of the License at
##
## http://www.apache.org/licenses/LICENSE-2.0
##
## Unless required by applicable law or agreed to in writing, software
## distributed under the License is distributed on an "AS IS" BASIS,
## WITHOUT WARRANTIES OR CONDITIONS OF ANY KIND, either express or implied.
## See the License for the specific language governing permissions and
## limitations under the License.
## ----------------------------------------------------------------------
---

#
# The list of users that can login.  This file supports both plain text or
# encrypted passwords.  Here is an example what an encrypted password
# would look like:
#
# admin=ENC(Cf3Jf3tM+UrSOoaKU50od5CuBa8rxjoL)
#

admin=password
```

图 2-43　打开“users. properties”文件

（6）输入用户名和密码后就可以登录，服务端是通过 Web 形式配置的，如图 2-44 所示。

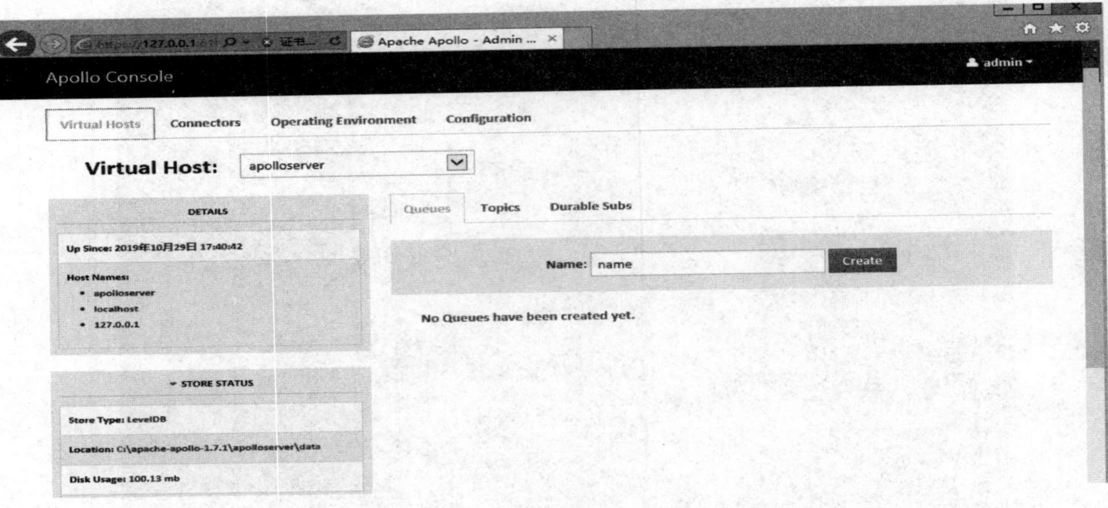

图 2-44　登录后台

（7）登录后台之后的界面如图 2-45 所示。

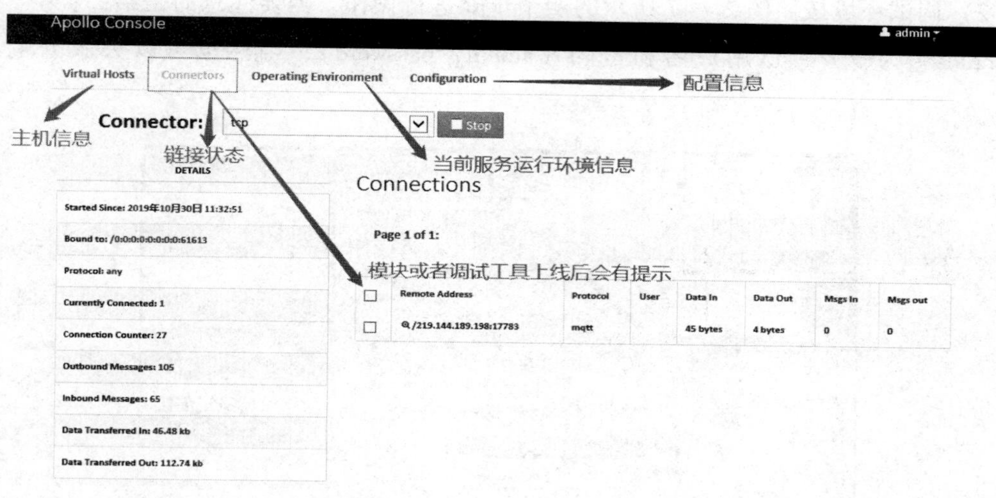

图2－45　登录后台之后的界面

（8）服务配置信息如图2－46所示，这里可以看到tcp/tls/ws/wss/对应端口以及登录后台地址。

```
<virtual_host id="apolloserver">

<host_name>apolloserver</host_name>
<host_name>localhost</host_name>
<host_name>127.0.0.1</host_name>

<access_rule allow="users" action="connect create destroy send receive consume"/>

<leveldb_store directory="${apollo.base}/data" / >


</virtual_host>

<web_admin bind="http://127.0.0.1:61680"/>
<web_admin bind="https://127.0.0.1:61681"/>

<connector id="tcp" bind="tcp://0.0.0.0:61613" connection_limit="2000"/>
<connector id="tls" bind="tls://0.0.0.0:61614" connection_limit="2000"/>
<connector id="ws"  bind="ws://0.0.0.0:61623"  connection_limit="2000"/>
<connector id="wss" bind="wss://0.0.0.0:61624" connection_limit="2000"/>

<key_storage file="${apollo.base}/etc/keystore" password="password" key_password="password"/>

</broker>
```

图2－46　服务配置信息

2. 调试服务器连接

（1）下载并安装“mqttfx－1.7.1－windows－x64.exe”。

（2）调试环境按照图 2－47 所示的四个步骤进行操作。需要注意的是第二步中“User Credentials”为服务默认用户名和密码（admin，password），当然也可以去服务端进行修改。

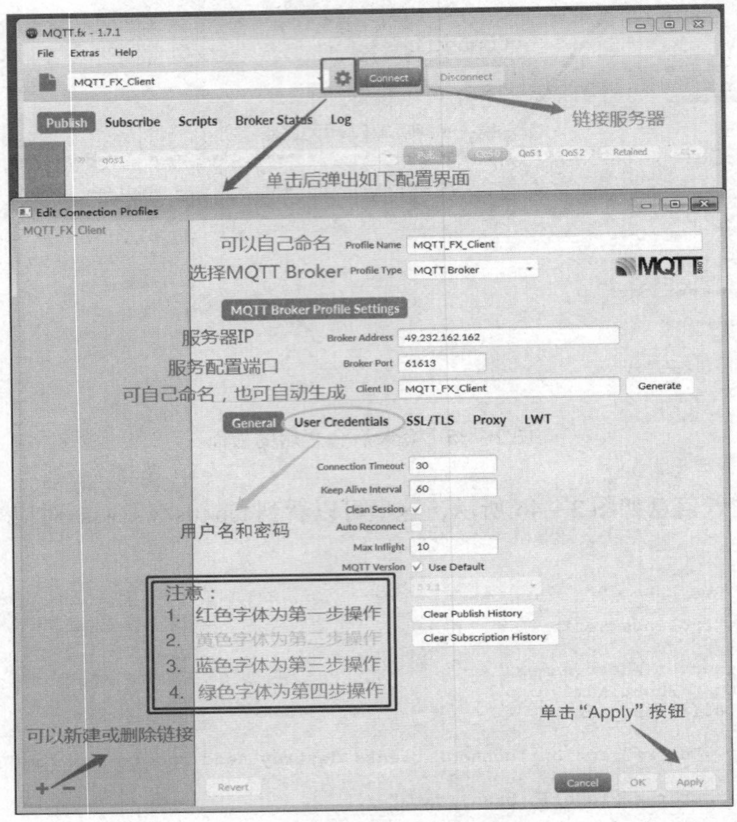

图 2－47　调试环境操作步骤

（3）测试订阅主题，如订阅一个” MgTest” 主题，如图 2－48 所示。

（4）进入发布界面，选择上一步订阅的主题，编辑内容并发送，如图 2－49 所示。

（5）返回订阅界面，能够收到已发布的消息，说明当前测试环境是 OK 的，即可连接模块进行测试，如图 2－50 所示。

3. 调试模块功能

（1）模块通过内置协议栈拨号：“AT＋ECMDUP＝1，1，1”。

（2）设置连接用户名和密码：“AT＋MQTTUSER＝1，"admin"，"password"，""”。

（3）订阅一个主题：“AT＋MQTTSUB＝1，"MgTest"，0”。

（4）服务端发送主题，查看订阅端接收情况，如图 2－51 所示。

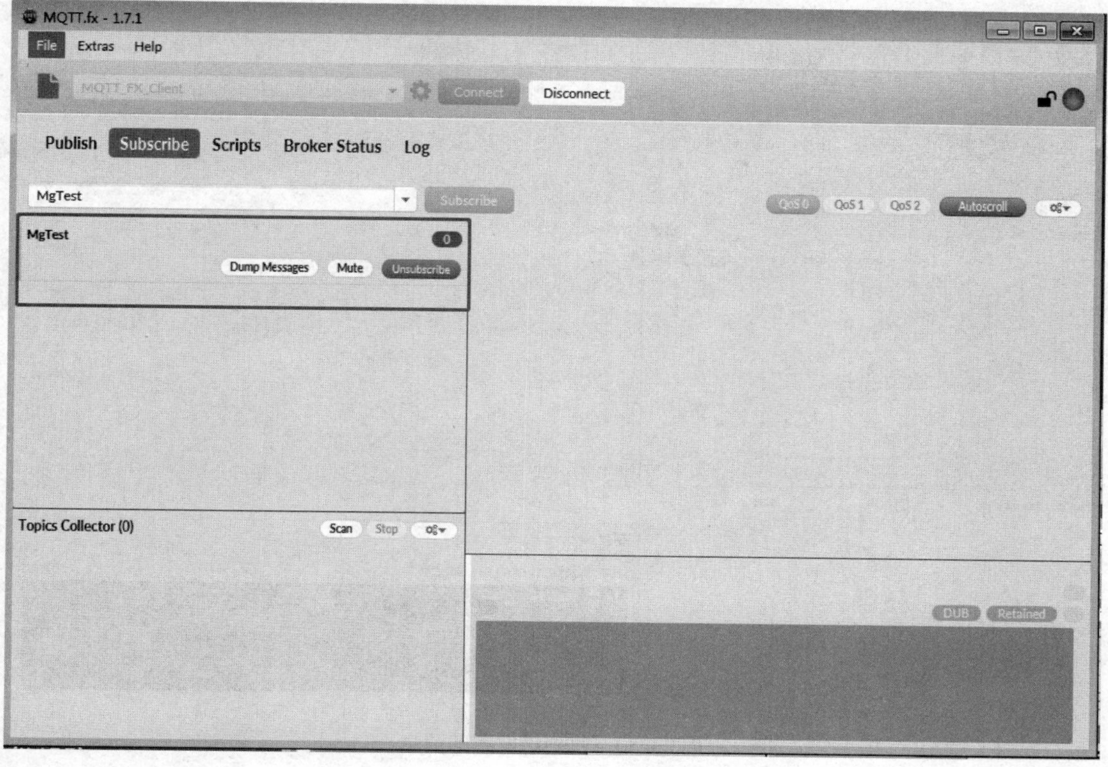

图 2－48　测试订阅

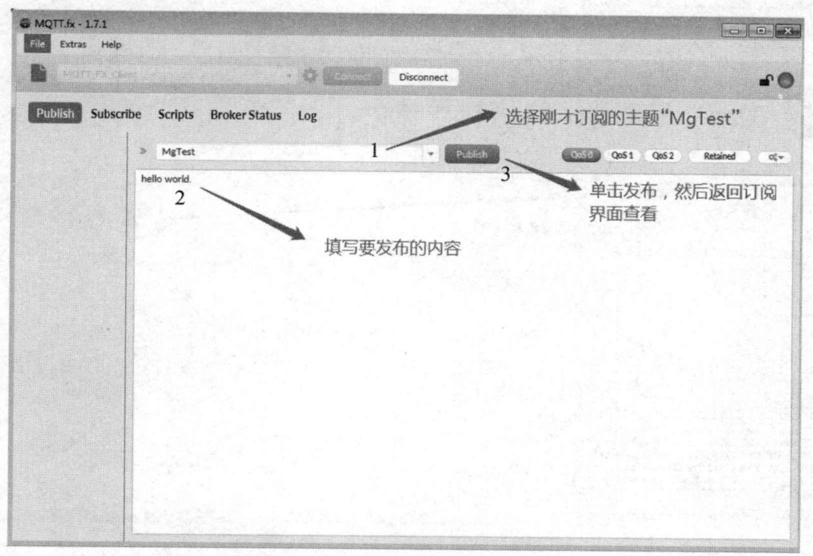

图 2－49　发布界面

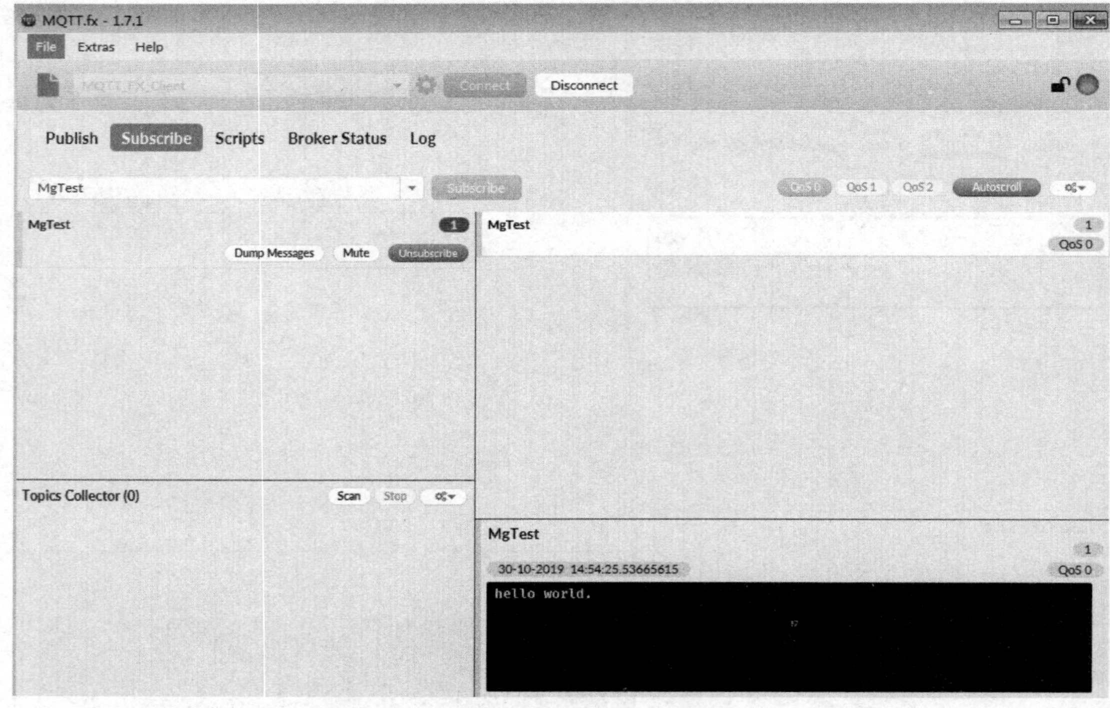

图 2－50　收到已发布的消息

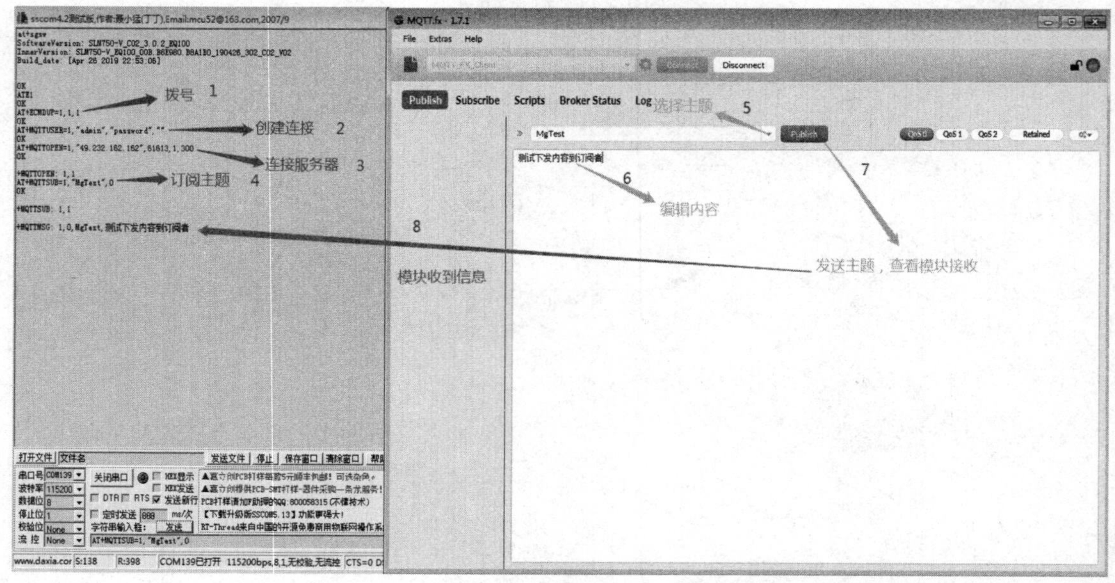

图 2－51　调试模块功能（1）

（5）模块发送信息，服务端接收，如图 2－52 所示。

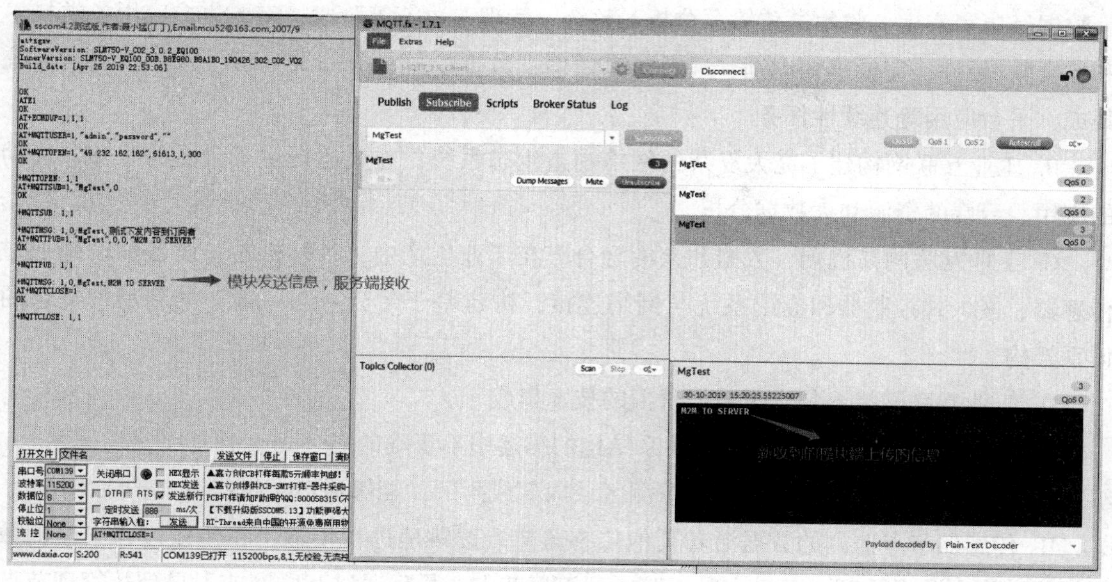

图 2－52　调试模块功能（2）

【知识考核】

选择题

（1）工厂内部网络用于连接工厂内的各种要素，它不包括（　　）。

A. 人员，如生产人员、设计人员，外部人员　　B. 机器，如装备、办公设备

C. 材料，如原材料，在制品、制成品　　D. 公众互联网

（2）（　　）是传感灵敏度、精度、可靠性和环境适应性均较高的传感技术，以及采用新原理、新材料、新工艺的传感技术，也是微弱传感信号提取与处理技术。

A. 模块化、嵌入式控制系统设计技术　　B. 系统协同技术

C. 故障诊断与健康维护技术　　D. 新型传感技术

（3）以下关于工业互联网数据标准的描述中不正确的是（　　）。

A. 工业互联网数据交换标准主要用于规范设备、产品等终端节点及各种工业系统之间，以及不同工业系统之间的数据交换，包括数据格式、数据交换体系架构、协议等标准

B. 工业互联网数据管理标准主要用于规范工业互联网数据的存储结构、元数据、数据质量要求、数据生命周期管理要求等

C. 主要用于规范工业互联网标识解析体系的组网架构和分层模型

D. 主要包括工业互联网数据交换标准、工业互联网数据分析标准、工业互联网数据管理标准、工业互联网数据建模标准、工业互联网大数据服务标准等

（4）以下选项中从构成要素去认识工业互联网内涵的是（　　）。

A. 贯彻工业互联网始终的是大数据。从原始的杂乱无章的信息到最有价值的决策信息，

大数据经历了产生、收集、传输、分析、整合、管理、决策等阶段，需要集成应用各类技术和各类软/硬件，完成感知识别、远近距离通信、数据挖掘、分布式处理、智能算法、系统集成、平台应用等连续性任务

B. 工业互联网构建了庞大复杂的网络制造生态系统，为企业提供了全面的感知、移动的应用、云端的资源和大数据分析

C. 工业互联网是机器、数据和人的融合。在工业生产中，各种机器、设备和设施通过传感器、嵌入式控制器和应用系统与网络连接，构建基于“云—网—端”的新型、复杂的体系架构

D. 工业互联网技术是实现数据价值的技术集成

（5）以下关于无线传感网络的体系结构的描述中不正确的是（　　）。

A. 大量传感器节点随机部署在监测区域内部或附近，能够通过自组织方式构成网络

B. 传感器节点监测的数据沿着其他传感器节点逐跳地进行传输，在传输过程中监测数据可能被多个节点处理，经过多跳后路由到汇聚节点，最后通过互联网或卫星到达管理节点

C. 用户通过管理节点对传感器网络进行配置和管理，发布监测任务以及收集监测数据

D. 汇聚节点处理能力、存储能力和通信能力相对较弱，通过小容量电池供电

项目3

使用 Docker 技术部署 Web 项目

【项目导读】

Docker（码头工人）是一个开源项目，诞生于2013年年初，最初是 dotCloud 公司（后由于 Docker 开源后大受欢迎，公司改名为 Docker Inc，总部位于美国加州的旧金山）内部的一个开源的 PaaS 服务（Platform as a ServiceService）的业余项目。它基于谷歌公司推出的 Go 语言实现。该项目后来加入了 Linux 基金会，遵从 Apache 2.0 协议，项目代码在 GitHub 上进行维护。

Docker 是基于 Linux 内核实现的。Docker 最早采用 LXC 技术，LXC 是 Linux 原生支持的容器技术，可以提供轻量级的虚拟化，可以说 Docker 就是基于 LXC 发展起来的，它提供 LXC 的高级封装、标准的配置方法。在 LXC 的基础上，Docker 提供了一系列更强大的功能。虚拟化技术（Kernel－based Virtual Machine，KVM）基于模块实现，后来 Docker 改用自己研发并开源的 runc 技术运行容器，彻底抛弃了 LXC。

Docker 比虚拟机的交付速度更快，资源消耗更少。Docker 采用客户端/服务端架构，使用远程 API 管理和创建容器，其可以轻松地创建一个轻量级的、可移植的、自给自足的容器。Docker 的三大理念是 Build（构建）、Ship（运输）、Run（运行）。Docker 遵从 Apache 2.0 协议，并通过 namespace 及 cgroup 等来提供容器的资源隔离与安全保障等，所以 Docker 容器在运行时不需要类似虚拟机（空运行的虚拟机占用物理机6%～8%的性能）的额外资源开销，从而可以大幅提高资源利用率。总而言之，Docker 是一种用了新颖方式实现的轻量级虚拟机，类似于 VM，但是在原理和应用上和 VM 的差别还是很大的，并且 Docker 的专业叫法是应用容器（Application Container）。

本项目要完成的任务有：Docker 的安装和使用、Docker 部署 Web 应用程序。

【项目目标】

➢ 掌握安装与卸载 Docker、使用 Docker 镜像及 Docker 容器的方法；

➢ 掌握 Docker 的基本操作；

➢ 掌握 Docker 部署 Web 应用程序的方法；

➢ 掌握 Dockerfile 的编写和使用；

➢ 掌握 Docker Hub 的使用。

【项目地图】

本项目的项目地图如图 3－1 所示。

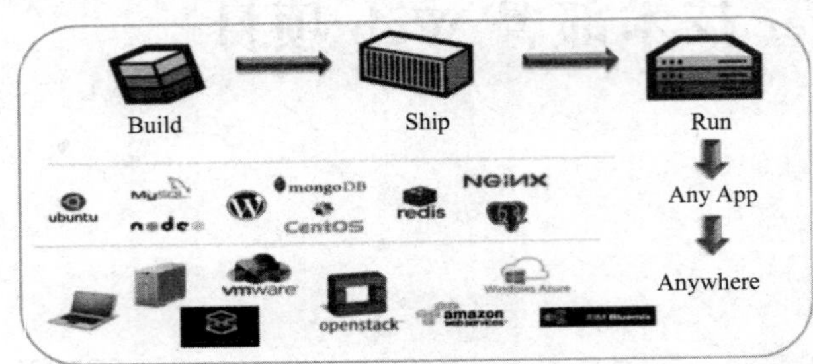

图 3－1　项目 3 的项目地图

【思政小课堂】

工匠精神为科技事业发光发热

工匠精神是一种职业精神，它是职业道德、职业能力、职业品质的体现，是从业者的一种职业价值取向和行为表现。工匠精神的基本内涵包括敬业、精益、专注、创新等方面的内容。

工匠们喜欢不断雕琢自己的产品，不断改善自己的工艺，享受产品在双手中升华的过程。工匠们对细节有很高要求，追求完美和极致，对精品有着执着的坚持和追求，把品质从 0 提高到 1，其利虽微，却长久造福于世。

工匠精神是社会文明进步的重要尺度、是中国制造前行的精神源泉、是企业竞争发展的品牌资本、是员工个人成长的道德指引。工匠精神就是追求卓越的创造精神、精益求精的品质精神、用户至上的服务精神。

（1）敬业。敬业是从业者基于对职业的敬畏和热爱而产生的一种全身心投入的认认真真、尽职尽责的职业精神状态。中华民族历来有“敬业乐群”“忠于职守”的传统，敬业是中国人的传统美德，也是当今社会主义核心价值观的基本要求之一。早在春秋时期，孔子就主张人在一生中始终要“执事敬”“事思敬”“修己以敬”。“执事敬”，是指行事要严肃认真不怠慢；“事思敬”，是指临事要专心致志不懈怠；“修己以敬”，是指加强自身修养，保持恭敬谦逊的态度。

（2）精益。精益就是精益求精，是从业者对每件产品、每道工序都凝神聚力、精益求精、追求极致的职业品质。所谓精益求精，是指已经做得很好了，还要求做得更好，“即使做一颗螺丝钉也要做到最好”。正如老子所说，“天下大事，必作于细”。能基业长青的企业，无不是通过精益求精获得成功的。

（3）专注。专注就是内心笃定而着眼于细节的耐心、执着、坚持的精神，这是一切

“大国工匠”所必须具备的精神特质。从中外实践经验来看，工匠精神意味着一种执着，即一种几十年如一日的坚持与韧性。“术业有专攻”，一旦选定行业，就一门心思地扎根下去，心无旁骛，在一个细分产品上不断积累优势，在各自领域成为“领头羊”。在中国早就有“艺痴者技必良”的说法，如《庄子》中记载的游刃有余的“庖丁解牛”、《核舟记》中记载的奇巧人王叔远等。

（4）创新。“工匠精神”还包括追求突破、追求革新的创新内蕴。古往今来，热衷于创新和发明的工匠们一直是世界科技进步的重要推动力量。新中国成立初期，我国涌现出一大批优秀的工匠，如倪志福、郝建秀等，他们为社会主义建设事业做出了突出贡献。改革开放以来，“汉字激光照排系统之父”王选，“中国第一、全球第二的充电电池制造商”王传福，从事高铁研制生产的铁路工人和从事特高压、智能电网研究运行的电力工人等都是“工匠精神”的优秀传承者，他们让中国创新重新影响了世界。

工匠精神落在个人层面，就是一种认真精神、敬业精神。其核心是：不仅把工作当作赚钱的工具，还要树立起对职业敬畏、对工作执着、对产品负责的态度，极度注重细节，不断追求完美和极致，给客户无可挑剔的体验。将一丝不苟、精益求精的工匠精神融入每一个环节，做出打动人心的一流产品。与工匠精神相对的，则是“差不多精神”——满足于90%，差不多就行了，而不追求100%。我国制造业存在大而不强、产品档次整体不高、自主创新能力较弱等现象，这在一定限度上与工匠精神稀缺、“差不多精神”频现有关。

任务3.1　Docker的安装和使用

【任务工单】　任务工单3－1：Docker的安装和使用

<table>
<tr><td>任务名称</td><td colspan="4">Docker的安装和使用</td></tr>
<tr><td>组别</td><td></td><td>成员</td><td>小组成绩</td><td></td></tr>
<tr><td>学生姓名</td><td colspan="2"></td><td>个人成绩</td><td></td></tr>
<tr><td>任务情境</td><td colspan="4">某互联网公司为了节省服务器租用费用和提高Web应用程序的部署效率，打算使用Docker容器化的技术实现Web应用程序的部署。首先需要在Linux操作系统上安装Docker。</td></tr>
<tr><td>任务目标</td><td colspan="4">掌握安装与卸载Docker的方法；掌握使用Docker镜像及Docker容器的方法</td></tr>
<tr><td>任务要求</td><td colspan="4">按本任务后面列出的具体任务内容，完成Docker的安装和使用</td></tr>
<tr><td>知识链接</td><td colspan="4"></td></tr>
<tr><td>计划决策</td><td colspan="4"></td></tr>
</table>

续表

<table>
<tr><td>任务名称</td><td colspan="5">Docker 的安装和使用</td></tr>
<tr><td>组别</td><td></td><td>成员</td><td></td><td>小组成绩</td><td></td></tr>
<tr><td>学生姓名</td><td colspan="3"></td><td>个人成绩</td><td></td></tr>
<tr><td>任务实施</td><td colspan="5">（1）安装与卸载 Docker

（2）使用 Docker 镜像

（3）使用 Docker 容器</td></tr>
<tr><td>检查</td><td colspan="5">（1）Docker 服务启动；（2）Docker 镜像安装；（3）Docker 容器执行命令</td></tr>
<tr><td>实施总结</td><td colspan="5"></td></tr>
<tr><td>小组评价</td><td colspan="5"></td></tr>
<tr><td>任务点评</td><td colspan="5"></td></tr>
</table>

【前导知识】

1. Docker 概述

数据库是整个软件应用的根基，是软件设计的起点，它起着决定性的作用，因此必须对数据库设计高度重视起来。

Docker 是 PaaS 提供商 dotCloud 的一个基于 LXC 的开源高级容器引擎，源代码托管在 Github 上，基于 Go 语言并遵从 Apache2.0 协议。

自 2013 年以来，无论是 Github 上的代码活跃度，还是 Redhat 在 RHEL6.5 中集成对 Docker 的支持，都表明了 Docker 的火热程度，就连谷歌公司的 Compute Engine 也支持 Docker 在其之上运行。

一款开源软件能否在商业上成功，在很大程度上依赖三件事：成功的用例（user case）、

活跃的社区和一个好故事。dotCloud 之家的 PaaS 产品建立在 Docker 之上，长期维护且有大量的用户，社区也十分活跃，接下来看看 Docker 的故事。

（1）环境管理复杂。从各种操作系统到各种中间件，再到各种 App，作为开发者对一款产品需要关心的因素太多，且难于管理，这个问题几乎在所有现代 IT 相关行业都需要面对。

（2）云计算时代的到来。AWS 的成功，引导开发者将应用转移到云上，解决了硬件管理的问题，然而中间件的相关问题依然存在（所以 openstack HEAT 和 AWS cloudformation 都着力解决这个问题）。这为开发者转变思路提供了可能性。

（3）虚拟化手段的变化。云时代采用标配硬件来降低成本，采用虚拟化手段来满足用户按需使用的需求以及保证可用性和隔离性。然而无论是 KVM 还是 Xen，在 Docker 看来，它们都在浪费资源，因为用户需要的是高效运行环境而非操作系统，GuestOS 既浪费资源又难以管理，更加轻量级的 LXC 更加灵活和快速。

（4）LXC 的移动性。LXC 在 Linux 2.6 的内核里就已经存在了，但是其设计之初并非为云计算考虑的，缺少标准化的描述手段和容器的可迁移性，决定其构建出的环境难以迁移和进行标准化管理（相对于 KVM 之类 image 和 snapshot 的概念）。Docker 就在这个问题上做出实质性的革新。这是 Docker 最独特的地方。

面对上述几个问题，Docker 的设想是交付运行环境如同海运，操作系统如同一个货轮，每一个在 OS 基础上的软件都如同一个集装箱，用户可以通过标准化手段自由组装运行环境，同时集装箱的内容可以由用户自定义，也可以由专业人员制造。这样，一个软件的交付，就是一系列标准化组件的集合的交付，如同乐高积木，用户只需要选择合适的积木组合，并且在最顶端署上自己的名字（最后一个标准化组件是用户的 App）。这也就是基于 Docker 的 PaaS 产品的原型。

Docker 使用客户端 - 服务器端（C/S）架构模式，使用远程 API 来管理和创建 Docker 容器。Docker 容器通过 Docker 镜像来创建。容器与镜像的关系类似于面向对象编程中的对象与类，见表 3 - 1。

表 3 - 1　容器与镜像的关系

Docker	面向对象
容器	对象
镜像	类

Docker 采用 C/S 架构的 Docker daemon 作为服务端接受来自客户的请求，并处理这些请求（创建、运行、分发容器）。客户端和服务器端既可以运行在同一台机器上，也可通过 socket 或者 RESTful API 进行通信。

Docker daemon 一般在宿主主机后台运行，等待接收来自客户端的消息。Docker 客户端则为用户提供一系列可执行命令，用户用这些可执行命令与 Docker daemon 交互，如图 3 – 2 所示。

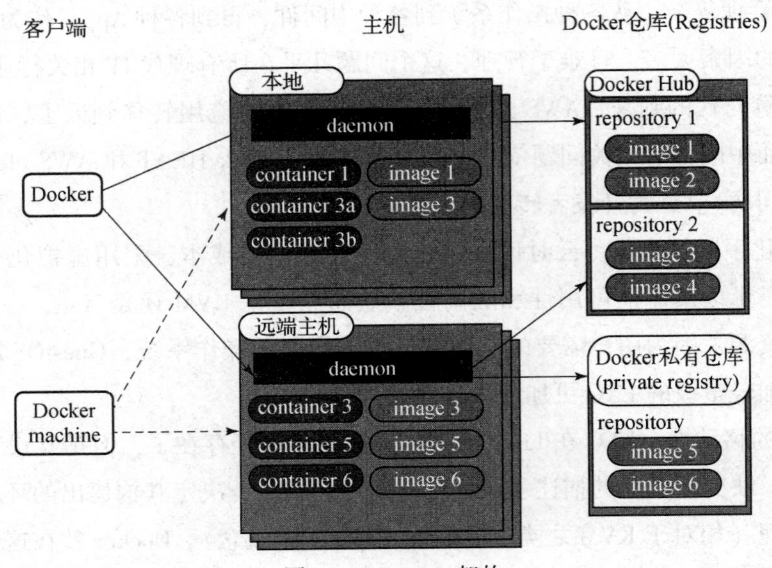

图 3 – 2　Docker 架构

2. Docker 原理

Docker 核心解决的问题是利用 LXC 来实现类似 VM 的功能，从而利用更加节省的硬件资源提供给用户更多的计算资源。同 VM 的方式不同，LXC 其并不是一套硬件虚拟化方法，无法归属到全虚拟化、部分虚拟化和半虚拟化中的任意一个，而是一个操作系统级虚拟化方法，理解起来可能并不像 VM 那样直观。因此，从虚拟化到 Docker 要解决的问题出发，看看它是怎么满足用户虚拟化需求的。

用户考虑虚拟化方法，尤其是硬件虚拟化方法，需要借助其解决的主要是以下 4 个问题。

（1）隔离性。每个用户实例之间相互隔离，互不影响。硬件虚拟化给出的方法是 VM，LXC 给出的方法是容器（container），更具体一点是 kernel namespace。

（2）可配额/可度量。每个用户实例可以按需提供其计算资源，其所使用的计算资源可以被计量。硬件虚拟化方法因为虚拟了 CPU，存储器（memory）可以方便地实现，LXC 则主要是利用 cgroups 来控制资源。

（3）移动性。用户实例可以很方便地复制、移动和重建。硬件虚拟化方法提供 snapshot 和 image 来实现，Docker（主要）利用 AUFS 实现。

（4）安全性。这个话题比较大，这里强调是主机的角度，应尽量保护容器。硬件虚拟化的方法因为虚拟化的水平比较高，用户进程都是在 KVM 等虚拟机容器中翻译运行的，然而对于 LXC，用户的进程是 lxc – start 进程的子进程，只是在内核的 namespace 中隔离的，因此需要一些内核的补丁（patch）来保证用户的运行环境不会受到来自主机的恶意入侵，dotcloud（主要是）利用 kernel grsec patch 解决的。

【任务内容】

（1）安装与卸载 Docker；

（2）使用 Docker 镜像；

（3）使用 Docker 容器。

【任务实施】

1. 安装与卸载 Docker

步骤1：更新系统，运行如下命令：

```
root@docker:~# sudo apt-get update
```

步骤2：安装推荐的拓展包，包括 Curl 和 linux-image-extra-*，运行如下命令，执行效果如图 3-3 所示。

```
root@docker:~# sudo apt-get install curl linux-image-extra-$(uname-r)
linux-image-extra-virtual
```

```
sudo: unable to resolve host book
Reading package lists... Done
Building dependency tree
Reading state information... Done
curl is already the newest version (7.47.0-1ubuntu2.2).
linux-image-extra-4.4.0-57-generic is already the newest version (4.4.0-57.78).
linux-image-extra-4.4.0-57-generic set to manually installed.
The following additional packages will be installed:
  linux-generic linux-headers-4.4.0-62 linux-headers-4.4.0-62-generic linux-headers-generic
  linux-image-4.4.0-62-generic linux-image-extra-4.4.0-62-generic linux-image-generic
Suggested packages:
  fdutils linux-doc-4.4.0 | linux-source-4.4.0 linux-tools
Recommended packages:
  thermald
The following NEW packages will be installed:
  linux-headers-4.4.0-62 linux-headers-4.4.0-62-generic linux-image-4.4.0-62-generic
  linux-image-extra-4.4.0-62-generic linux-image-extra-virtual
The following packages will be upgraded:
  linux-generic linux-headers-generic linux-image-generic
3 upgraded, 5 newly installed, 0 to remove and 58 not upgraded.
Need to get 68.4 MB of archives.
After this operation, 296 MB of additional disk space will be used.
Do you want to continue? [Y/n]
```

图 3-3　安装推荐的拓展包

步骤3：设置镜像仓库。

（1）安装 apt-transport-https，允许 apt 通过 HTTPS 使用仓库。运行如下命令，运行结果如图 3－4 所示。

```
root@docker: ~# sudo apt－get install apt－transpost－https ca－certificates
```

```
sudo: unable to resolve host book
Reading package lists... Done
Building dependency tree
Reading state information... Done
ca-certificates is already the newest version (20160104ubuntu1).
The following packages were automatically installed and are no longer required:
  linux-headers-4.4.0-31 linux-headers-4.4.0-31-generic linux-image-4.4.0-31-generic
  linux-image-extra-4.4.0-31-generic
Use 'sudo apt autoremove' to remove them.
The following packages will be upgraded:
  apt-transport-https
1 upgraded, 0 newly installed, 0 to remove and 57 not upgraded.
Need to get 26.0 kB of archives.
After this operation, 0 B of additional disk space will be used.
Do you want to continue? [Y/n] Y
Get:1 http://mirrors.aliyun.com/ubuntu xenial-proposed/main amd64 apt-transport-https amd64 1.2.19
Fetched 26.0 kB in 0s (57.4 kB/s)
(Reading database ... 132274 files and directories currently installed.)
Preparing to unpack .../apt-transport-https_1.2.19_amd64.deb ...
Unpacking apt-transport-https (1.2.19) over (1.2.18) ...
Setting up apt-transport-https (1.2.19) ...
```

图 3－4　安装 apt－transport－https

（2）增加 Docker 官方的 GPG Key，并验证，运行如下命令：

```
root@docker: ~# sudo curl  －s http://yum.dockerproject.org/gpg | sudo apt－key add
```

验证这个 GPG Key 是否为 58118E89F3A912897C070ADBF76221572C52609D。运行如下命令，结果如图 3－5 所示。

```
root@docker: ~# sudo apt－key fingerprint
58118E89F3A912897C070ADBF76221572C52609D
```

```
pub   4096R/2C52609D 2015-07-14
      Key fingerprint = 5811 8E89 F3A9 1289 7C07  0ADB F762 2157 2C52 609D
uid                  Docker Release Tool (releasedocker) <docker@docker.com>
```

图 3－5　验证 GPG Key 为 58118E89F3A912897C070ADBF76221572C52609D

（3）设置仓库为稳定的发布版本，当然也可以修改 main 增加测试版 testing。运行如下命令：

```
root@docker:/etc/apt # sudo apt－add－repository ‘deb https://apt.dockerproject.org/repo ubuntu－xenial main’
```

若找不到 add – apt – repository，则运行以下命令安装它，运行结果如图 3 – 6 所示。

```
root@docker: ~ # sudo apt – get install software – properties – common
```

```
Reading package lists... Done
Building dependency tree
Reading state information... Done
The following packages were automatically installed and are no longer required:
  linux-headers-4.4.0-31 linux-headers-4.4.0-31-generic linux-image-4.4.0-31-generic
  linux-image-extra-4.4.0-31-generic
Use 'sudo apt autoremove' to remove them.
The following additional packages will be installed:
  python3-pycurl python3-software-properties unattended-upgrades
Suggested packages:
  libcurl4-gnutls-dev python-pycurl-doc python3-pycurl-dbg bsd-mailx
The following NEW packages will be installed:
  python3-pycurl python3-software-properties software-properties-common unattended-upgrades
0 upgraded, 4 newly installed, 0 to remove and 57 not upgraded.
Need to get 103 kB of archives.
After this operation, 794 kB of additional disk space will be used.
Do you want to continue? [Y/n]
```

图 3 – 6　安装 add – apt – repository

步骤 4：安装 Docker。

（1）更新 apt 资源。运行如下命令：

```
root@docker: ~ # sudo apt – get update
```

（2）检查一下本机是否安装了 Docker 引擎。运行如下命令，结果如图 3 – 7 所示。

```
root@docker: ~ # sudo apt – cache policy docker – engine
```

```
docker-engine:
  Installed: (none)
  Candidate: 1.13.0-0~ubuntu-xenial
  Version table:
```

图 3 – 7　检查 Docker 引擎的安装情况

（3）安装最新版本的 Docker 引擎。运行如下的命令，结果如图 3 – 8 所示。

```
root@docker: ~ # sudo apt – cache install docker – engine
```

```
Reading package lists... Done
Building dependency tree
Reading state information... Done
The following packages were automatically installed and are no longer required:
  linux-headers-4.4.0-31 linux-headers-4.4.0-31-generic linux-image-4.4.0-31-generic
  linux-image-extra-4.4.0-31-generic
Use 'sudo apt autoremove' to remove them.
The following additional packages will be installed:
  aufs-tools cgroupfs-mount git git-man liberror-perl libltdl7
Suggested packages:
  mountall git-daemon-run | git-daemon-sysvinit git-doc git-el git-email git-gui gitk gitweb git-arch git-cvs
  git-mediawiki git-svn
The following NEW packages will be installed:
  aufs-tools cgroupfs-mount docker-engine git git-man liberror-perl libltdl7
0 upgraded, 7 newly installed, 0 to remove and 33 not upgraded.
Need to get 23.1 MB of archives.
After this operation, 115 MB of additional disk space will be used.
Do you want to continue? [Y/n]
```

图 3 – 8　安装最新版本的 Docker 引擎

（4）如果想安装特定版本的 Docker 引擎，则可以通过如下命令查看当前可用版本以及安装 Docker 引擎的特定版本，运行结果如图 3－9 和图 3－10 所示。

```
root@docker: ~# sudo apt - cache install docker - engine
```

```
docker-engine | 1.13.0-0~ubuntu-xenial | https://apt.dockerproject.org/repo ubuntu-xenial/main amd64 Packages
docker-engine | 1.12.6-0~ubuntu-xenial | https://apt.dockerproject.org/repo ubuntu-xenial/main amd64 Packages
docker-engine | 1.12.5-0~ubuntu-xenial | https://apt.dockerproject.org/repo ubuntu-xenial/main amd64 Packages
docker-engine | 1.12.4-0~ubuntu-xenial | https://apt.dockerproject.org/repo ubuntu-xenial/main amd64 Packages
docker-engine | 1.12.3-0~xenial | https://apt.dockerproject.org/repo ubuntu-xenial/main amd64 Packages
docker-engine | 1.12.2-0~xenial | https://apt.dockerproject.org/repo ubuntu-xenial/main amd64 Packages
docker-engine | 1.12.1-0~xenial | https://apt.dockerproject.org/repo ubuntu-xenial/main amd64 Packages
docker-engine | 1.12.0-0~xenial | https://apt.dockerproject.org/repo ubuntu-xenial/main amd64 Packages
docker-engine | 1.11.2-0~xenial | https://apt.dockerproject.org/repo ubuntu-xenial/main amd64 Packages
docker-engine | 1.11.1-0~xenial | https://apt.dockerproject.org/repo ubuntu-xenial/main amd64 Packages
docker-engine | 1.11.0-0~xenial | https://apt.dockerproject.org/repo ubuntu-xenial/main amd64 Packages
```

图 3－9　查看 Docker 引擎的可用版本

```
root@docker: ~# sudo apt - get install docker - engine =1.12.6 -0 ~
ubuntu - xenial
```

```
Reading package lists... Done
Building dependency tree
Reading state information... Done
The following packages were automatically installed and are no longer required:
  linux-headers-4.4.0-31 linux-headers-4.4.0-31-generic linux-image-4.4.0-31-generic
  linux-image-extra-4.4.0-31-generic
Use 'sudo apt autoremove' to remove them.
The following packages will be DOWNGRADED:
  docker-engine
0 upgraded, 0 newly installed, 1 downgraded, 0 to remove and 33 not upgraded.
Need to get 19.4 MB of archives.
After this operation, 13.3 MB of additional disk space will be used.
Do you want to continue? [Y/n]
```

图 3－10　安装 Docker 引擎的特定版本

（5）通过以下命令检查 Docker Service 是否运行，运行结果如图 3－11 所示。

```
root@docker: ~# service docker status
```

```
        └─2389 docker-containerd -l unix:///var/run/docker/libcontainerd/docker-container
```

图 3－11　检查 Docker Service 的运行状态

（6）通过 hello－world 程序验证 Docker 安装的正确性。运行如下命令，结果如图 3－12 所示。

```
root@docker: ~# docker run hello - world
```

```
Unable to find image 'hello-world:latest' locally
latest: Pulling from library/hello-world
78445dd45222: Pull complete
Digest: sha256:c5515758d4c5e1e838e9cd307f6c6a0d620b5e07e6f927b07d05f6d12a1ac8d7
Status: Downloaded newer image for hello-world:latest

Hello from Docker!
This message shows that your installation appears to be working correctly.
```

图 3－12　验证 Docker 安装的正确性

（7）通过“docker --help”命令可以查看 Docker 相关的命令应用。运行如下命令，相关命令及其功能列表如图 3-13 所示。

```
root@docker: ~# docker --help
```

```
Commands:
  attach      Attach to a running container
  build       Build an image from a Dockerfile
  commit      Create a new image from a container's changes
  cp          Copy files/folders between a container and the local filesystem
  create      Create a new container
  diff        Inspect changes on a container's filesystem
  events      Get real time events from the server
  exec        Run a command in a running container
  export      Export a container's filesystem as a tar archive
  history     Show the history of an image
  images      List images
  import      Import the contents from a tarball to create a filesystem image
  info        Display system-wide information
  inspect     Return low-level information on Docker objects
  kill        Kill one or more running containers
  load        Load an image from a tar archive or STDIN
  login       Log in to a Docker registry
  logout      Log out from a Docker registry
  logs        Fetch the logs of a container
  pause       Pause all processes within one or more containers
  port        List port mappings or a specific mapping for the container
  ps          List containers
  pull        Pull an image or a repository from a registry
  push        Push an image or a repository to a registry
  rename      Rename a container
  restart     Restart one or more containers
  rm          Remove one or more containers
  rmi         Remove one or more images
  run         Run a command in a new container
  save        Save one or more images to a tar archive (streamed to STDOUT by default)
  search      Search the Docker Hub for images
  start       Start one or more stopped containers
  stats       Display a live stream of container(s) resource usage statistics
  stop        Stop one or more running containers
  tag         Create a tag TARGET_IMAGE that refers to SOURCE_IMAGE
  top         Display the running processes of a container
  unpause     Unpause all processes within one or more containers
  update      Update configuration of one or more containers
  version     Show the Docker version information
  wait        Block until one or more containers stop, then print their exit codes
```

图 3-13　Docker 相关的命令及其功能列表

2. 使用 Docker 镜像

Docker 容器运行的就是 Docker 镜像文件，在默认情况下，这些镜像文件都从 Docker Hub 下载。通过 Docker 镜像命令，用户可以搜索、下载、推送、删除、构建镜像文件。在终端上运行“docker image --help”命令，可以看到 Docker 镜像支持的命令列表，如图 3-14 所示。

```
root@docker: ~# docker image --help
```

下面的实训内容将演示 Docker 镜像命令的基本用法。

（1）搜索 Docker 镜像。利用“search”命令搜索 ubuntu 可以得到与 ubuntu 相关的不同版本的镜像列表。镜像按照热门程度排列，其中 OFFICIAL 如果为 OK，则代表官方版本。运行如下命令，结果如图 3-15 所示。

```
Commands:
  build       Build an image from a Dockerfile
  history     Show the history of an image
  import      Import the contents from a tarball to create a filesystem image
  inspect     Display detailed information on one or more images
  load        Load an image from a tar archive or STDIN
  ls          List images
  prune       Remove unused images
  pull        Pull an image or a repository from a registry
  push        Push an image or a repository to a registry
  rm          Remove one or more images
  save        Save one or more images to a tar archive (streamed to STDOUT by default)
  tag         Create a tag TARGET_IMAGE that refers to SOURCE_IMAGE
```

图 3-14 Docker 镜像支持的命令列表

```
root@docker: ~# docker search ubuntu
```

```
NAME                               DESCRIPTION                                     STARS   OFFICIAL   AUTOMATED
ubuntu                             Ubuntu is a Debian-based Linux operating s...   5385    [OK]
ubuntu-upstart                     Upstart is an event-based replacement for ...   69      [OK]
rastasheep/ubuntu-sshd             Dockerized SSH service, built on top of of...   66                 [OK]
consol/ubuntu-xfce-vnc             Ubuntu container with "headless" VNC sessi...   38                 [OK]
torusware/speedus-ubuntu           Always updated official Ubuntu docker imag...   27                 [OK]
ubuntu-debootstrap                 debootstrap --variant=minbase --components...   27      [OK]
ioft/armhf-ubuntu                  [ABR] Ubuntu Docker images for the ARMv7(a...   20                 [OK]
nickistre/ubuntu-lamp              LAMP server on Ubuntu                           14                 [OK]
nuagebec/ubuntu                    Simple always updated Ubuntu docker images...   13                 [OK]
nickistre/ubuntu-lamp-wordpress    LAMP on Ubuntu with wp-cli installed            9                  [OK]
nimmis/ubuntu                      This is a docker images different LTS vers...   6                  [OK]
maxexcloo/ubuntu                   Base image built on Ubuntu with init, Supe...   2                  [OK]
jordi/ubuntu                       Ubuntu Base Image                               1                  [OK]
darksheer/ubuntu                   Base Ubuntu Image -- Updated hourly             1                  [OK]
admiringworm/ubuntu                Base ubuntu images based on the official u...   1                  [OK]
lynxtp/ubuntu                      https://github.com/lynxtp/docker-ubuntu         0                  [OK]
vcatechnology/ubuntu               A Ubuntu image that is updated daily            0                  [OK]
datenbetrieb/ubuntu                custom flavor of the official ubuntu base ...   0                  [OK]
teamrock/ubuntu                    TeamRock's Ubuntu image configured with AW...   0                  [OK]
widerplan/ubuntu                   Our basic Ubuntu images.                        0                  [OK]
webhippie/ubuntu                   Docker images for ubuntu                        0                  [OK]
esycat/ubuntu                      Ubuntu LTS                                      0                  [OK]
konstruktoid/ubuntu                Ubuntu base image                               0                  [OK]
stefaniuk/ubuntu                   My customised Ubuntu baseimage                  0                  [OK]
labengine/ubuntu                   Images base ubuntu                              0                  [OK]
```

图 3-15 搜索可用的 Docker 镜像

（2）获取 Docker 镜像。通过“pull”命令下载官方版本的 ubuntu 和 MySQL。运行相关的下载命令，结果如图 3-16 及图 3-17 所示。

```
root@docker: ~# docker pull ubuntu
```

```
Using default tag: latest
latest: Pulling from library/ubuntu
b3e1c725a85f: Pull complete
4daad8bdde31: Pull complete
63fe8c0068a8: Pull complete
4a70713c436f: Pull complete
bd842a2105a8: Pull complete
Digest: sha256:7a64bc9c8843b0a8c8b8a7e4715b7615e4e1b0d8ca3c7e7a76ec8250899c397a
Status: Downloaded newer image for ubuntu:latest
```

图 3-16 下载 ubuntu 镜像

```
root@docker: ~# docker pull ubuntu
```

```
Using default tag: latest
latest: Pulling from library/mysql
5040bd298390: Pull complete
55370df68315: Pull complete
fad5195d69cc: Pull complete
a1034a5fbbfc: Pull complete
84bedc72ed3a: Pull complete
10981627b57d: Pull complete
0eb1485c660d: Pull complete
e3ee110bb981: Pull complete
01dd88d2ce4f: Pull complete
a08baf9a1c89: Pull complete
2f844a59fb03: Pull complete
Digest: sha256:79690dd87d68fd4d801e65f5479f8865d572a6c7ac073c9273713a9c633022c5
Status: Downloaded newer image for mysql:latest
```

图 3 – 17　下载 MySQL 镜像

（3）查看 Docker 镜像。通过“images”命令可以看到当前机器所下载的镜像，除了刚下载的官方 ubuntu 和 MySQL 镜像外，还有在运行 hello – world 程序时下载的 hello – world 镜像。运行如下命令，结果如图 3 – 18 所示。

```
root@docker: ~ # docker images
```

```
REPOSITORY          TAG                 IMAGE ID            CREATED             SIZE
mysql               latest              f3694c67abdb        2 days ago          400 MB
hello-world         latest              48b5124b2768        6 days ago          1.84 kB
ubuntu              latest              104bec311bcd        5 weeks ago         129 MB
```

图 3 – 18　查看已下载镜像列表

（4）导出 Docker 镜像。运行如下命令，可以将镜像保存成一个压缩文件。

```
root@docker: ~ # docker save ubuntu > /opt /ubuntu.tar.gz
```

（5）删除 Docker 镜像。通过“rmi”命令可以删除机器上的镜像，例如删除下载的 ubuntu 镜像，依次运行如下命令，结果如图 3 – 19 所示。

```
root@docker: ~ # docker images
root@docker: ~ # docker rmi ubuntu
root@docker: ~ # docker images
```

```
root@book:~# docker images
REPOSITORY          TAG                 IMAGE ID            CREATED             SIZE
mysql               latest              f3694c67abdb        2 days ago          400 MB
hello-world         latest              48b5124b2768        6 days ago          1.84 kB
ubuntu              latest              104bec311bcd        5 weeks ago         129 MB
root@book:~# docker rmi ubuntu
Untagged: ubuntu:latest
Untagged: ubuntu@sha256:7a64bc9c8843b0a8c8b8a7e4715b7615e4e1b0d8ca3c7e7a76ec8250899c397a
Deleted: sha256:104bec311bcdfc882ea08fdd4f5417ecfb1976adea5a0c237e129c728cb7eada
Deleted: sha256:f086cebe1dd257beedaa235e4eef280f603273b4c15cbe6db929ab64f100c302
Deleted: sha256:84cfefd72f9a8be0b92adfb93664e9bc8d740829152f1ab76b2a8393d56d8db8
Deleted: sha256:f7309529402984109c74a95ee5d68c0a5aa57241070890a09c76be48a8cd773f
Deleted: sha256:23f1e9516742d68eaa2439dd50693bf7294fcd64d69d9643e51a4be64aa0b97c
Deleted: sha256:32d75bc97c4173417b54eb2a417ea867637c3014dc1b0dd550f11ab490cbb09f
root@book:~# docker images
REPOSITORY          TAG                 IMAGE ID            CREATED             SIZE
mysql               latest              f3694c67abdb        2 days ago          400 MB
hello-world         latest              48b5124b2768        6 days ago          1.84 kB
```

图 3 – 19　删除 Docker 镜像

（6）导入 Docker 镜像。通过“load”命令，可以将前面保存的 ubuntu 镜像导入本地的镜像库。依次运行下列命令，结果如图 3－20 所示。

```
root@docker:~# docker load < /opt/ubuntu.tar.gz
root@docker:~# docker images
```

```
root@book:~# docker load < /opt/ubuntu.tar.gz
32d75bc97c41: Loading layer [==================================================>] 134.6 MB/134.6 MB
87f743c24123: Loading layer [==================================================>] 15.87 kB/15.87 kB
bbe6cef52379: Loading layer [==================================================>] 11.78 kB/11.78 kB
3d515508d4eb: Loading layer [==================================================>] 4.608 kB/4.608 kB
5972ebe5b524: Loading layer [==================================================>] 3.072 kB/3.072 kB
Loaded image: ubuntu:latest
root@book:~# docker images
REPOSITORY          TAG                 IMAGE ID            CREATED             SIZE
mysql               latest              f3694c67abdb        2 days ago          400 MB
hello-world         latest              48b5124b2768        6 days ago          1.84 kB
ubuntu              latest              104bec311bcd        5 weeks ago         129 MB
```

图 3－20　导入 Docker 镜像

3. 使用 Docker 容器

容器是镜像的一个运行实例，因此运行镜像前 Docker 会先检查本地是否有该镜像，如果没有则从 Docker Hub 下载并运行。由于 Docker 是轻量级的，因此用户可以非常方便快速地创建与删除容器。此外，Docker 提供了多个管理容器的命令，具体可以通过“help”命令来查看，运行如下命令，结果如图 3－21 所示。

```
root@docker:~# docker container help
```

```
Usage:  docker container COMMAND

Manage containers

Options:
      --help   Print usage

Commands:
  attach      Attach to a running container
  commit      Create a new image from a container's changes
  cp          Copy files/folders between a container and the local filesystem
  create      Create a new container
  diff        Inspect changes on a container's filesystem
  exec        Run a command in a running container
  export      Export a container's filesystem as a tar archive
  inspect     Display detailed information on one or more containers
  kill        Kill one or more running containers
  logs        Fetch the logs of a container
  ls          List containers
  pause       Pause all processes within one or more containers
  port        List port mappings or a specific mapping for the container
  prune       Remove all stopped containers
  rename      Rename a container
  restart     Restart one or more containers
  rm          Remove one or more containers
  run         Run a command in a new container
  start       Start one or more stopped containers
  stats       Display a live stream of container(s) resource usage statistics
  stop        Stop one or more running containers
  top         Display the running processes of a container
  unpause     Unpause all processes within one or more containers
  update      Update configuration of one or more containers
  wait        Block until one or more containers stop, then print their exit codes
```

图 3－21　管理容器命令列表

下面的实训内容将演示管理容器命令的基本用法。

（1）新建并运行容器。通过“run”命令可以直接创建一个新的 ubuntu 容器并运行它，其中“-it”表示创建后进入这个容器，创建命令为：

```
root@docker:~# docker run -it ubuntu
```

（2）查看容器。在新的终端中，通过“ps”命令查看容器列表，后面可以接“-a”或“-l”等参数，代表列出所有容器或最后的容器等。运行如下命令，结果如图 3-22 所示。

```
root@docker:~# docker ps -a
```

```
CONTAINER ID   IMAGE         COMMAND       CREATED          STATUS                     PORTS   NAMES
2ac1eda62961   ubuntu        "/bin/bash"   19 seconds ago   Up 18 seconds                      cocky_lichterman
acc1262add15   hello-world   "/hello"      20 hours ago     Exited (0) 25 minutes ago          distracted_clarke
```

图 3-22　查看容器

（3）停止容器。停止刚运行的 ubuntu 容器。运行如下命令，结果如图 3-23 所示。

```
root@docker:~# docker stop 2ac1eda62961
```

```
root@book:~# docker stop 2ac1eda62961
2ac1eda62961
root@book:~# docker ps -a
CONTAINER ID   IMAGE         COMMAND       CREATED              STATUS                       PORTS   NAMES
2ac1eda62961   ubuntu        "/bin/bash"   About a minute ago   Exited (127) 2 seconds ago           cocky_lichterman
acc1262add15   hello-world   "/hello"      20 hours ago         Exited (0) 26 minutes ago            distracted_clarke
```

图 3-23　停止容器

（4）删除容器。删除 ubuntu 容器。运行如下命令，结果如图 3-24 所示。

```
root@docker:~# docker rm zac1eda62961
```

```
root@book:~# docker rm 2ac1eda62961
2ac1eda62961
root@book:~# docker ps -a
CONTAINER ID   IMAGE         COMMAND    CREATED        STATUS                      PORTS   NAMES
acc1262add15   hello-world   "/hello"   20 hours ago   Exited (0) 27 minutes ago           distracted_clarke
```

图 3-24　删除 ubuntu 容器

任务 3.2　Docker 部署 Web 应用程序

【任务工单】　任务工单 3-2：Docker 部署 Web 应用程序

<table>
<tr><td>任务名称</td><td colspan="5">Docker 部署 Web 应用程序</td></tr>
<tr><td>组别</td><td></td><td>成员</td><td></td><td>小组成绩</td><td></td></tr>
<tr><td>学生姓名</td><td colspan="3"></td><td>个人成绩</td><td></td></tr>
<tr><td>任务情境</td><td colspan="5">在本项目任务 3.1 中已完成 Docker 的安装、镜像安装以及容器的使用。现请你继续在 Docker 容器上部署 Web 应用程序</td></tr>
</table>

续表

<table>
<tr><td>任务名称</td><td colspan="5">Docker 部署 Web 应用程序</td></tr>
<tr><td>组别</td><td></td><td>成员</td><td></td><td>小组成绩</td><td></td></tr>
<tr><td>学生姓名</td><td colspan="3"></td><td>个人成绩</td><td></td></tr>
<tr><td>任务目标</td><td colspan="5">利用 Docker 快速部署 LAMP Web 应用，具体包括 MySQL、Apache 镜像的修改与提交、Docker Hub 的使用，以及 Docker Composer 的应用</td></tr>
<tr><td>任务要求</td><td colspan="5">按本任务后面列出的具体任务内容，完成 Docker 部署 Web 应用程序</td></tr>
<tr><td>知识链接</td><td colspan="5"></td></tr>
<tr><td>计划决策</td><td colspan="5"></td></tr>
<tr><td>任务实施</td><td colspan="5">（1）使用 Docker Hub
（2）创建自定义的 MySQL 镜像
（3）使用 Dockerfile 构建自定义的 Apache 镜像
（4）应用 Docker - Compose 同时启动 Apache 和 MySQL 容器</td></tr>
<tr><td>检查</td><td colspan="5">（1）Docker Hub 启动；（2）MySQL 镜像启动；（3）Dockerfile 运行；（4）执行 Docker - Compose 命令</td></tr>
<tr><td>实施总结</td><td colspan="5"></td></tr>
<tr><td>小组评价</td><td colspan="5"></td></tr>
<tr><td>任务点评</td><td colspan="5"></td></tr>
</table>

【前导知识】

1. Docker Hub

Docker 镜像存储在镜像仓库服务（Image Registry）中。Docker 客户端的镜像仓库服务是可配置的，默认使用 Docker Hub。镜像仓库服务包含多个镜像仓库（Image Repository）。同样，一个镜像仓库中可以包含多个镜像。可能这听起来让人有些迷惑，所以图 3 – 25 展示了包含 3 个镜像仓库的镜像仓库服务，其中每个镜像仓库都包含一个或多个镜像。

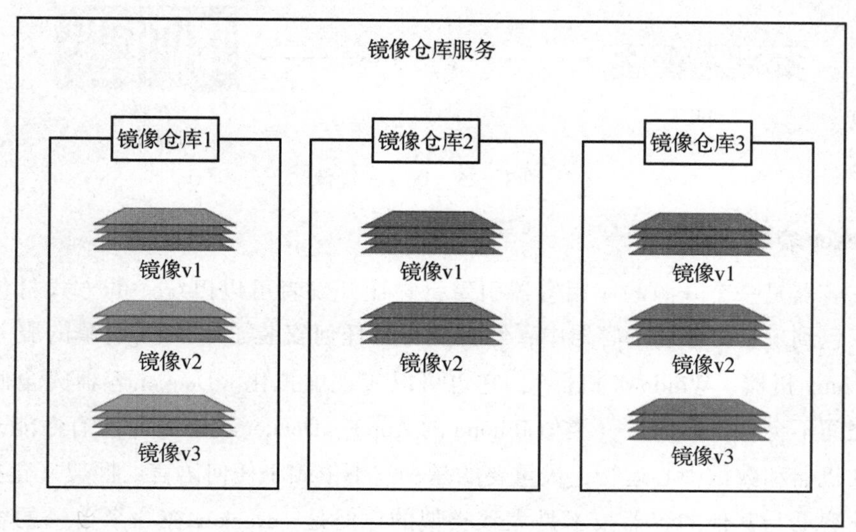

图 3 – 25　镜像仓库服务

Docker Hub 分为官方仓库（Official Repository）和非官方仓库（Unofficial Repository）。顾名思义，官方仓库中的镜像是由 Docker 公司审查的。这意味着其中的镜像会及时更新，由高质量的代码构成，这些代码是安全的，有完善的文档和最佳实践。

非官方仓库更像“江湖侠客”，其中的镜像不一定具备官方仓库的优点，但这并不意味着所有非官方仓库都是不好的，非官方仓库中也有一些很优秀的镜像。

在信任非官方仓库镜像代码之前需要保持谨慎。说实话，在使用任何从互联网上下载的软件之前，都要小心，甚至使用那些来自官方仓库的镜像时也应如此。

大部分流行的操作系统和应用在 Docker Hub 的官方仓库中都有其对应镜像。这些镜像很容易找到，基本都在 Docker Hub 命名空间的顶层。

2. Docker 镜像

作为 VM 管理员，则可以把 Docker 镜像理解为 VM 模板，VM 模板就像停止运行的 VM，而 Docker 镜像就像停止运行的容器；而作为研发人员，则可以将镜像理解为类（Class）。

首先需要先从镜像仓库服务中拉取镜像。常见的镜像仓库服务是 Docker Hub，但是也存在其他镜像仓库服务。拉取操作会将镜像下载到本地 Docker 主机，可以使用该镜像启动一个或者多个容器。

镜像由多个层组成，每层叠加之后，从外部看来就如一个独立的对象。镜像内部是一个精简的操作系统，同时还包含应用运行所必须的文件和依赖包。因为容器的设计初衷是快速和小巧，所以镜像通常都比较小。前面多次提到镜像就像停止运行的容器（类），实际上，可以停止某个容器的运行，并从中创建新的镜像。在该前提下，镜像可以理解为一种构建时（build - time）结构，而容器可以理解为一种运行时（run - time）结构，如图 3 - 26 所示。

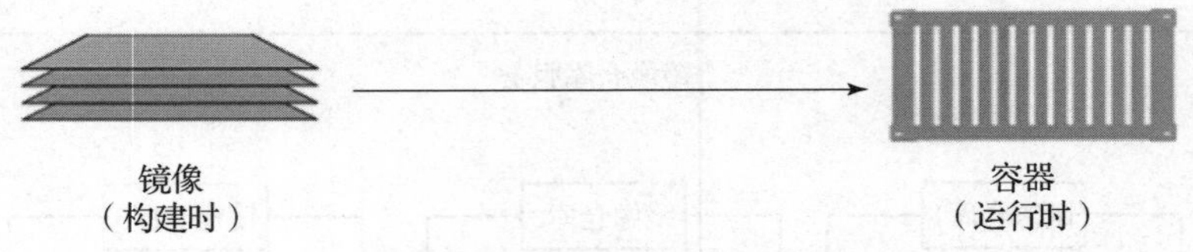

图 3 - 26　Docker 镜像

3. Docker 容器

Docker 容器是一个开源的应用容器引擎，它让开发者可以以统一的方式打包他们的应用以及依赖包到一个可移植的容器中，然后发布到任何安装了 Docker 引擎的服务器上（包括流行的 Linux 机器、Windows 机器），它也可以实现虚拟化。Docker 容器完全使用沙箱机制，相互之间不会有任何接口（类似 iPhone 的 App）。Docker 容器几乎没有性能开销，可以很容易地在机器和数据中心运行，最重要的是，它不依赖于任何语言、框架（包括系统）。

Docker 容器与其他的容器技术是大致类似的。但是，Docker 在一个单一的容器内捆绑了关键的应用程序组件，这也就让 Docker 容器可以在不同的平台和云计算之间实现便携性。其结果就是，Docker 成为需要实现跨多个不同环境运行的应用程序的理想容器技术选择。

Docker 还可以让使用微服务的应用程序得益。所谓微服务就是把应用程序分解成为专门开发的更小服务。这些服务使用通用的 RESTAPI 进行交互。使用完全封装 Docker 容器的开发人员可以针对采用微服务的应用程序开发出一个更为高效的分发模式。

【任务内容】

（1）使用 Docker Hub；

（2）创建自定义的 MySQL 镜像；

（3）使用 Dockerfile 构建自定义的 Apache 镜像；

（4）应用 Docker - Compose 同时启动 Apache 和 MySQL 容器。

【任务实施】

1. 使用 Docker Hub

步骤 1：注册 Docker Hub 账号。打开 Docker Hub 网站，注册账号，并查看邮件确认。

本例注册的账号为 docker2teacher，注册 Docker Hub 账号界面如图 3－37 所示。

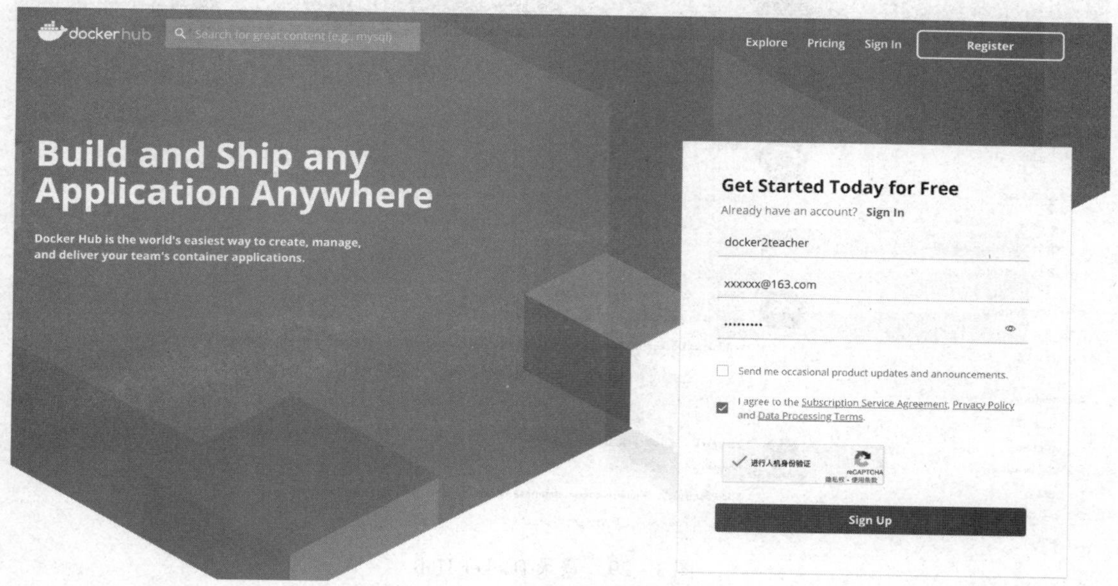

图 3－27　注册 Docker Hub 账号界面

步骤 2：登录 Docker Hub，查看仓库信息。输入账号和密码后，单击“Login”（登录）按钮，登录 Docker Hub，如图 3－28 及图 3－29 所示。

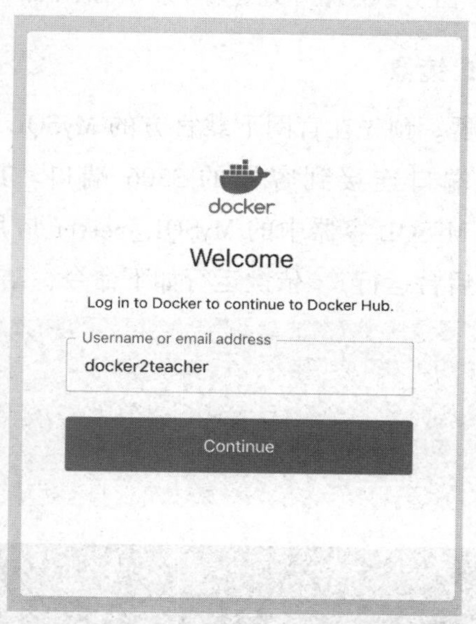

图 3－28　输入账号和密码

步骤 3：在本地终端登录 Docker Hub。运行如下登录命令，结果如图 3－30 所示。

```
root@docker:~# docker login
```

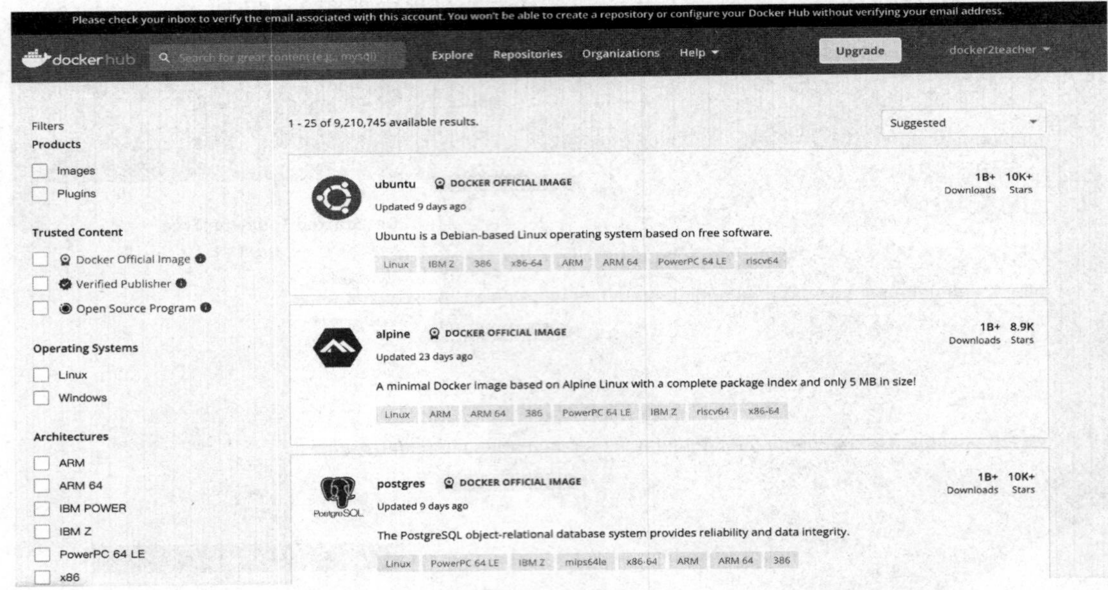

图 3－29　登录 Docker Hub

```
root@book:~# docker login
Login with your Docker ID to push and pull images from Docker Hub. If you don't have a Docker ID, head over to https://hub.docker.com to create one.
Username (book2docker):
Password:
Login Succeeded
```

图 3－30　在本地终端登录 Docker Hub

2. 创建自定义的 MySQL 镜像

步骤 1：运行 MySQL 容器。预先在官网下载官方的 MySQL 镜像，创建并运行这个镜像的容器，并将本地的 3306 端口连接到容器的 3306 端口。其中“－e MYSQL_ROOT_PASSWORD＝123456”为给 MySQL 容器中的 MySQL_Server 应用设置 root 密码，而“－d”则是以 detach 模式运行（即后台运行）。依次运行如下命令，结果如图 3－31 所示。

```
root@docker:~# docker images
root@docker:~# docker run -p 3306:3306 -e MYSQL_ROOT_PASSWORD=
123456 -d mysql
```

```
root@book:~# docker images
REPOSITORY     TAG       IMAGE ID       CREATED        SIZE
mysql          latest    f3694c67abdb   3 days ago     400 MB
hello-world    latest    48b5124b2768   7 days ago     1.84 kB
ubuntu         latest    104bec311bcd   5 weeks ago    129 MB
root@book:~# docker run -p 3306:3306 -e MYSQL_ROOT_PASSWORD=123456 -d mysql
c6742a2f18a4f244060e0196286eb4545cf530f626c3d44f75e5f7356df63c76
root@book:~# docker ps -a
CONTAINER ID   IMAGE         COMMAND                 CREATED          STATUS                   PORTS                    NAMES
c6742a2f18a4   mysql         "docker-entrypoint..."  4 seconds ago    Up 3 seconds             0.0.0.0:3306->3306/tcp   vibrant_golick
acc1262add15   hello-world   "/hello"                24 hours ago     Exited (0) 4 hours ago                            distracted_clarke
```

图 3－31　运行 MySQL 容器

步骤 2：连接 MySQL 并创建数据库。通过 MySQL 程序连接容器的 MySQL Server，并创

建 book 数据库。如果系统没有安装 MySQL 客户端程序，则运行 “sudo apt - get install MySQL_client” 命令进行安装。依次运行如下命令，结果如图 3 - 32 所示。

```
root@docker:~# mysql -h127.0.0.1 -uroot -p
mysql >create database book;
mysql >show databases;
```

```
root@book:~# mysql -h127.0.0.1 -uroot -p
Enter password:
Welcome to the MySQL monitor.  Commands end with ; or \g.
Your MySQL connection id is 3
Server version: 5.7.17 MySQL Community Server (GPL)

Copyright (c) 2000, 2016, Oracle and/or its affiliates. All rights reserved.

Oracle is a registered trademark of Oracle Corporation and/or its
affiliates. Other names may be trademarks of their respective
owners.

Type 'help;' or '\h' for help. Type '\c' to clear the current input statement.

mysql> create database book;
Query OK, 1 row affected (0.00 sec)

mysql> show databases;
+--------------------+
| Database           |
+--------------------+
| information_schema |
| book               |
| mysql              |
| performance_schema |
| sys                |
+--------------------+
5 rows in set (0.00 sec)
```

图 3 - 32　连接、创建、查看 MySQL 数据库

步骤 3：创建样本数据。在 book 数据库中新建一个 student 数据库表，并插入 3 条样本数据。依次运行如下命令，结果如图 3 - 33 所示。

```
mysql >use book;
mysql >insert into student values(1,'Joy'),(2,'Tom'),(3,'James');
mysql >select * from student;
```

步骤 4：停止 MySQL 容器。运行如下命令，结果如图 3 - 34 所示。

```
root@docker:~# docker stop c6742a2f18o4
```

```
mysql> use book;
Database changed
mysql> create table student (id int, name varchar(255));
Query OK, 0 rows affected (0.02 sec)

mysql> insert into student values (1,'Joy'),(2,'Tom'),(3,'James');
Query OK, 3 rows affected (0.01 sec)
Records: 3  Duplicates: 0  Warnings: 0

mysql> select * from student;
+------+-------+
| id   | name  |
+------+-------+
|    1 | Joy   |
|    2 | Tom   |
|    3 | James |
+------+-------+
3 rows in set (0.00 sec)
```

图 3－33　插入并显示 student 数据库表

```
root@book:~# docker ps -a
CONTAINER ID   IMAGE         COMMAND                  CREATED          STATUS                    PORTS                    NAMES
c6742a2f18a4   mysql         "docker-entrypoint..."   5 minutes ago    Up 5 minutes              0.0.0.0:3306->3306/tcp   vibrant_golick
acc1262add15   hello-world   "/hello"                 24 hours ago     Exited (0) 4 hours ago                             distracted_clarke
root@book:~# docker stop c6742a2f18a4
c6742a2f18a4
root@book:~# docker ps -a
CONTAINER ID   IMAGE         COMMAND                  CREATED          STATUS                      PORTS   NAMES
c6742a2f18a4   mysql         "docker-entrypoint..."   6 minutes ago    Exited (0) 4 seconds ago            vibrant_golick
acc1262add15   hello-world   "/hello"                 24 hours ago     Exited (0) 4 hours ago              distracted_clarke
```

图 3－34　停止 MySQL 容器

步骤 5：提交容器中的 MySQL 镜像到本地。运行如下命令，结果如图 3－35 所示。

```
root@docker:~# docker commit -m "Book Mysql demo" -a "docker2 teacher" c6742a2f18o4 docker2teacher/book-mysql-0.1
```

```
sha256:df7fd84c6bdeac50f5f13491a8f83a309375140871f2a1b1d6dbc83c6aefbfa4
root@book:~# docker images
REPOSITORY                 TAG      IMAGE ID       CREATED          SIZE
[illegible]/book-mysql-0.1 latest   df7fd84c6bde   4 seconds ago    400 MB
mysql                      latest   f3694c67abdb   3 days ago       400 MB
hello-world                latest   48b5124b2768   7 days ago       1.84 kB
ubuntu                     latest   104bec311bcd   5 weeks ago      129 MB
```

图 3－35　提交 MySQL 镜像到本地仓库

步骤 6：推送 book MySQL－0.1 镜像到 Docker Hub。运行如下命令，结果如图 3－36 所示。

```
root@docker:~# docker push docker2teacher/book-mysql-0.1
```

```
The push refers to a repository [docker.io/book2docker/book-mysql-0.1]
87cc819d8092: Mounted from book2docker/book-mysql-1.0
832b7053d955: Mounted from book2docker/book-mysql-1.0
5aa89235b622: Mounted from book2docker/book-mysql-1.0
979b12f684b5: Mounted from book2docker/book-mysql-1.0
404de73a3cc0: Mounted from book2docker/book-mysql-1.0
4984bbd82bef: Mounted from book2docker/book-mysql-1.0
ec2246b67bff: Mounted from book2docker/book-mysql-1.0
c0ed762efdaf: Mounted from book2docker/book-mysql-1.0
eee305040577: Mounted from book2docker/book-mysql-1.0
04e79522ec95: Mounted from book2docker/book-mysql-1.0
5e2dd548cf80: Mounted from book2docker/book-mysql-1.0
a2ae92ffcd29: Mounted from book2docker/book-mysql-1.0
latest: digest: sha256:e0be88a13756803e55d3d71db38baff30f2c7d6b23b7b65fa921731acf647589 size: 2823
```

图 3－36　推送 MySQL 镜像到 Docker Hub

步骤 7：登录 Docker Hub 可以查看到镜像已经推送到上面，如图 3 – 37 所示。

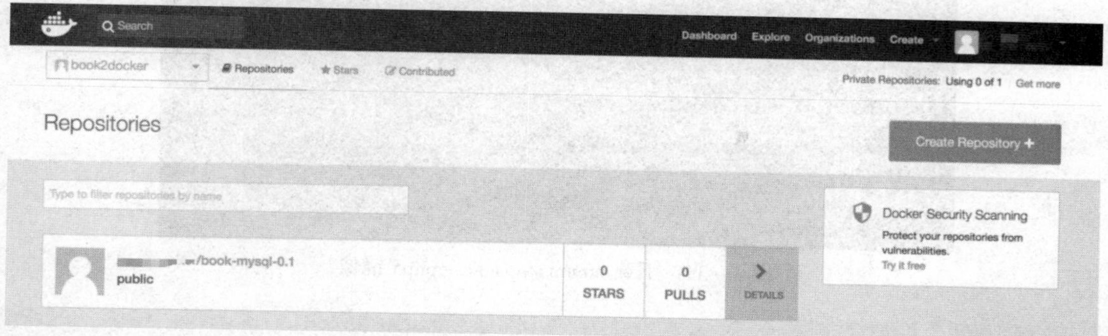

图 3 – 37　查看 Docker Hub 镜像列表

3. 使用 Dockerfile 构建自定义的 Apache 镜像

步骤 1：搜索安装有 PHP5 的 Apache 镜像。运行如下命令，结果如图 3 – 38 所示。

```
root@docker:~# docker search apache-php5
```

```
NAME                              DESCRIPTION                                     STARS   OFFICIAL   AUTOMATED
nimmis/apache-php5                This is docker images of Ubuntu 14.04 LTS ...   22                 [OK]
fbender/php56-apache-mysql        Image for local development on old project...   6                  [OK]
yousan/php5.6-apache              php5.6-apache for damp                          3                  [OK]
profideo/php55-apache-node        PHP5.5 / Apache2 / NodeJS                       2                  [OK]
mwienk/php5.6-apache              PHP 5.6 with apache and common dependencie...   1                  [OK]
nimmis/alpine-apache-php5         This is docker images of Alpine with apach...   1                  [OK]
delamaison/apache-php53           apache-php53                                    1                  [OK]
atozchevara/rpi-apache-php5       RPi-compatible Docker image for running Ap...   1                  [OK]
mad93/apache2-php5                Apache2 with php5                               1                  [OK]
liling/phusion-apache-php5        phusion based apache php5                       0                  [OK]
timoschmid/apache-php5            Fork of nimmis/apache-php5 with mod_rewrit...   0                  [OK]
tchak2k/apache-php5                                                               0                  [OK]
itosoftware/apache-php5           apache + php5                                   0                  [OK]
virtuman/apache-php5              apache with php5.6                              0                  [OK]
antonychan/apache-php5                                                            0                  [OK]
babacooll/apache-php5                                                             0                  [OK]
crollalowis/apache-php5                                                           0                  [OK]
ascdc/apache2-php56               apache2-php56                                   0                  [OK]
pomin5/php5-apache                                                                0                  [OK]
vistrcm/php5-apache               apache mod_php, php5                            0                  [OK]
alimashuri/alpine-apache-php5     apache php5 based on alpinelinux                0                  [OK]
rsmoorthy/apache-php5             A Highly opinionated version of apache and...   0                  [OK]
webfatorial/php5-apache           PHP with Apache Docker images with some ex...   0                  [OK]
binocarlos/apache-php5                                                            0                  [OK]
profideo/php55-apache-node-imagik php55-apache-node-imagik                        0                  [OK]
```

图 3 – 38　搜索 apache – php5 镜像

步骤 2：选择下载最热门的 nimmis/apache – php5 镜像。运行如下命令，结果如图 3 – 39 所示。

```
root@docker:~# docker pull nimmis/apache-php5
```

步骤 3：在用户目录创建“book”文件夹，并编辑一个“index. php”文件显示上面建立的数据库中的数据。依次运行如下命令，结果如图 3 – 40 所示。

```
Using default tag: latest
latest: Pulling from nimmis/apache-php5
c60055a51d74: Pull complete
755da0cdb7d2: Pull complete
969d017f67e6: Pull complete
37c9a9113595: Pull complete
a3d9f8479786: Pull complete
b9dd72d42144: Pull complete
0cd8507ce056: Pull complete
154b231b7c8c: Pull complete
312b21bbfc66: Pull complete
d5f81016db76: Pull complete
Digest: sha256:29b3a5dbd49083d47c0b0d81268143112d11298335a1aea6d1b7cef22b1c4a15
Status: Downloaded newer image for nimmis/apache-php5:latest
```

图 3－39　下载 nimmis/apache－php5 镜像

```
root@docker: ~ /book# ls
root@docker: ~ /book# cat index.php
```

```
root@book:~/book# ls
index.php
root@book:~/book# cat index.php
<?php
    $conn=mysqli_connect('47.88.49.139','root','123456') or die("error connecting");
    mysqli_select_db($conn,'book');
    $sql ="select * from student";
    $result = mysqli_query($conn,$sql);
    echo "<h1>Results from database</h1>";
    while($row = mysqli_fetch_array($result))
    {
        echo "<h2>";
        echo $row['name'] . "<br/>";
        echo "</h2>";
    }

?>
```

图 3－40　创建“index. php”文件

步骤 4：创建 Dockerfile，内容如图 3－41 所示。其中，“FROM”为该镜像从哪个已有的镜像中创建，“MAITAINER”为作者的信息。“COPY”命令将刚建立的“index. php”文件拷贝到 Apache 的根目录下。“EXPOSE”将本机的 80 和 443 端口绑定到容器上，“CMD”则是执行命令，用于启动 Apache 服务器。创建 Dockerfile 时，需要依次运行如下命令。

```
root@docker: ~ /book# ls
root@docker: ~ /book# cat Dockerfile
```

```
root@book:~/book# ls
Dockerfile  index.php
root@book:~/book# cat Dockerfile
# Dockerfile
FROM nimmis/apache-php5

MAINTAINER

COPY index.php /var/www/html

EXPOSE 80
EXPOSE 443

CMD ["/usr/sbin/apache2ctl", "-D", "FOREGROUND"]
```

图 3－41　创建 Dockerfile

步骤5：在“book”目录下编译 Dockerfile 文件。依次运行如下命令，结果如图 3－42 所示。

```
root@docker:~/book# ls
root@docker:~/book# docker build -t docker2teacher/book-apache-0.1.
```

```
root@book:~/book# ls
Dockerfile  index.php
root@book:~/book# docker build -t [illegible]/book-apache-0.1 .
Sending build context to Docker daemon 3.072 kB
Step 1/6 : FROM nimmis/apache-php5
 ---> 61de7eb3f69d
Step 2/6 : MAINTAINER [illegible]
 ---> Running in 3886c24d3523
 ---> 99787f20cfde
Removing intermediate container 3886c24d3523
Step 3/6 : COPY index.php /var/www/html
 ---> ee6f940cf856
Removing intermediate container 2873c56977c3
Step 4/6 : EXPOSE 80
 ---> Running in 1770653b266b
 ---> bceab2788784
Removing intermediate container 1770653b266b
Step 5/6 : EXPOSE 443
 ---> Running in 8c5ccf3b7ce6
 ---> 4f56f100055e
Removing intermediate container 8c5ccf3b7ce6
Step 6/6 : CMD /usr/sbin/apache2ctl -D FOREGROUND
 ---> Running in c2409d22f85a
 ---> 085192e0c0d3
Removing intermediate container c2409d22f85a
Successfully built 085192e0c0d3
```

图 3－42 编译 Dockerfile 文件

步骤6：查看镜像列表，可以看到已经编译的镜像 docker2teacher/book－apache－0.1，运行如下命令，结果如图 3－43 所示。

```
root@docker:~/book# docker images
```

```
root@book:~/book# docker images
REPOSITORY                    TAG       IMAGE ID        CREATED           SIZE
[illegible]/book-apache-0.1   latest    085192e0c0d3    42 seconds ago    445 MB
[illegible]/book-mysql-0.1    latest    df7fd84c6bde    6 hours ago       400 MB
nimmis/apache-php5            latest    61de7eb3f69d    18 hours ago      445 MB
mysql                         latest    f3694c67abdb    3 days ago        400 MB
hello-world                   latest    48b5124b2768    7 days ago        1.84 kB
ubuntu                        latest    104bec311bcd    5 weeks ago       129 MB
```

图 3－43 查看已编译的镜像

步骤7：创建并运行该镜像文件的一个容器，运行如下命令，结果如图 3－44 所示。

```
root@docker:~/book# docker run -p 80:80 -d docker2teacher/book-apache-0.1
```

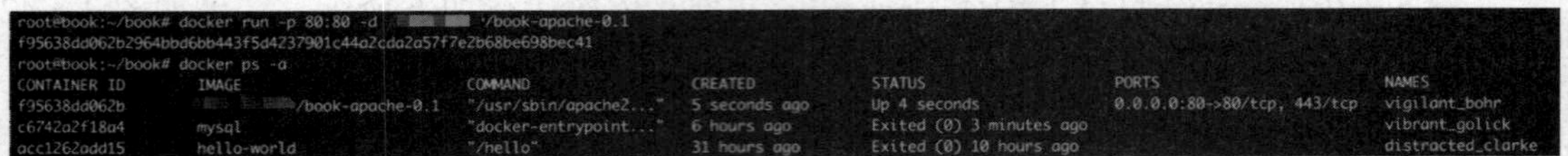

图 3－44　创建并运行 book－apache 镜像容器

步骤 8：重新启动前面停止的 MySQL 容器。依次运行如下命令，结果如图 3－45 所示。

```
root@docker:~/book# docker start c6742a2f18a4
root@docker:~/book# docker ps -a
```

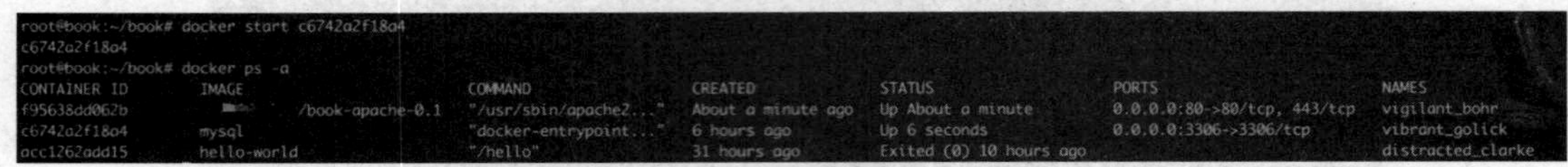

图 3－45　重新启动 MySQL 容器

步骤 9：通过浏览器访问本机"index. php"路径，得到数据库表 student 的遍历结果，如图 3－46 所示。

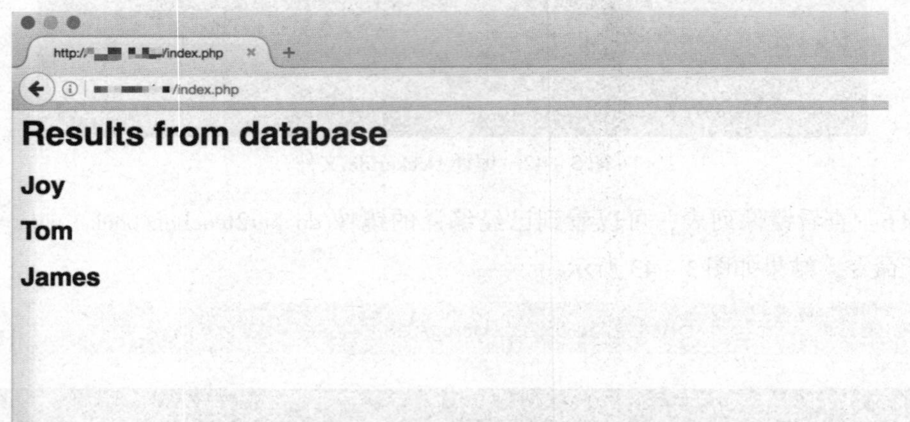

图 3－46　查看"index. php"路径显示的结果

步骤 10：推送 book－apache 镜像到 Docker Hub。运行如下命令，可以将 docker2teacher/book－apache－0. 1 推送到 Docker Hub。查看到 docker2teacher 在 Docker Hub 已经拥有两个公有镜像。命令运行结果及镜像列表如图 3－47 及图 3－48 所示。

```
root@docker:~/book# docker push docker2teacher/book-apache-0.1
```

4. 应用 Docker－Compose 同时启动 Apache 和 MySQL 容器

前面已经介绍了如何创建自定义的镜像，并将镜像提交到 Docker Hub 平台。其中，两个镜像的运行容器是单独启动和运行的，下面介绍如何用一种新的文件格式或方法来配置 LAMP 的运行环境，并同时启动所需要的镜像容器。

```
root@book:~/book# docker push        /book-apache-0.1
The push refers to a repository [docker.io/        /book-apache-0.1]
3fc42408f963: Pushed
52fcddb23d77: Mounted from nimmis/apache-php5
bcfc8b093cdc: Mounted from nimmis/apache-php5
9c0993e8669a: Mounted from nimmis/apache-php5
45c7e5daa9d3: Mounted from nimmis/apache-php5
091c627391ac: Mounted from nimmis/apache-php5
c9fc7024b484: Mounted from nimmis/apache-php5
ca893d4b83a6: Mounted from nimmis/apache-php5
153bd22a8e96: Mounted from nimmis/apache-php5
83b575865dd1: Mounted from nimmis/apache-php5
918b1e79e358: Mounted from nimmis/apache-php5
latest: digest: sha256:9d31d5b3a630fd41eb36380ee72c6c98a95c4afb2992ae4c01041716e57f9ceb size: 2616
```

图 3－47　推送 book－apache 镜像到 Docker Hub

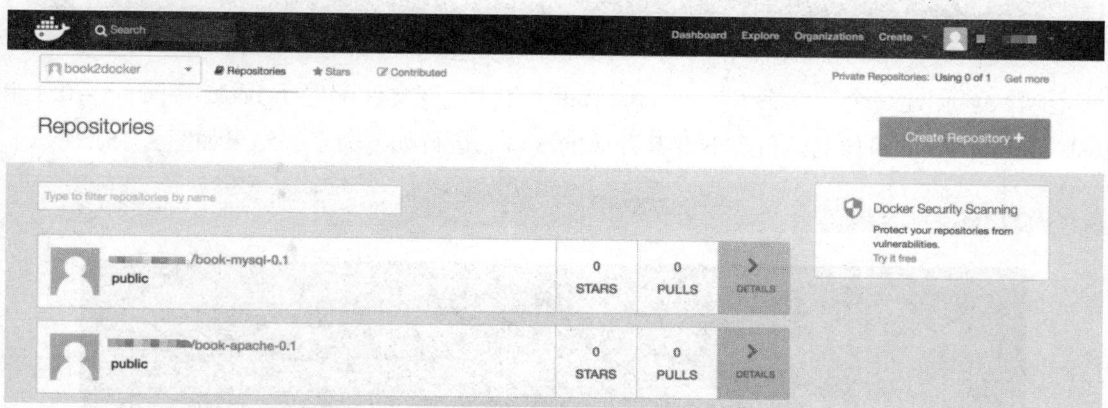

图 3－48　在 Docker Hub 上查看镜像列表

步骤 1：停止并删除正在运行的 Apache 和 MySQL 容器。依次运行如下命令，结果如图 3－49 所示。

```
root@docker:~/book# docker ps -a
root@docker:~/book# docker stop f95638dd062b c6742a2f18a4
root@docker:~/book# docker rm f95638dd062b c6742a2f18a4
root@docker:~/book# docker ps -a
```

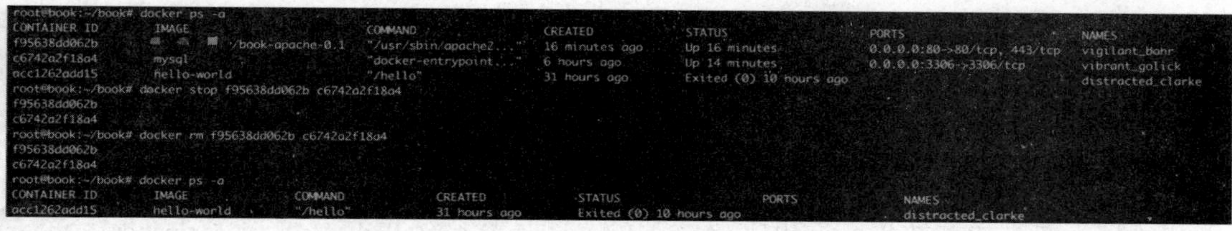

图 3－49　停止并删除 Apache 和 MySQL 容器

步骤 2：安装 Docker－Compose 软件。运行如下命令，结果如图 3－50 所示。

```
root@docker: ~ /book# sudo apt -get install docker -compose
```

```
root@book:~/book# sudo apt-get install docker-compose
Reading package lists... Done
Building dependency tree
Reading state information... Done
The following packages were automatically installed and are no longer required:
  bridge-utils containerd dns-root-data dnsmasq-base libnetfilter-conntrack3 linux-headers-4.4.0-31 linux-headers-4.4.0-31-generic linux-image-4.4.0-31-generic
  linux-image-extra-4.4.0-31-generic runc ubuntu-fan
Use 'sudo apt autoremove' to remove them.
The following additional packages will be installed:
  libyaml-0-2 python-backports.ssl-match-hostname python-cffi-backend python-chardet python-cryptography python-docker python-dockerpty python-docopt python-enum34
  python-funcsigs python-functools32 python-idna python-ipaddress python-jsonschema python-mock python-ndg-httpsclient python-openssl python-pbr python-pyasn1
  python-requests python-six python-texttable python-urllib3 python-websocket python-yaml
Suggested packages:
  python-cryptography-doc python-cryptography-vectors python-enum34-doc python-funcsigs-doc python-mock-doc python-openssl-doc python-openssl-dbg doc-base python-ntlm
Recommended packages:
  docker.io
The following NEW packages will be installed:
  docker-compose libyaml-0-2 python-backports.ssl-match-hostname python-cffi-backend python-chardet python-cryptography python-docker python-dockerpty python-docopt
  python-enum34 python-funcsigs python-functools32 python-idna python-ipaddress python-jsonschema python-mock python-ndg-httpsclient python-openssl python-pbr python-pyasn1
  python-requests python-six python-texttable python-urllib3 python-websocket python-yaml
0 upgraded, 26 newly installed, 0 to remove and 26 not upgraded.
Need to get 1,339 kB of archives.
After this operation, 6,988 kB of additional disk space will be used.
Do you want to continue? [Y/n]
```

图 3－50　安装 Docker－Compose 程序

步骤 3：创建一个“docker－compose. yml”文件。该文件配置了 book－apache－0. 1 和 book－mysql－0. 1 镜像的运行容器及其开放的端口。运行如下命令，结果如图 3－51 所示。

```
root@docker: ~ /book# cat docker -compse.yml
```

```
root@book:~/book# cat docker-compose.yml
# docker-compose.yml
web:
  image: [illegible]/book-apache-0.1
  ports:
    - "80:80"
    - "443:443"
database:
  image: [illegible]/book-mysql-0.1
  ports:
    - "3306:3306"
```

图 3－51　创建并编写“docker－compose. yml”文件

步骤 4：利用 Docker－Compose 同时创建并运行 Apache 和 MySQL 容器。依次运行如下命令，结果如图 3－52 所示。

```
root@docker: ~ /book# docker -composer up  -d
root@docker: ~ /book# docker ps -a
```

```
root@book:~/book# docker-compose up -d
Creating book_web_1
Creating book_database_1
root@book:~/book# docker ps -a
CONTAINER ID   IMAGE                          COMMAND                  CREATED           STATUS                    PORTS                                      NAMES
53c055c47468   book2docker/book-mysql-0.1     "docker-entrypoint..."   5 seconds ago     Up 4 seconds              0.0.0.0:3306->3306/tcp                     book_database_1
dcfca283ee56   book2docker/book-apache-0.1    "/usr/sbin/apache2..."   6 seconds ago     Up 4 seconds              0.0.0.0:80->80/tcp, 0.0.0.0:443->443/tcp   book_web_1
acc1262add15   hello-world                    "/hello"                 11 hours ago      Exited (0) 11 hours ago                                              distracted_clarke
```

图 3－52　通过 Docker－Compose 运行 Apache 和 MySQL 容器

步骤 5：创建样本数据。这里需要注意的是，虽然已经提交并推送了 docker2teacher/ book－mysql－0. 1 到 Docker Hub，但数据库的数据是以一种叫作数据卷的形式保存的，它是不会被提交到 image 中。因此，在这里需要重新建立样本数据。依次运行如下命令，结果如

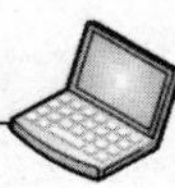

图 3－53 所示。

```
mysql >create database book;
mysql >use book;
mysql >insert into student values(1,'Joy'),(2,'Tom'),(3,'James');
mysql >select * from student
```

mysql> create database book;
Query OK, 1 row affected (0.00 sec)
mysql> use book;
Database changed
mysql> create table student (id int, name varchar(255));
Query OK, 0 rows affected (0.02 sec)
mysql> insert into student values (1,'Joy'),(2,'Tom'),(3,'James');
Query OK, 3 rows affected (0.01 sec)
Records: 3 Duplicates: 0 Warnings: 0
mysql> select * from student;
+------+-------+
| id | name |
+------+-------+
1	Joy
2	Tom
3	James
+------+-------+
3 rows in set (0.00 sec)

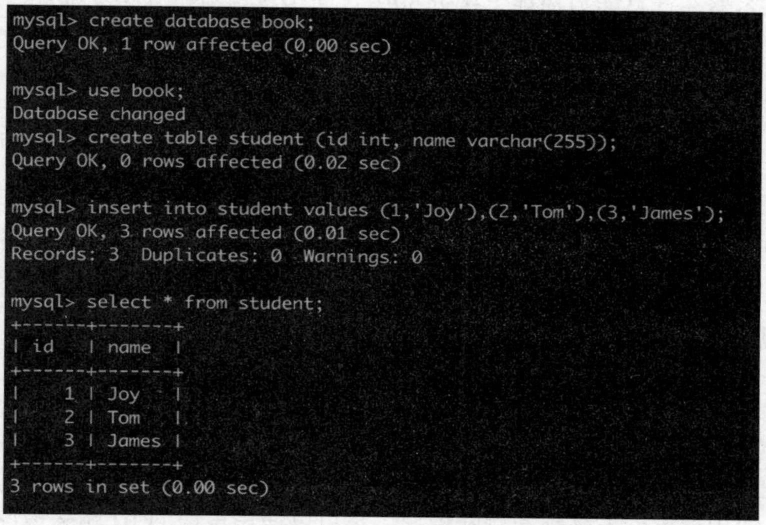

图 3－53　创建数据库和 book 数据库表并查看

步骤 6：利用浏览器打开“/index. php”页面查看并验证结果，如图 3－54 所示。

Results from database
Joy
Tom
James

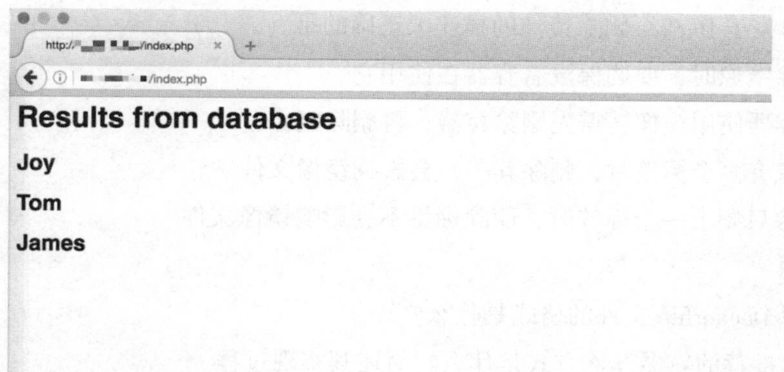

图 3－54　查看“index. php”页面所显示的结果

【知识考核】

1. 选择题

（1）下列关于 Docker 的说法中正确的是（　　）。

A. Docker 采用经多次小变更积攒到一起，一次提交进入镜像的方式

B. Docker 容器可以脱离底层硬件，随时随地获取应用资源

C. 可以在一台主机上创建轻量级的、可移植的、自给自足的容器

D. 通过容器打包应用程序进入镜像，增加了工作量，使工作更烦琐

（2）Docker 与传统虚拟机的区别包括（　　）。

A. Docker 容器的启动速度是秒级，而传统虚拟机的启动速度是分钟级

B. Docker 容器在计算能力损耗上接近 50%，而传统虚拟机几乎无损耗

C. Docker 容器单机可启动上千个，而传统虚拟机仅为几十个

D. Docker 容器在隔离性上是完全隔离，而传统虚拟机则是采用资源限制

（3）下列关于 Docker 安装的表述中错误的是（　　）。

A. Docker 支持在 Windows、Linux、MacOS 等系统上安装

B. 在 CentOS 上安装 Docker 有两种方式：其一，curl 获取脚本安装，另外是 yum 仓库安装

C. Docker 服务端和客户端必须运行在同一台机器上

D. 可通过“docker version”命令查看 Docker 的版本信息

（4）下列关于 Docker 镜像的描述中正确的是（　　）。

A. Docker tag 的命令格式为：docker tag 新名称：[标签] 原名称：标签

B. 既可以使用镜像的名称标签删除镜像，也可以使用镜像的 ID 删除镜像

C. 删除镜像时，先删除依赖该镜像的所有容器，再删除镜像

D. 当镜像有多个标签时，删除其中一个标签即可以删除整个镜像

（5）下列关于 Docker 删除镜像的描述中正确的是（　　）。

A. 当删除镜像时，要确保没有容器在使用它

B. 若有容器使用镜像，需先删除容器，再删除镜像

C. 当镜像有多个标签时，删除其一，会影响镜像文件

D. 当镜像只剩下一个标签时，删除标签不会影响镜像文件

2. 简答题

（1）编写 Dockerfile 文件的格式是什么？

（2）目前推荐的容器互连方式是什么？简述其实现过程。

（3）当利用“docker run”命令创建容器时，Docker 在后台的标准运行过程是什么？

（4）Docker 与虚拟机的区别是什么？

（5）Docker 的三大概念是什么？

项目 4

光宽带接入与无线扩展

【项目导读】

移动光宽带业务（图 4－1）是中国移动向家庭客户提供的接入互联网服务的总称。它以统一的“中国移动光宽带”业务品牌向客户呈现，通过光纤网络向客户提供宽带接入服务，并集成悦视听、多媒体家庭电话、飞信等简便而实用的应用，满足客户高速上网、网上购物、视频点播、网络游戏、远程教育等业务需求。2022 年 6 月 20 日，某用户在中国移动办理了移动光宽带业务，在平常使用的过程中，会出现一些疑惑及故障。

图 4－1　移动光宽带

【项目目标】

➢ 掌握上网设置；
➢ 掌握手机连 WiFi 的方法；
➢ 掌握拨号连接方式；
➢ 掌握常见故障处理方法；
➢ 掌握故障初步判断方法；
➢ 掌握常见拨号错误代码；
➢ 掌握 Modem 指示灯说明。

【项目地图】

本项目的项目地图如图 4 -2 所示。

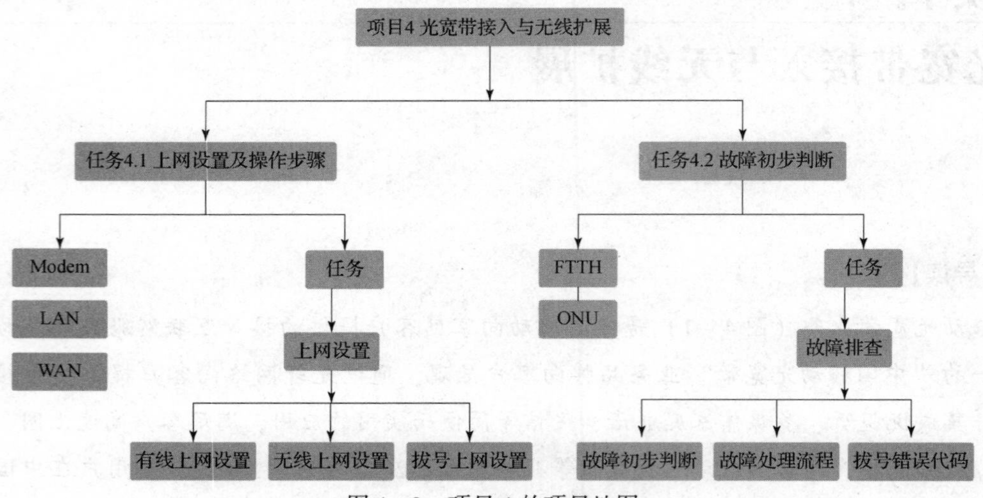

图 4 -2　项目 4 的项目地图

【思政小课堂】

信息安全是国家安全的重要组成部分，维护国家安全是每个公民应尽的义务和责任，因此宣扬国家安全观十分重要。中央国家安全委员会第一次会议中，提出了政治安全、国土安全、军事安全、经济安全、文化安全、社会安全、科技安全、信息安全、生态安全、资源安全、核安全等 11 种国家安全。学生应认清国内外敌对分子利用网络信息途径企图歪曲、破坏和颠覆我国政治体制的本质，维护国家的政治安全；通过伊朗核设施遭受“震网”的电脑病毒攻击案例的讲授，分析这种没有硝烟的战争的危害性，阐述科技安全、信息安全、军事安全等的重要性和复杂性，增进学生的国防意识和国防知识，从而增强学生的国家安全观念，激发其学习知识的积极性。

（来源：参考网）

任务 4.1　上网设置及操作步骤

【任务工单】　任务工单 4 -1：上网设置及操作步骤

<table>
<tr><td>任务名称</td><td colspan="5">上网设置及操作步骤</td></tr>
<tr><td>组别</td><td></td><td>成员</td><td></td><td>小组成绩</td><td></td></tr>
<tr><td>学生姓名</td><td colspan="3"></td><td>个人成绩</td><td></td></tr>
<tr><td>任务情境</td><td colspan="5">上网设置包括有线上网设置及无线上网设置。假设需要使用手机连接 WiFi，应如何设置？拨号上网的设置方式是什么？</td></tr>
</table>

续表

任务名称	上网设置及操作步骤				
组别		成员		小组成绩	
学生姓名				个人成绩	
任务目标	上网设置				
任务要求	完成有线、无线上网设置以及拨号上网设置				
知识链接					
计划决策					
任务实施	（1）有线上网设置 （2）无线上网设置 （3）拨号上网设置				
检查	（1）有线上网设置步骤；（2）无线上网设置步骤；（3）拨号上网设置步骤				
实施总结					
小组评价					
任务点评					

【前导知识】

1. Modem

调制解调器（英文名为Modem）俗称“猫”，是一种计算机硬件。它能把计算机的数字信号“翻译”成可沿普通电话线传送的模拟信号，而这些模拟信号又可被线路另一端的另一个调制解调器接收，并“翻译”成计算机可懂的语言。

Modem根据形态和安装方式，大致可以分为以下四类。

1）外置式Modem

外置式Modem放置于机箱外，通过串行通信端口与主机连接。这种Modem方便灵巧、易于安装，通过闪烁的指示灯可方便地监视 Modem 的工作状况。外置式 Modem 需要使用额外的电源与电缆。

2）内置式 Modem

在安装内置式 Modem 时需要拆开机箱，并且要对中断端口和 COM 端口进行设置，操作较为烦琐。这种 Modem 要占用主板上的扩展槽，但无须额外的电源与电缆，且比外置式 Modem 便宜一些。

3）插卡式 Modem

插卡式 Modem 用于笔记本电脑，体积小巧，配合移动电话可方便地实现移动办公。

4）机架式 Modem

机架式 Modem 相当于把一组 Modem 集中于一个箱体或外壳里，并由统一的电源进行供电。机架式 Modem 主要用于 Internet/Intranet，电信局、校园、金融机构等网络的中心机房。

2. 局域网

局域网（Local Area Network，LAN）的覆盖范围一般是几千米之内，其具备的安装便捷、成本节约、扩展方便等特点使其在各类办公室内应用广泛。局域网可以实现文件管理、应用软件共享、打印机共享等功能，在使用过程中，通过维护局域网网络安全，能够有效地保护资料安全，保证局域网网络能够正常稳定地运行。

局域网将一定区域内的各种计算机、外部设备和数据库连接起来形成计算机通信网，通过专用数据线路与其他地方的局域网或数据库连接，形成更大范围的信息处理系统。局域网通过网络传输介质将网络服务器、网络工作站、打印机等网络互连设备连接起来，实现系统管理文件，共享应用软件、办公设备，发送工作日程安排等通信服务。局域网为封闭型网络，在一定程度上能够防止信息泄露和外部网络病毒攻击，具有较高的安全性，但是一旦发生黑客攻击等事件，其极有可能导致局域网整体瘫痪，网络内的所有工作无法进行，甚至泄露大量机密，对企业事业发展造成重创。2017 年我国发布《中华人民共和国网络安全法》，于同年 6 月 1 日正式施行，从法律角度对网络安全和信息安全做出了明确规定，对网络运营者、使用者都提出了相应的要求，以提高网络使用的安全性。

3. 广域网

广域网（Wide Area Network，WAN）又称为外网、公网，是连接不同地区局域网或城域网的远程网。广域网通常跨接很大的物理范围，所覆盖的范围从几十千米到几千千米，它能连接多个地区、城市和国家，或横跨几个洲并能提供远距离通信，形成国际性的远程网络。广域网并不等同于互联网。

广域网的传输介质主要是电话线或光纤，由 ISP 在企业间进行连线，即由 ISP 预先在马路下铺设线路，因为工程浩大，维修不易，而且带宽是可以被保证的，所以广域网的成本比较高。

任务4.2 故障初步判断

【任务工单】 任务工单4－2：故障初步判断

<table>
<tr><td>任务名称</td><td colspan="5">故障初步判断</td></tr>
<tr><td>组别</td><td></td><td>成员</td><td></td><td>小组成绩</td><td></td></tr>
<tr><td>学生姓名</td><td colspan="3"></td><td>个人成绩</td><td></td></tr>
<tr><td>任务情境</td><td colspan="5">假设在日常中出现不能正常上网或者无法打开网页的情况</td></tr>
<tr><td>任务目标</td><td colspan="5">进行故障排查并重新完善网络</td></tr>
<tr><td>任务要求</td><td colspan="5">常见故障处理、故障初步判断步骤、常见拨号错误代码、Modem 指示灯说明</td></tr>
<tr><td>知识链接</td><td colspan="5"></td></tr>
<tr><td>计划决策</td><td colspan="5"></td></tr>
<tr><td>任务实施</td><td colspan="5">（1）常见故障处理

（2）故障初步判断步骤

（3）常见拨号错误代码</td></tr>
<tr><td>检查</td><td colspan="5">（1）故障处理流程；（2）常见拨号错误代码的故障点</td></tr>
<tr><td>实施总结</td><td colspan="5"></td></tr>
<tr><td>小组评价</td><td colspan="5"></td></tr>
<tr><td>任务点评</td><td colspan="5"></td></tr>
</table>

【前导知识】

1. FTTH

光纤到户（Fiber To The Home，FTTH）是一种光纤通信的传输方法。具体来说，FTTH是指将光网络单元（Optical Network Unit，ONU）安装在住家用户或企业用户处，是光接入系列中除光纤到桌面（Fiber To The Desk，FTTD）外最靠近用户的光接入网应用类型。FTTH的显著技术特点是不但能够提供更大的带宽，而且增强了网络对数据格式、速率、波长和协议的透明性，放宽了对环境条件和供电等方面的要求，简化了维护和安装。无源光网络（PON）技术已成为全球宽带运营商共同关注的热点，被认为是实现FTTH的最佳技术方案之一。

FTTH的发展主要有两条路径：有源光网络和无源光网络。

（1）有源光网络具有传输距离远的特点，但是设备专用程度高，不适合用户密集的区域，而且端口价格相对较高，另外，有源的特点也使设备安装受到很大局限，而且容易受到周围环境中的电磁干扰影响，这样就增加了网络的故障点，并导致维护成本较高。

（2）无源光网络因为是纯介质网络，具有天然的抗电磁干扰的能力，减少了接入网的故障点，系统可靠性较高，维护成本较低。同时无源光网络模式的FTTH通明性好，能够支持多种制式的应用，更适合大规模发展用户。无源光网络逐渐成为FTTH的主流发展方向。

FTTH是全业务的综合接入解决方案。虽然FTTH的主要推动力是将来的宽带视频业务，但FTTH必须能够支持现有的各种窄带和宽带业务，以及将来可能出现的新业务。FTTH系统必须能够提供综合接入，使用户在同一时间能够享受多种服务。FTTH所应支持的主要业务如下。

视频：HDTV，采用MPEG－2标准压缩，原始图像的分辨率为1 080像素×1 920像素～4 320像素×7 680像素，采用杜比数码5.1声道解码器系统的多路高保真声音；标准DTV，采用MPEG－2标准压缩，原始图像的分辨率为640像素×720像素左右，采用普通单声道或立体声；各种采用MPEG－1和MPEG－4以及其他压缩技术的静止图像业务和低分辨率的监控图像业务。

数据：各种码速率的数据业务，速率从几kbit/s到数十Mbit/s。

语音：包括传统POTS电话和数字电话业务，采用多路高保真声音。

多媒体：各种混合的不同质量的数据、语音和图像业务。

2. ONU

光网络单元（Optical Network Unit，ONU）分为有源光网络单元和无源光网络单元。一般把装有光接收机、上行光发射机、多个桥接放大器网络监控装置的设备叫作光节点。无源光网络使用单光纤连接到OLT（光线路终端），然后OLT连接到ONU。ONU提供数据、

IPTV（交互式网络电视）、语音［使用综合接入设备（Integrated Access Device，IAD）］等业务，真正实现“triple－play”应用。

ONU具有两个作用：对OLT发送的广播进行选择性接收，若需要接收某数据，需要对OLT进行接收响应；对用户需要发送的以太网数据进行收集和缓存，按照被分配的发送窗口向OLT端发送缓存数据。

应用ONU可以有效提高整个系统的上行带宽利用率，还能够根据网络应用环境和适用业务特点对信道带宽进行配置，在不影响通信效率和通信质量的条件下承载尽量多的终端用户，提高网络利用率，降低用户成本。

总体来看，ONU设备可以按照SFU、HGU、SBU、MDU、MTU等多种应用场景进行分类。

1）SFU型ONU部署

该部署方式的优势在于网络资源相对较为丰富，适用于FTTH场景下的独立家庭应用，可以保证用户端具有宽带接入功能，但是不涉及较复杂的家庭网关功能。该环境下的SFU具有两种常见形态：同时提供以太网接口和POTS接口；仅提供以太网接口。需要说明的是，这两种形态下的SFU均可以提供同轴电缆功能，方便实现CATV业务，也可以搭配使用家庭网关，方便提供增值业务功能。该场景对于不需要进行TDM数据交换的企业也适用。

2）HGU型ONU部署

HGU型ONU部署策略类似SFU型，只是将ONU与RG两者的功能进行了硬件集成。相较于SFU型而言它可以实现更为复杂的控制管理功能。这种部署场景中的U形接口内置于物理设备，不提供外部接口，若需要提供xDSLRG型设备，可将多类型接口直接连接到家庭网络中，相当于带EPON上行接口的家庭网关，主要应用于FTTH场合。

3）SBU型ONU部署

该部署方案更适合独立企业用户在FTTO应用模式下的网络构建，是基于SFU、HGU部署情景的企业变更。该部署环境下的网络可以支持宽带接入终端功能，为用户提供包含El接口、以太网接口、POTS接口在内的多种数据接口，可以满足企业在数据通信、语音通信、TDM专线业务方面的使用需求。该部置环境下的U形接口可以为企业提供带有多种属性的帧结构，功能较为强大。

4）MDU型ONU部署

该部署方案适用于多用户的FTTC、FTTN、FTTCab、FTTZ等多应用模式下的网络构建。若企业级用户没有对TDM业务的需求，也可以采用该部署方案进行EPON网络部署。该部署方案可以为多用户提供包括以太网/IP业务、VoIP业务以及CATV业务等多业务模式在内的宽带数据通信业务，具有强大的数据传输能力。其每一个通信端口可以对应一个网络用户，故相较而言，其网络利用率更高。

5）MTU 型 ONU 部署

该部署方案是基于 MDU 型部署方案的商业化变更，可以向多企业用户提供包含以太网接口、POTS 接口在内的多种接口服务，可以满足企业的语音、数据、TDM 专线业务等多种业务需求。它若结合使用插槽式实现结构则可以实现更为丰富和强大的业务功能。

【任务内容】

1. 上网设置及操作步骤

利用有线设置

（1）先将 Modem 的 LAN 口网线对接到路由器的 WAN 口，然后使用网线将 LAN 口连接至计算机的网卡口处。

（2）在计算机的 IE 浏览器地址栏中输入 IP 地址“192. ×××. ×××. ×××”后按 Enter 键，即弹出登录窗口。输入用户名和密码之后，就可以进入配置界面了。用户密码及 IP 地址一般会在路由器的底部标签上标出。

（3）确认后进入操作界面，可在左边看到一个设置向导，单击进入（一般的都是自动弹出）。

（4）单击“下一步”按钮，进入上网方式设置界面，可以看到有 3 种上网方式供选择，一般选择 PPPoE。选择 PPPoE 后，会弹出登录框，在框中输入宽带账号与密码。

（5）单击“下一步”按钮进入无线设置界面，可以看到信道、模式、安全选项、SSID 等，一般无须理会。建议选择无线安全选项“wpa - psk/wpa2 - psk”，设置无线密码，建议不要设置太简单的密码，以保障网络不被他人盗用。

（6）单击“下一步”按钮，就可以看到设置完成界面，单击“完成”按钮。

（7）路由器自动重启，重新打开计算机和手机的无线开关，搜索无线路由名称，输入密码后即可使用。

2. 利用无线设置

进行无线连接设置时，将路由器通电并恢复出厂模式，默认产生 WiFi 信号（名称一般为路由器型号）且不加密，直接通过笔记本电脑或手机连接 WiFi 信号后，在计算机或手机浏览器的地址栏中输入 IP 地址“192. ×××. ×××. ×××”后按 Enter 键，即弹出登录窗口。其他操作步骤同上。

3. 拨号连接方法

1）Windows 7 系统建立宽带连接指引

步骤 1：打开“开始”菜单，选择“控制面板”选项，如图 4 – 3 所示。

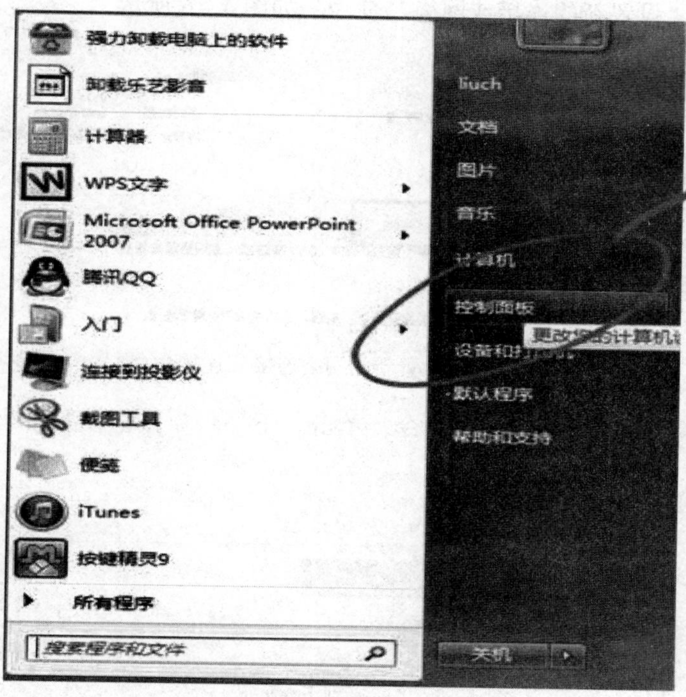

图4－3　“控制面板”选项

步骤2：选择“网络和 Internet”选项，如图4－4所示。

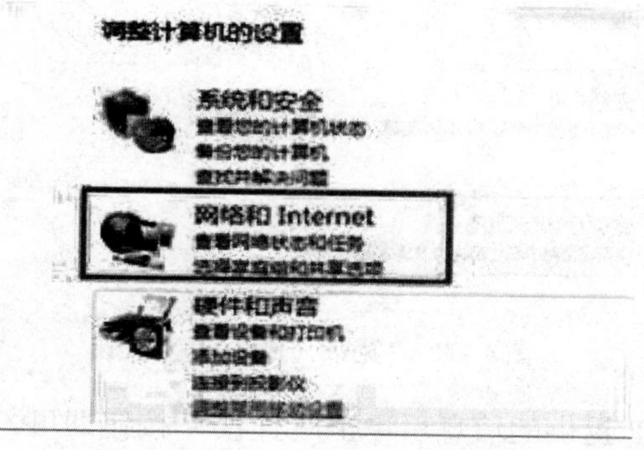

图4－4　“网络和 Internet”选项

步骤3：选择“网络和共享中心”选项，如图4－5所示。

图4－5　“网络和共享中心”选项

步骤4：选择“设置新的连接或网络”命令，如图4－6所示。

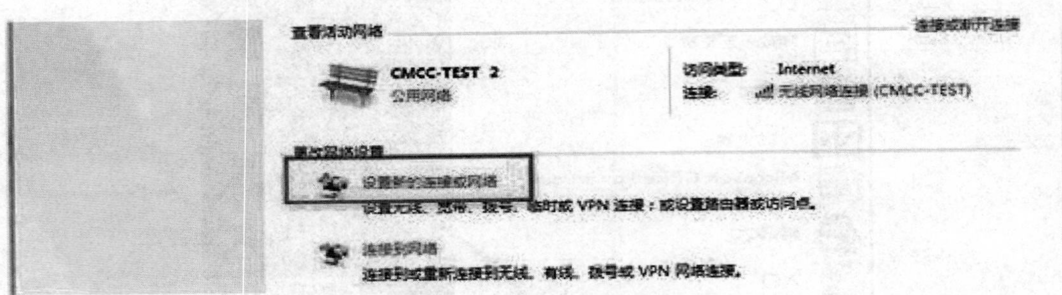

图4－6 “设置新的网络连接”连接命令

步骤5：选择“连接到 Internet”命令，单击“下一步”按钮，如图4－7所示。

图4－7 “连接到 Internet”命令

步骤6：单击“宽带（PPPoE）”按钮，如图4－8所示。

图4－8 “宽带（PPPoE）”按钮

步骤7：输入相关 ISP 提供的信息后单击“连接”按钮即可，如图4－9所示。

图4－9 输入相关 ISP 提供的信息

2）Windows XP 系统建立宽带连接指引

步骤1：选择“开始”→“所有程序”→“附件”→“通讯”→“新建连接向导”命令（图

4－10）或用鼠标右键单击“网上邻居”图标，选择“属性”选项，单击本地连接左侧的“创建一个新的连接”命令（图4－11）。

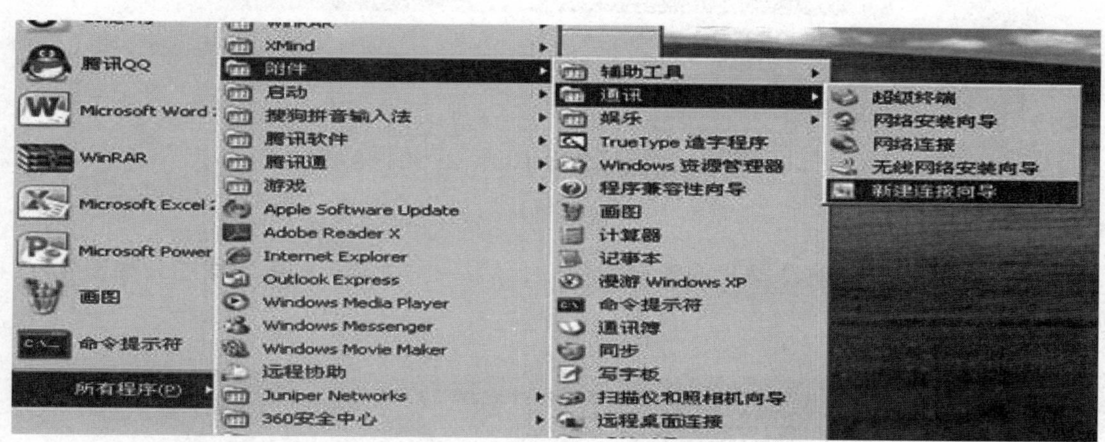

图4－10　“新建连接向导”命令

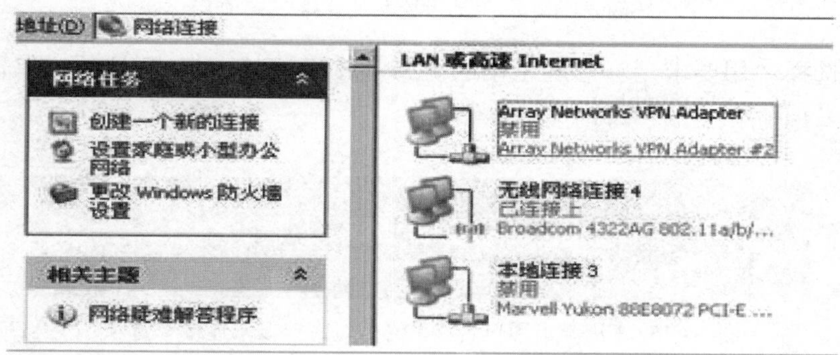

图4－11　“创建一个新的连接”命令

步骤2：出现“欢迎使用新建连接向导”界面，单击“下一步”按钮，如图4－12所示。

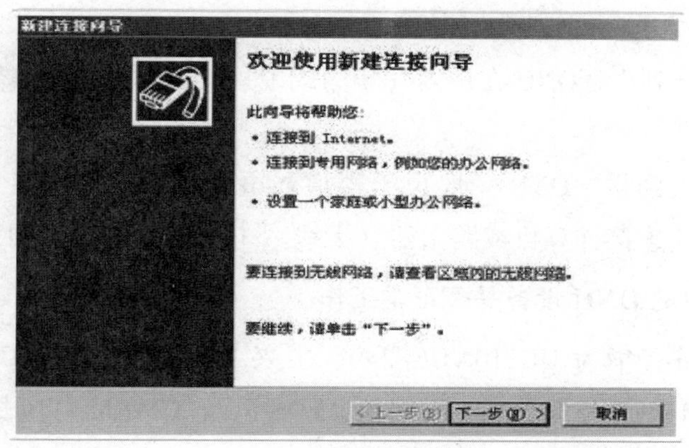

图4－12　“欢迎使用新建连接向导”界面

步骤3：默认选择“连接到 Internet”选项，单击“下一步”按钮，如图4－13所示。

新建连接向导

网络连接类型

您想做什么？

连接到 Internet(C)

连接到 Internet，这样您就可以浏览 Web 或阅读电子邮件。

图4－13　“连接到 Internet”选项

步骤4：选择“手动设置我的连接”选项，然后单击“下一步”按钮，如图4－14所示。

从 Internet 服务提供商(ISP)列表选择(L)

手动设置我的连接(M)

您将需要一个帐户名，密码和 ISP 的电话号码来使用拨号连接。对于宽带帐号，您不需要电话号码。

图4－14　“手动设置我的连接”选项

步骤5：选择“用要求用户名和密码的宽带连接来连接（U）”选项，单击“下一步”按钮，如图4－15所示。

用要求用户名和密码的宽带连接来连接(U)

这是一个使用 DSL 或电缆调制解调器的高速连接。您的 ISP 可能将这种连接称为 PPPoE。

图4－15　“用要求用户名和密码的宽带连接来连接”选项

常见故障处理

1. 如何判断宽带使用的是何种接入方式

中国移动光宽带主要采用以下3种接入方式。

FTTH 方式：光纤到户，ONU 在户内（华为或中兴），此方式网线默认需插在 ONU 第四个网口 LAN4。

FTTB 方式：光线到楼，ONU 一般位于楼道弱电井内，户内安装“电力猫”，再通过“电力猫”网口接网线连接计算机或路由器（无线“电力猫”则无须网线连接）。

2. 如何判断家中的 ONU 设备是否正常工作

常用的 ONU 设备有华为 HG810\HG8240、中兴 F601\F620。ONU 设备在正常情况下 POWER、PON\AUTH、LINK 灯长亮，呈绿色，LOS 以及 ALARM 灯应长灭。ONU 设备的具体指示灯如图4－16所示。

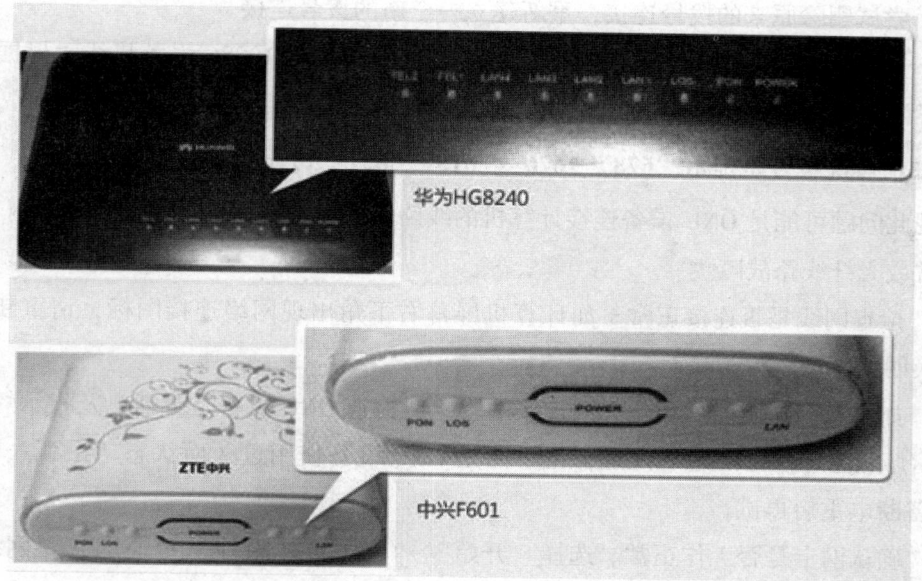

图4－16　ONU设备的具体指示灯

3. 如何判断家中“电力猫”设备是否正常工作

在正常工作状态下的“电力猫”指示灯见表4－1。

表4－1　正常工作状态下的“电力猫”指示灯

<table>
<tr><td>指示灯名称</td><td>POWER</td><td>Ethernet/LAN</td><td>Data/PLC</td><td>WLAN</td></tr>
<tr><td>有线“电力猫”</td><td rowspan="2">通电后应常亮</td><td rowspan="2">连接网口时灯亮，有数据传输时闪动</td><td rowspan="2">与另一端“电力猫”连接成功时亮</td><td>—</td></tr>
<tr><td>无线“电力猫”</td><td>无线功能开启时亮，有数据传输时闪动</td></tr>
</table>

4. 为何开机后直接打开网页提示找不到服务器

对于PPPoE拨号上网方式的宽带，需要单击桌面上的拨号上网程序，并输入正确的账号密码（如果之前曾经成功拨号且勾选了“记住密码”复选框，则可免此步骤），拨号成功后才可以上网。如果使用路由器，可以将账号和密码设置在路由器中自动拨号，具体请参照路由器说明书。

5. 如何解决拨号时提示“691”“619”“629”错误代码的问题

（1）检查是否输入正确的用户名和密码，也有可能非正常断开拨号（如突然断电），建议等待5分钟再重新拨号测试。

（2）可能是上网账号到期欠费或为该账号付费的手机号码欠费导致宽带欠费暂停，这时需要确认账户里是否有足够的费用，如果金额不足可以到营业厅进行续费。

（3）尝试删除原来的拨号连接，重新建立一个新的拨号连接。

（4）如以上处理办法无法解决问题，建议拨打中国移动 10086 服务热线，根据语音提示进行咨询。

6. 如何解决拨号是提示“678”“676”“815”“651”错误代码的问题

出现此问题可能是 ONU 设备连接计算机的线路不通或接触不良、网卡损坏、网卡禁用、驱动异常或光纤线路故障。

（1）检查网线是否连接正常。如计算机屏幕右下角出现网络连接图标，请重新插拔网线或更换网线再试。

（2）如重新插拔网线后还是无法连接网络，请检查 ONU 设备是否断电及指示灯是否正常，指示灯状态等参见问题 2 处理，也可能是 ONU 设备使用过久而状态“吊死”，建议对 ONU 设备断电重启再试。

（3）确认网卡是否工作正常。选择“开始”→“程序”→“附件”→“通讯”→“网络连接”选项，打开“网络连接”窗口后，选择“本地连接”图标，单击鼠标右键，选择“启用”命令，系统会自动启动本地连接。当本地连接启动后，可尝试重新拨号。如进行以上操作后均不能正常上网，请拨打中国移动 10086 服务热线，根据语音提示进行咨询。

7. 如何解决拨号时提示“734”“720”错误代码的问题

该情况是由于计算机系统中 PPPoE 协议出现故障，只需要重新创建宽带连接即可。如果重建连接后仍然出现“734”“720”错误代码提示，请重启计算机再试，如还连接不上，则可能是网卡驱动出现故障，请重新安装网卡驱动或重做系统。

8. 为什么可以成功拨号，但是无法上网

（1）若全部网页均不能访问，请检查 DNS 地址是否都已绑定，铁通宽带无须绑定 DNS 地址，请在“本地连接 - 属性”对话框中的“Internet 协议（TCP/IP）- 属性”选项卡中选择“自动获取 IP 地址”和“自动获取 DNS 服务器地址”选项。若使用路由器，请同时检查路由器设置。

（2）若只是某个网页不能访问，可能原因有：上网助手影响、防火墙影响、该网站故障、设置影响。该问题有时是上网助手的拦截功能造成的，防火墙等级设计过高也会造成个别网页无法打开，有些网站屏蔽某些 IP 网段，若用户获取该网段的 IP 地址，就无法访问页面。上述故障大部分由用户端原因造成，建议尝试关闭上网助手或退出防火墙。

9. 为什么感觉上网速度慢

（1）判断是整机使用速度慢还是仅上网速度慢。如果是整机使用速度慢，有可能是计算机系统盘空间不够、计算机配置不高，或计算机中毒等，请逐一排除以上可能。

（2）判断是某个网站打开速度慢还是所有网站打开速度都慢。某个网站打开速度慢有

可能是因为网站服务器出现问题，可先咨询周围其他人是否有此现象，或是使用网络测速工具查看网速。参考网速见表4－2。

表4－2　参考网速

网络带宽/(Mbit·s⁻¹)	理论速率/(kbit·s⁻¹)	理论速率/(kB·s⁻¹)	参考速率/(kB·s⁻¹)
2	2 048	256	160～256
4	4 096	512	320～512
8	8 912	1 024	640～1 024

（3）在晚上网络高峰期（通常为20：00—24：00），由于同时使用网络的用户增多，如同高速公路在繁忙时段车速变慢，在线视频、网络游戏等较大流量应用的网速感知相对会降低，这属于正常现象。同时，对于游戏应用可以考虑使用加速器，如使用迅雷网游加速器等进行优化；优酷等视频网站也有自己的加速器，为了使在线视频播放速度更加稳定，网站会引导用户安装相应的视频加速器来改善网络质量，请参照相关网站指引进行尝试。

项目 5

常用网络工具的使用与网络协议分析

【项目导读】

通过 Internet，可以实现两台计算机之间的通信。这与不同国家的人互通电话一样的，必须使用统一的语言。这个语言在网络中就是网络协议。现在有一台计算机，已经连接到 Internet。通过常用的网络工具，了解这台计算机的网络信息并学习网络协议的基本结构及使用场景。

【项目目标】

➢ 掌握常用的网络工具；
➢ 掌握 ping 命令的使用方法；
➢ 掌握 ipconfig 命令的使用方法；
➢ 掌握 Wireshark 软件的基本使用方法；
➢ 掌握分析 HTTP、TCP、ICMP 等协议的方法。

【项目地图】

本项目的项目地图如图 5－1 所示。

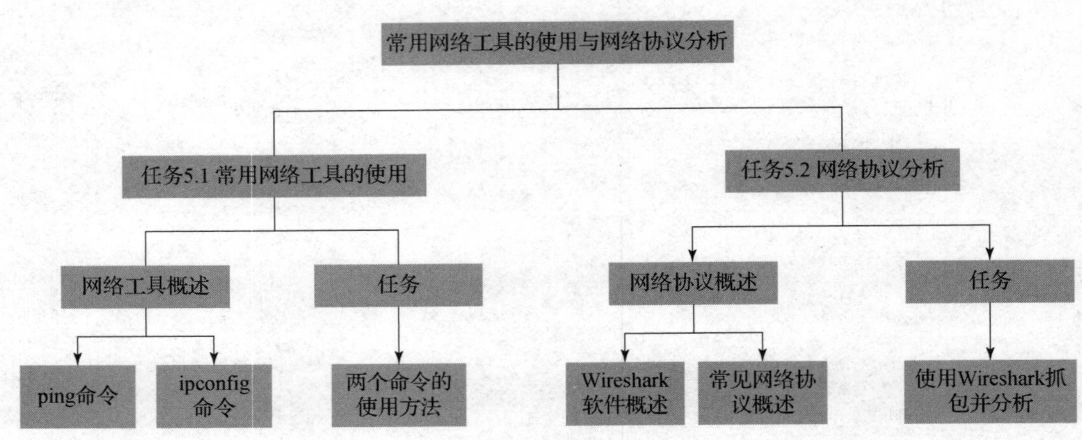

图 5－1　项目 5 的项目地图

【思政小课堂】

“没有网络安全，就没有国家安全。”在网络世界中，网络协议存在一些漏洞，可能导致信息泄露、网络勒索、电信诈骗等各种网络安全问题。同学们应掌握基础知识，精益求精，从而担当时代使命，守护网络安全边疆。下面为4个常见的网络协议及其漏洞。

1. 地址解析协议（ARP）

APP是通信层协议（数据链路层和网络层之间的映射过程），用于在给定IP地址的情况下识别媒体访问控制（MAC）地址。主机无法验证对等网络中网络数据包的来源。这是一个漏洞，并且会导致ARP欺骗。如果攻击者与目标位于同一局域网中，或使用位于同一网络中的受感染计算机，则攻击者可以利用此漏洞。攻击者将其MAC地址与目标的IP地址关联，以便攻击者可以接收针对目标的任何流量。

2. Internet邮件访问协议（IMAP）

IMAP是一种Internet电子邮件协议，可以将电子邮件存储在邮件服务器上，但允许最终用户检索、查看和处理消息，因为电子邮件是存储在本地用户设备上的。首先，当电子邮件通过互联网发送时，它会经过不受保护的通信渠道。用户名、密码和消息可以自己截获，也可以在邮件服务器上执行拒绝服务（DoS）攻击，这将导致未接收和未发送的电子邮件。此外，电子邮件服务器可以注入恶意软件，然后可以使用受感染的附件将其发送到客户端。

3. 远程桌面协议（RDP）

RDP是由微软公司开发的协议，它为用户提供图形界面以通过网络连接到另一台计算机，其中一个用户运行RDP客户端软件，而另一个用户运行RDP服务器软件。称为BlueKeep的漏洞可能允许勒索软件之类的恶意软件通过易受攻击的系统传播。BlueKeep允许攻击者连接到RDP服务。此后，攻击者可以发出命令以窃取或修改数据，安装危险的恶意软件，并可能进行其他恶意活动。利用漏洞不需要用户进行身份验证，甚至不需要用户进行任何操作来激活。

4. 安全壳（SSH）协议

SSH协议是基于加密的网络协议，用于在不安全的网络上安全可靠地运行网络服务。借助SSH协议可以确保任何网络服务的安全。中间人（MITM）攻击可能使对手完全不稳定并破坏加密，并且可能访问包括密码在内的加密内容。成功的对手是将命令注入终端以修改或更改传输中的数据或窃取数据的电缆。该攻击还可能使有害恶意软件注入通过系统下载的任何二进制文件和其他软件更新。过去，各种攻击组和恶意软件程序包都使用了此技术。

（来源：腾讯新闻客户端）

任务5.1 常用网络工具的使用

【任务工单】 任务工单5-1：常用网络工具的使用

<table>
<tr><td>任务名称</td><td colspan="5">常用网络工具的使用</td></tr>
<tr><td>组别</td><td></td><td>成员</td><td></td><td>小组成绩</td><td></td></tr>
<tr><td>学生姓名</td><td colspan="3"></td><td>个人成绩</td><td></td></tr>
<tr><td>任务情境</td><td colspan="5">现有一台计算机，但是无法确定该计算机的相关网络信息以及该计算机是否连接到Internet、是否存在网络故障。请使用计算机操作系统自带的网络工具进行测试</td></tr>
<tr><td>任务目标</td><td colspan="5">快速获取计算机的网络参数，并测试计算机网络的连通性</td></tr>
<tr><td>任务要求</td><td colspan="5">在Window 10操作系统中，使用ipconfig命令获取网络参数并使用ping命令测试网络的连通性</td></tr>
<tr><td>知识链接</td><td colspan="5"></td></tr>
<tr><td>计划决策</td><td colspan="5"></td></tr>
<tr><td>任务实施</td><td colspan="5">（1）打开CMD命令窗口
（2）使用ipconfig命令获取计算机基本网络参数并记录
（3）使用ping命令测试网络的连通性</td></tr>
<tr><td>检查</td><td colspan="5">（1）在实验报告中填写自己计算机的网络参数；（2）观察同学计算机的网络参数，观察其与自己计算机的网络参数的异同点</td></tr>
<tr><td>实施总结</td><td colspan="5"></td></tr>
<tr><td>小组评价</td><td colspan="5"></td></tr>
<tr><td>任务点评</td><td colspan="5"></td></tr>
</table>

【前导知识】

1. ipconfig 命令的使用

ipconfig 命令是使用频率非常高的命令，可用于显示系统的 TCP/IP 网络配置值，并刷新动态主机配置协议（DHCP）和域名系统（DNS）设置。ipconfig 命令通常用来检验人工配置的 TCP/IP 设置是否正确。当所在的局域网使用了 DHCP 服务器，就很可能经常使用 ipconfig 命令查看客户端的 IP 地址，或者使用 ipconfig 命令的一些高级功能。

当 ipconfig 命令不带任何参数选项时，它显示每个已经配置的接口的 IP 地址、子网掩码和缺省网关值。

当使用 all 选项时，ipconfig 命令能为 DNS 和 WINS 服务器显示已配置且所要使用的附加信息，并显示内置于本地网卡中的物理地址（MAC）。ipconfig 命令还有许多其他参数。ipconfig 命令参数说明见表 5－1。

表 5－1　ipconfig 命令参数说明

参数	参数说明
/all	显示所有网络适配器的完整TCP/IP配置信息
/release	释放全部（或指定）适配器由DHCP分配的动态IP地址
/renew	为全部（或指定）适配器重新分配IP地址
/flushdns	清除本机的DNS解析缓存
/registerdns	刷新所有DHCP的租期和重新注册DNS名
/displaydns	显示本机的DNS解析缓存
/showclassid	显示适配器的所有允许的 DHCP 类 ID
/setclassid	修改 DHCP 类 ID

ipconfig 命令的用法为“ipconfig［选项］［适配器］”。

2. ping 命令的使用

不管在 Windows 平台，还是在 Linux 平台，ping 命令都是非常常用的网络命令。ping 命令通过互联网控制报文协议（Internet Control Message Protocol，ICMP）工作，可以用来测试本机与目标主机是否连通、连通速度如何、稳定性如何。

ping 命令运行在命令提示符终端，用法为“ping　参数　目标主机”。其中参数为零到多个，目标主机可以是 IP 地址或者域名。按照默认设置，在 Windows 上运行的 ping 命令发送 4 个 ICMP 回送请求，每个请求含 32 字节数据，如果一切正常，将得到 4 个回送应答。

通过 ping 命令检测网络故障的典型方法是：在正常情况下，查找问题或检验网络运行情况时，需要多次运行 ping 命令，如果所有都运行正确，就可以相信基本的连通性和配置参数没有问题，如果某些 ping 命令出现运行故障，提示信息可以指明到何处查找问题。

任务5.2　网络协议分析

【任务工单】 任务工单5－2：网络协议分析

任务名称	网络协议分析				
组别		成员		小组成绩	
学生姓名				个人成绩	
任务情境	查看计算机当前使用的网卡并抓获数据包，了解计算机当前使用了哪些网络协议，它们的结构和特点是什么				
任务目标	了解计算机当前所使用的网络协议及其结构				
任务要求	按本任务后面列出的具体任务内容，完成训练参数的设置				
知识链接					
计划决策					
任务实施	（1）学习 Wireshark 软件的基本抓包方法 （2）观察不同网络协议的数据包结构 （3）根据抓取的数据包，分析该数据包的作用				
检查	（1）不同协议的数据包是否正确；（2）抓取多个数据包，分析网络协议的工作流程				
实施总结					
小组评价					
任务点评					

【前导知识】

1. Wireshark 软件

Wireshark 是非常流行的网络封包分析软件，可以截取各种网络数据包，并显示数据包的详细信息。Wireshark 并不入侵侦测系统，对于网络上的异常流量行为，Wireshark 不会产生警示或任何提示。然而，仔细分析 Wireshark 所截取的封包能够帮助使用者对于网络行为有更清楚的了解。Wireshark 软件常用于开发测试过程中各种问题的定位，其界面如图 5－2 所示。

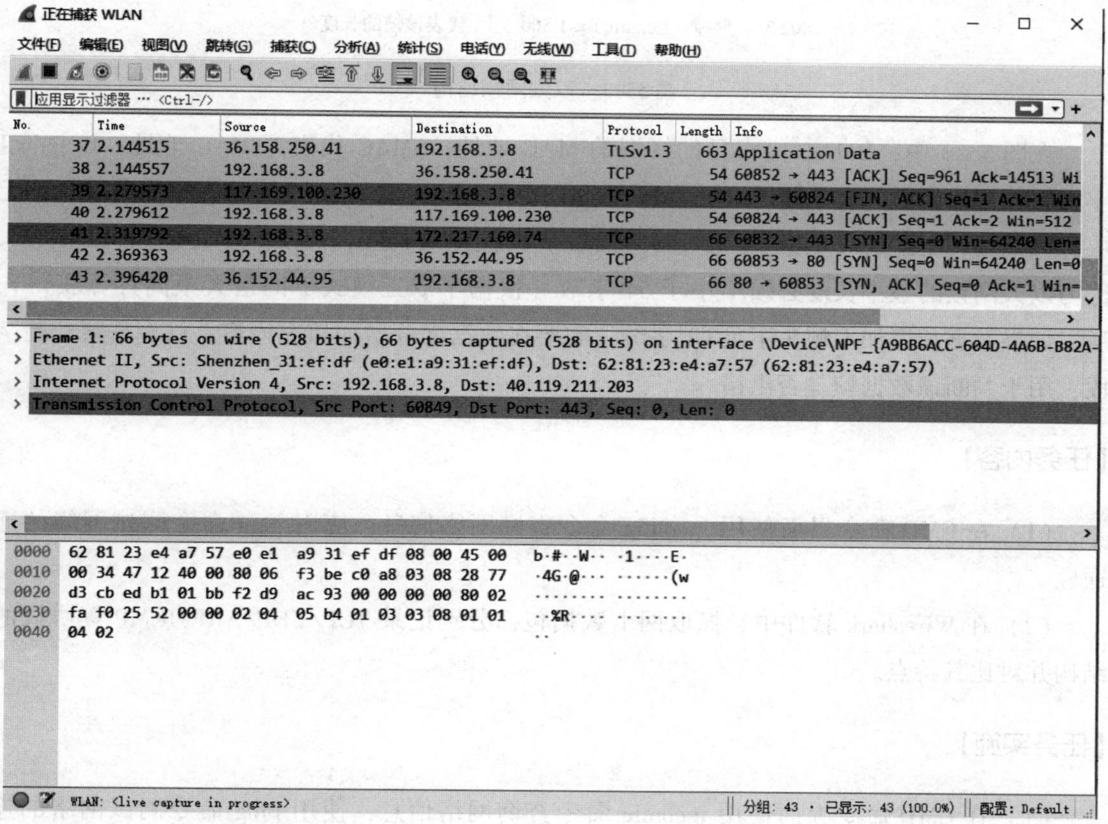

正在捕获 WLAN

文件(F) 编辑(E) 视图(V) 跳转(G) 捕获(C) 分析(A) 统计(S) 电话(Y) 无线(W) 工具(T) 帮助(H)

应用显示过滤器 … <Ctrl-/>

No.	Time	Source	Destination	Protocol	Length	Info
37	2.144515	36.158.250.41	192.168.3.8	TLSv1.3	663	Application Data
38	2.144557	192.168.3.8	36.158.250.41	TCP	54	60852 → 443 [ACK] Seq=961 Ack=14513 Wi
39	2.279573	117.169.100.230	192.168.3.8	TCP	54	443 → 60824 [FIN, ACK] Seq=1 Ack=1 Win
40	2.279612	192.168.3.8	117.169.100.230	TCP	54	60824 → 443 [ACK] Seq=1 Ack=2 Win=512
41	2.319792	192.168.3.8	172.217.160.74	TCP	66	60832 → 443 [SYN] Seq=0 Win=64240 Len=
42	2.369363	192.168.3.8	36.152.44.95	TCP	66	60853 → 80 [SYN] Seq=0 Win=64240 Len=0
43	2.396420	36.152.44.95	192.168.3.8	TCP	66	80 → 60853 [SYN, ACK] Seq=0 Ack=1 Win=

```
> Frame 1: 66 bytes on wire (528 bits), 66 bytes captured (528 bits) on interface \Device\NPF_{A9BB6ACC-604D-4A6B-B82A-
> Ethernet II, Src: Shenzhen_31:ef:df (e0:e1:a9:31:ef:df), Dst: 62:81:23:e4:a7:57 (62:81:23:e4:a7:57)
> Internet Protocol Version 4, Src: 192.168.3.8, Dst: 40.119.211.203
> Transmission Control Protocol, Src Port: 60849, Dst Port: 443, Seq: 0, Len: 0

0000  62 81 23 e4 a7 57 e0 e1  a9 31 ef df 08 00 45 00   b·#··W·· ·1····E·
0010  00 34 47 12 40 00 80 06  f3 be c0 a8 03 08 28 77   ·4G·@··· ······(w
0020  d3 cb ed b1 01 bb f2 d9  ac 93 00 00 00 00 80 02   ········ ········
0030  fa f0 25 52 00 00 02 04  05 b4 01 03 03 08 01 01   ··%R···· ········
0040  04 02                                              ··
```

WLAN: <live capture in progress> | 分组：43 · 已显示：43 (100.0%) | 配置：Default

图 5－2　Wireshark 软件界面

2. 以太网帧结构

应用数据需要经过 TCP/IP 每一层处理之后才能通过网络传输到目的端，在每一层上都与该层的协议数据单元（Protocol Data Unit，PDU）交换信息。不同层的 PDU 包含不同的信息，因此 PDU 在不同的层被赋予了不同的名称。如上层数据在传输层添加 TCP 报头后得到的 PDU 称为数据段（Segment）；数据段被传递给网络层，网络层添加 IP 报头得到的 PDU 称为数据包（Packet）；数据包被传递到数据链路层，封装数据链路层报头得到的 PDU 称为数据帧（Frame）；最后，数据帧被转换为比特，通过网络介质传输。这种协议栈逐层向下传递数据，并添加报头和报尾的过程称为封装。以太网帧结构如图 5－3 所示。

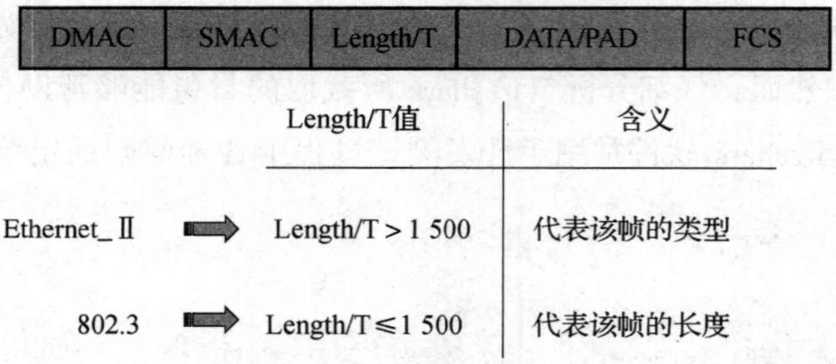

DMAC	SMAC	Length/T	DATA/PAD	FCS

	Length/T值	含义
Ethernet_Ⅱ ➡	Length/T > 1 500	代表该帧的类型
802.3 ➡	Length/T ≤ 1 500	代表该帧的长度

图 5－3　以太网帧结构

在图 5－3 中，DMAC 代表目的终端的 MAC 地址；SMAC 代表源 MAC 地址；Length/T 字段则根据值的不同有不同的含义：当 Length/T > 1 500 时，代表该数据帧的类型（比如上层协议类型），当 Length/T < 1 500 时，代表该数据帧的长度；DATA/PAD 是具体的数据，因为以太网帧的最小长度必须不小于 64 字节（根据半双工模式下的最大距离计算获得），所以如果数据长度加上帧头不足 64 字节，需要在数据部分增加填充内容；FCS 是帧校验字段，用于判断该数据帧是否出错。

【任务内容】

（1）在 CMD 命令界面使用 ipconfig 命令查询网络信息，使用 ping 命令测试网络的连通性。

（2）在 Wireshark 软件中，抓取网卡数据包，分别记录 TCP/UDP/ARP/ICMP 等协议的结构并对比其特点。

【任务实施】

（1）在 CMD 命令界面使用 ipconfig 命令查询网络信息，使用 ping 命令测试网络的连通性。

①打开 CMD 命令界面。按“Win + R”组合键即可打开“运行”对话框，输入“CMD”后单击“确定”按钮或按 Enter 键，如图 5－4 所示。

CMD 命令界面如图 5－5 所示。

②在 CMD 命令界面分别输入 ipconfig、ipconfig/all 命令，观察相关参数并记录，如图 5－6、图 5－7 所示。

运行

Windows 将根据你所输入的名称，为你打开相应的程序、文件夹、文档或 Internet 资源。

打开(O): CMD

确定　取消　浏览(B)...

图 5－4　“运行”对话框

图 5－5　CMD 命令界面

C:\WINDOWS\system32\CMD.exe

```
   默认网关. . . . . . . . . . . . . :

以太网适配器 VMware Network Adapter VMnet3:

   连接特定的 DNS 后缀 . . . . . . . :
   本地链接 IPv6 地址. . . . . . . . : fe80::6d2e:e121:e28:785d%21
   IPv4 地址 . . . . . . . . . . . . : 192.168.130.1
   子网掩码  . . . . . . . . . . . . : 255.255.255.0
   默认网关. . . . . . . . . . . . . :

无线局域网适配器 WLAN:

   连接特定的 DNS 后缀 . . . . . . . :
   本地链接 IPv6 地址. . . . . . . . : fe80::887:e185:bde7:6eac%19
   IPv4 地址 . . . . . . . . . . . . : 192.168.3.8
   子网掩码  . . . . . . . . . . . . : 255.255.255.0
   默认网关. . . . . . . . . . . . . : 192.168.3.1

以太网适配器 蓝牙网络连接:

   媒体状态  . . . . . . . . . . . . : 媒体已断开连接
   连接特定的 DNS 后缀 . . . . . . . :

C:\Users\Admin>_
```

图 5－6　ipconfig 命令运行结果

C:\WINDOWS\system32\CMD.exe

```
无线局域网适配器 WLAN:

   连接特定的 DNS 后缀 . . . . . . . :
   描述. . . . . . . . . . . . . . . : Realtek 8822BU Wireless LAN 802.11ac USB NIC
   物理地址. . . . . . . . . . . . . : E0-E1-A9-31-EF-DF
   DHCP 已启用 . . . . . . . . . . . : 是
   自动配置已启用. . . . . . . . . . : 是
   本地链接 IPv6 地址. . . . . . . . : fe80::887:e185:bde7:6eac%19(首选)
   IPv4 地址 . . . . . . . . . . . . : 192.168.3.8(首选)
   子网掩码  . . . . . . . . . . . . : 255.255.255.0
   获得租约的时间  . . . . . . . . . : 2022年6月28日 13:36:24
   租约过期的时间  . . . . . . . . . : 2022年6月29日 13:36:26
   默认网关. . . . . . . . . . . . . : 192.168.3.1
   DHCP 服务器 . . . . . . . . . . . : 192.168.3.1
   DHCPv6 IAID . . . . . . . . . . . : 316727721
   DHCPv6 客户端 DUID  . . . . . . . : 00-01-00-01-24-87-EB-32-40-B0-76-82-1C-2B
   DNS 服务器  . . . . . . . . . . . : 192.168.3.1
   TCPIP 上的 NetBIOS  . . . . . . . : 已启用

以太网适配器 蓝牙网络连接:

   媒体状态  . . . . . . . . . . . . : 媒体已断开连接
   连接特定的 DNS 后缀 . . . . . . . :
   描述. . . . . . . . . . . . . . . : Bluetooth Device (Personal Area Network)
   物理地址. . . . . . . . . . . . . : E0-E1-A9-31-EF-E0
   DHCP 已启用 . . . . . . . . . . . : 是
   自动配置已启用. . . . . . . . . . : 是

C:\Users\Admin>
```

图 5－7　ipconfig/all 命令运行结果

③在 CMD 命令界面使用 ping 命令测试网络的连通性，并记录连通情况，如图 5－8 所示。

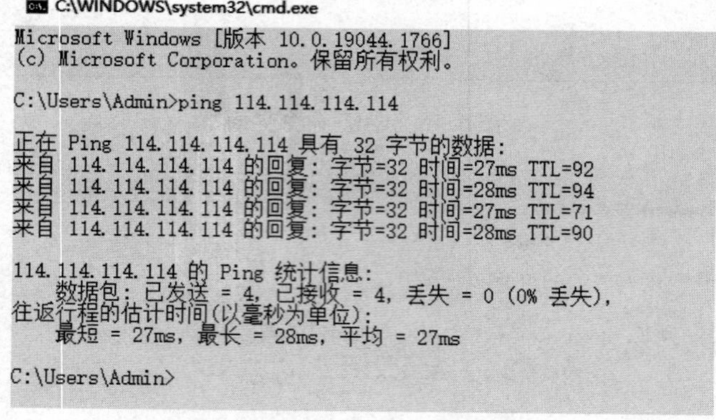

C:\WINDOWS\system32\cmd.exe

```
Microsoft Windows [版本 10.0.19044.1766]
(c) Microsoft Corporation。保留所有权利。

C:\Users\Admin>ping 114.114.114.114

正在 Ping 114.114.114.114 具有 32 字节的数据:
来自 114.114.114.114 的回复: 字节=32 时间=27ms TTL=92
来自 114.114.114.114 的回复: 字节=32 时间=28ms TTL=94
来自 114.114.114.114 的回复: 字节=32 时间=27ms TTL=71
来自 114.114.114.114 的回复: 字节=32 时间=28ms TTL=90

114.114.114.114 的 Ping 统计信息:
    数据包: 已发送 = 4，已接收 = 4，丢失 = 0 (0% 丢失)，
往返行程的估计时间(以毫秒为单位):
    最短 = 27ms，最长 = 28ms，平均 = 27ms

C:\Users\Admin>
```

图 5－8　ping 命令运行结果

（2）在 Wireshark 软件中，抓取网卡数据包并分析。

①打开 Wireshark 软件，并选择正在工作的网卡进行数据抓取，如图 5－9 所示。

②暂停捕获，在筛选框中输入需要查看的协议，单击数据包查看相关结构和参数，并记录相应数据，如图 5－10 所示。

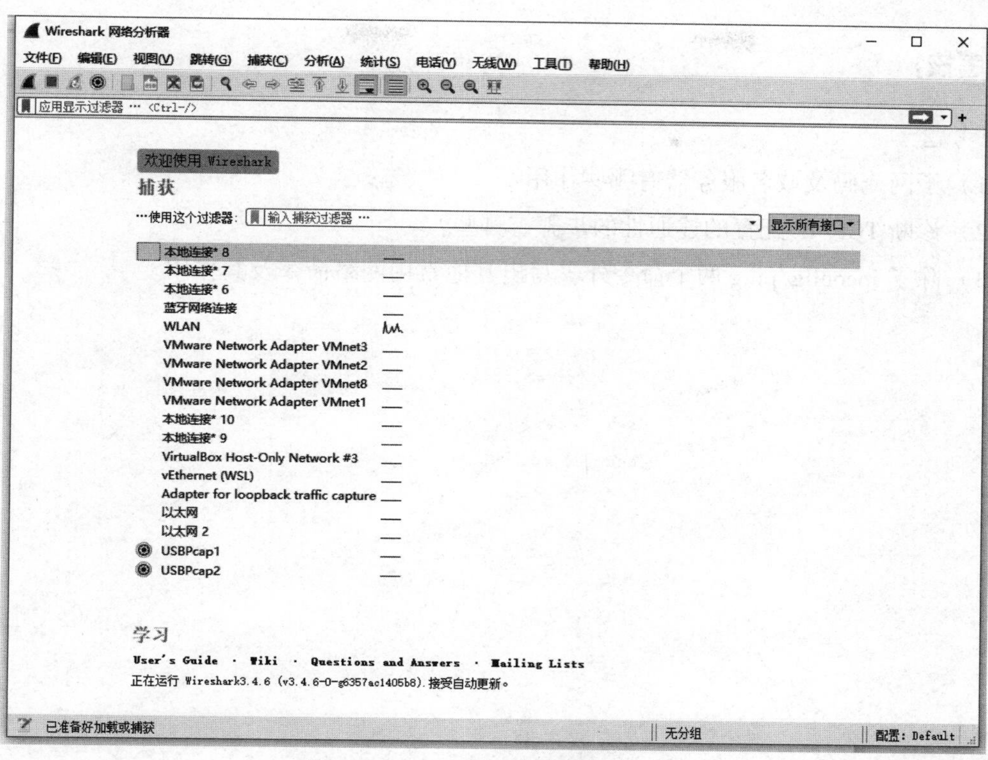

图 5-9 Wireshark 选取网卡数据包

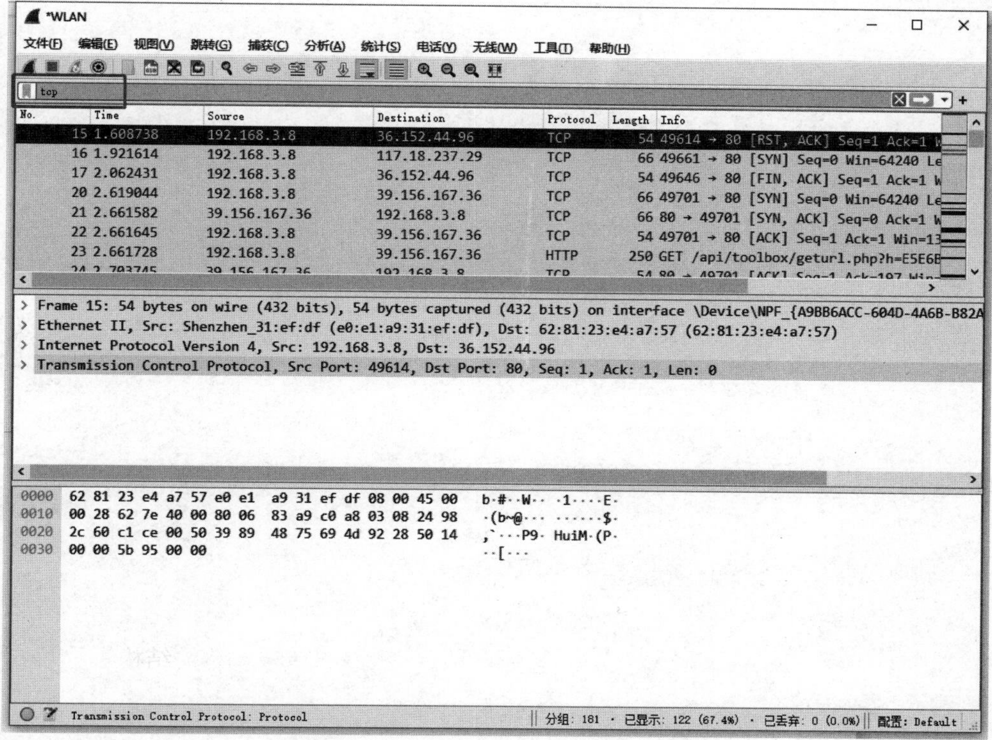

图 5-10 Wireshark 过滤协议

【知识考核】

思考题

（1）子网掩码及域名服务器有哪些作用？

（2）诊断 TCP/IP 配置的连通性的步骤有哪些？

（3）除了 ipconfig/ping 两个命令外，写出其他常用网络命令及其作用。

项目 6

校园 VR 全景漫游设计与制作

【项目导读】

VR 全景漫游是基于全景图像或视频营造 360°/720°场景的虚拟现实技术，可利用手机、单反相机或全景相机等摄影器材对真实场景进行直接拍摄捕获，经过特定软件的拼合，实现全景立体图像或视频；再通过 VR 处理，加入全景视角控制、语音讲解选择等动态交互功能，使用户仿佛置身于真实的环境之中，获得全新的视觉体验。一个完整的 VR 全景漫游项目一般包含项目设计、全景拍摄、后期处理、功能编辑及导出共 5 个阶段。

本项目主要介绍全景拍摄和云平台端的功能编辑两个方面的内容。全景拍摄主要是对真实世界进行拍摄以及合成，导出全景素材的过程。结合了拍摄、定位、拼接与导出为一体的全景相机是全景拍摄的强有力的工具。常见的全景相机有 TECHE PHIIMAX 3D、Go Pro Max、Insta360 one 等。一般全景相机的芯片内已经植入了图像矫正与拼接的算法，录制出来的原始画面已经经过图像矫正与拼接，可以直接在优酷等支持全景视频的播放器与网站上使用。如果采用手机或单反相机进行拍摄，则需要使用拼接软件完成矫正和拼接。全景云台、三脚架、拍摄杆等都是很好的拍摄辅助工具。为了保证全景拍摄的场景更加立体和真实，还需要在 VR 全景中添加图片、文字、控制按钮等交互元素，以优化全景项目的漫游效果。可通过云平台（720 云、百度云等）添加热点、文字等约束来实现相关功能；也可采用游戏引擎（Unity、UE4 等）来开发更加智能的交互功能，比如控制焦距、移动速度、变换天气等，实现更具沉浸感的 VR 全景体验。本项目采用“全景相机/手机 + 云平台”的方式，更适用于没有任何专业背景知识的学生进行 VR 全景漫游项目的实训。

综上所述，本项目以“校园 VR 全景漫游”为主题，示范制作 VR 全景漫游项目要完成的两个主要任务：全景素材拍摄及交互功能编辑。

【项目目标】

➢ 掌握 VR 全景和 VR 全景漫游的概念；

➢ 掌握全景拍摄的方法；

➢ 掌握全景图片及全景视频的概念、定义和特点；

➢ 掌握全景照片和视频的导出方法；

➢ 掌握全景素材转换为360°/720°场景的方法；

➢ 掌握添加场景漫游的方法；

➢ 掌握添加文字和图片的方法；

➢ 掌握全景项目导出的方法。

【项目地图】

本项目的项目地图如图 6－1 所示。

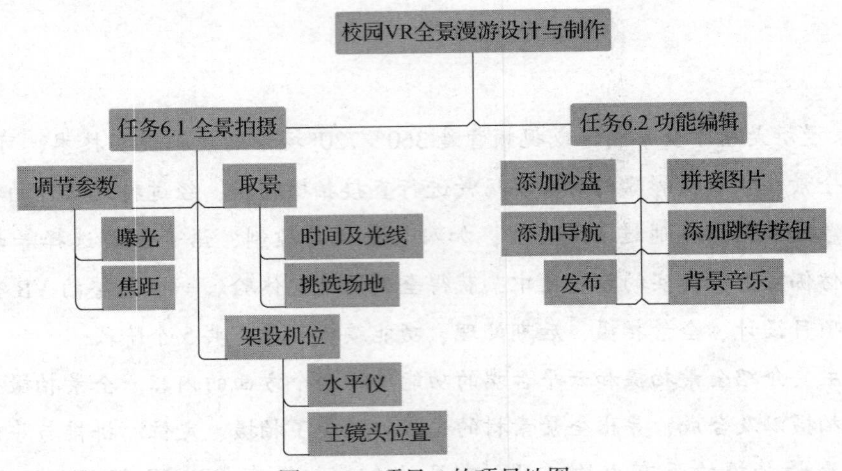

图 6－1　项目 6 的项目地图

【思政小课堂】

2020 年 10 月 19 日上午，由国家工业和信息化部、江西省人民政府共同主办的 2020 世界 VR 产业大会云峰会在江西南昌正式开幕。

作为中国乃至全球虚拟现实行业科技创新发展的风向标，2020 世界 VR 产业大会聚焦行业发展趋势，锁定行业发展热点，展示最新技术成果，汇聚行业知名企业，成为虚拟现实行业盛会。在此次大会上，可以看到 VR 解决方案在多个领域、行业得到极广泛的应用。比如在文化推广与保护领域，故宫博物院基于分布在故宫各处的传感器实时获取故宫全体、全域数据，未来通过“5G＋AR＋人工智能＋物联网”对故宫实施智能化监测、预警、干预，利用“5G＋AR＋人工智能”开展对故宫全面、科学、细致的保护工作，从而实现险情可防控、保护可提前的目标。华为推出华为 AR 地图，基于华为河图技术，在上海外滩、敦煌和北京一些单位，以及南昌多个地方做好 AR 实现和 AR 河图落地，实现了毫米级精确的重现，使真实世界与虚拟世界无缝融合，将华为 AR/VR 生态全面开放，推进城市的“VR＋文化旅游”发展。

“VR＋党建应用”作为新形态党政媒体的宣传方式，也在此次大会上大放异彩。多种党建系列学习产品、学习平台打破了传统红色教育的时空限制，真实再现红色革命场景，为传统党建和红色教育探寻新思路和新方向。VR 技术提升了百年党史学习的主动性、高效性、

便利性，达到深化党员学习教育成果的目的，向中国共产党成立100周年献礼。

人们在物质需求得到极大满足后，对精神需求的追求将在虚拟世界中得到全维度的实现。正如此次VR产业大会的主题一样：VR让世界更精彩！

任务6.1　全景拍摄

【任务工单】 任务工单6-1：全景拍摄

任务名称	全景拍摄				
组别		成员		小组成绩	
学生姓名				个人成绩	
任务情境	以教师为项目委托方，授课班级分小组作为项目实施方，每个小组需要根据前期项目设计中的分场景与分镜要求，对校园环境进行取景、拍摄与合成				
任务目标	拍摄得到可供后期处理的校园全景照片或视频等全景素材				
任务要求	按本任务后面列出的具体任务内容，完成“校园VR全景漫游”全景素材的收集				
知识链接					
计划决策					
任务实施	（1）根据分镜要求（光照、角度）进行取景 （2）根据取景位置架设机位 （3）全景相机：连接相机App，调整参数并完成拍摄 （4）智能手机：使用Google Camera，保持同水平位置旋转，完成拍摄				

续表

任务名称	全景拍摄				
组别		成员		小组成绩	
学生姓名				个人成绩	
检查	（1）取景方案；（2）拍摄机位；（3）、（4）全景素材				
实施总结					
小组评价					
任务点评					

【前导知识】

1. VR 全景概述

VR，即虚拟现实技术，是一种可以创建和体验虚拟世界的计算机仿真技术，它利用计算机生成一种模拟环境，用户可以在该环境中体验到最真实的感受，其模拟环境的真实性与现实世界难辨真假，让人产生沉浸其中的感觉；同时，VR 具有多种人类所拥有的感觉模拟，比如听觉、视觉、触觉、味觉、嗅觉等感知系统；最后，VR 具有全新的人机交互接口，使人们可以随意操作并且得到环境最真实的反馈。正是 VR 的沉浸性（Immersion）、交互性（Interaction）、想象力（Imagination）的特征使它受到了许多人的喜爱。

全景可分为现实全景和虚拟全景两种形式。现实全景是采用实景拍摄，再处理生成的全景照片。虚拟全景则是用虚拟建模方式创作的三维场景。一般来说“全景”泛指全景照片，简单地讲就是采用比一般正常视角更大的可视范围，通常是指符合人的双眼正常有效视角（大约水平 90°、垂直 70°），包括双眼余光视角（大约水平 180°、垂直 90°）以上，乃至 360°完整场景范围拍摄的照片。传统的全景是指水平方向能 360°环视的场景，如图 6－2 所示。而现在的全景，则特指水平 360°，上下 360°（两个 360°相加，也称为 720 全景），给人以身临其境体验的 720°全方位实景影像。720°全景实景拍摄，把相机当作为中心（球心），完整采集了周围环境（内球面）的多幅图像，以球形几何关系进行拼接映射生成的平面图片。只有通过全景展示平台（如 720 云、百度云）的矫正处理才能呈现三维全景。

图 6－2　传统的全景

“VR 全景”即 720°全景与 VR 结合，可以达到 VR 体验效果。伴随 VR 应用的普及，传统 720°全景内容将不止于全景观看模式，而是可以在 VR 全景中进行用户自控环视视角，进行上、下、左、右的浏览和任意角度的观察，也可进行各场景的切换，仿佛在真实场景中进行漫游。本项目使用“全景相机 +720 云平台”的方式，具体操作步骤如下。

1）项目设计

按照规范设计方法，进行需求收集和分析，考虑项目目的、拍摄哪些场景、适应哪些交互功能及其应用场合，最后得到分场景和分镜的全景拍摄方案。

2）全景拍摄

根据全景拍摄方案中对场景和分镜的要求，在真实世界中进行取景，架设机位，调节参数和拍摄，最后得到画面比例适中、曝光合适的全景照片。

3）后期处理

通过 Photoshop、Adobe Illustrator 等图像处理软件，对图片中的瑕疵进行编修和美化；对相机三脚架或其他设备的露出进行处理或遮盖，保证全景画面的真实；添加天空、logo 等美化效果，提升照片的美观度。

4）功能编辑

在拼接及搭建好的全景场景上，通过 720 云平台，添加按钮、沙盘等功能，可实现在虚拟场景中进行用户自控视角、方位导航的漫游效果。

5）导出

确认项目是否符合项目设计的要求，最后为调试通过的全景项目选择合适的导出平台（PC 端或移动端等），进行发布。

2. 全景拍摄概述

全景拍摄作为一种表现宽阔视野的手法，常用来展现室内三维空间、景点旅游、文化创意产品等。在 VR 应用越来越广泛的今天，全景拍摄也成为制作虚拟全景场景的常用手段之一。但是，由于全景拍摄的范围较广，很容易造成“穿帮”、画面失衡等情况，给后续的项目开发带来问题。为了减少后期处理的麻烦，拍摄时对以下几个方面都有比较严苛的要求。

1）时间地点的选择

在拍摄时，在户外应尽量选取能见度佳、气温低、光照充足、人流量较少的时间段；在室内要保证光源分布平均，最好是平行光源，而不是直接光源；场地一般都选择一个高地或场景的中央，这是为了能够获得更多场景信息。另外，全景观看的时候是需要旋转的，所以选择场景的几何中心，能够在很大程度上避免给观赏者带来失重的感觉。

2）机位的选择

选取好取景位置后，架设机位的时候要保证主镜头位置面向主画面中心。对于新手来说，对某个场景的全景可以多拍几圈，后期再选出最好的主画面。因为广角镜头透视效果强烈，画面的边缘容易发生扭曲，在拼接时很难做到天衣无缝，所以如果场景内有想要重点突出的景物，尽可能在主画面中对其进行拍摄，尤其要避免使其处在拼接处而发生扭曲。另外，如果使用三脚架和水平仪，前期拍摄时要稳定三脚架和云台的水平仪，避免360°全景画面是倾斜的，这在后期处理中是很难修改的。只有画面稳定才能保证 VR 全景的真实性。

3）拍摄的选择

曝光、焦距等参数的调节是拍摄处理的重点。应多练习相机参数的调整及不同场景与不同参数的搭配。拍摄前检查焦距，看成像是否清晰。多观察光线强度，当硬光照射的主体受光面和阴影面积比较大时，明暗交界线清晰，画面反差大，导致图片不美观，不够真实，需要重新选择更好的拍摄方位。

【任务内容】

根据项目设计中的分场景与分镜要求，对真实世界进行取景、拍摄与合成，得到可供后期处理的全景照片或视频等全景素材。

【任务实施】

（1）小组根据每个场景情况设计的全景图像拍摄方案进行取景，包括但不限于：

①根据该场景中的光线强度选择适合的拍摄时间；

②根据真实世界中的观察角度选择镜头位置；

③根据画面中心选择场景高地或场景的中央。

（2）根据取景位置，架设机位。

将相机摆放在合适的取景位置，先根据水平仪稳定摆放机位，保证各相机能在一个中心点拍摄，各镜头采集的图像在同一水平面，再根据主画面或突出的景物选择主镜头位置。为了避免素材在后期出现是拼接不顺利的问题，尽量在宽幅90°的接缝处避开重要的景物以及正在运动的景物，减少其位置变化给后期制作带来的麻烦。

值得注意的是，如果机位正下方为有规则且连续的图案或不规则且非连续的图案，那么取景时需要对地面和天空进行补拍，以备后期合成修复使用。

（3）连接全景相机 App，调整参数并完成拍摄（图 6 –3）。

这里采用的是 TECHE PHIIMAX 3D 全景相机。连接设备 App，按照当下场景调整合适的参数。如在室外，则将模式调整为室外，如在室内，则将模式调整为室内。根据环境光线调整各镜头的 IOS 数值大小，可选择分辨率、图像品质等。比如，在室外光线充足时，可将设备调整为室外模式，将 IOS 数值调至 800 或者选择自动调制即可。如将图像品质调整为“高”，则将分辨率调整为 8 K 或 12 K 即可。

图6-3　连接全景相机App

（4）使用Google Camera，保持同水平位置旋转，完成拍摄（图6-4）。

用智能手机拍摄全景照片的时候，首先拍摄水平方位上的360°照片，以顺/逆时针方向方位，每拍一张照片，转动一定的视角，确保转动的视角中有30%的内容与上一张照片重合，直到在360°范围内进行所有拍摄；随后进行斜上方的拍摄，同样必须确保30%的内容与水平方位的照片重合，上、下两侧也应有30%的内容重合，直到在360°范围内进行所有拍摄。这里使用Android手机和Google Camera App。这款软件可以快速拼接成球形全景照片，与720云平台无缝衔接。

首先，打开Google Camera App，单击左上角的球形相机（Photo Sphere），以确定的主镜头位置为中心，拍摄第一张照片；然后按顺/逆时针方向旋转，拍摄下一个位置的照片，尽量保持水平位置不变，可使用三脚架及云台进行辅助；当移动位置对准蓝色图标时，代表30%的内容吻合，可继续移动，如该位置的拍摄有所偏移，产生了模糊或虚焦，则单击返回按钮重新录制，如拍摄成功，则移动到下一个位置，直到720°全景拍摄完成；最后，保存照片并导出备用。

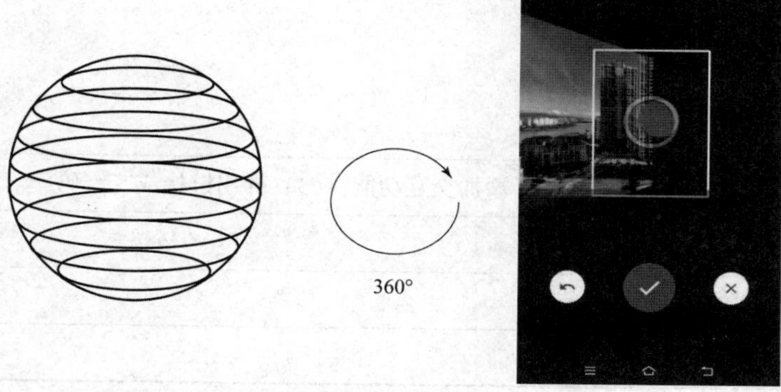

图6-4　使用Google Camera完成拍摄

任务6.2　功能编辑

【任务工单】 任务工单6-2：功能编辑

<table>
<tr><td>任务名称</td><td colspan="5">功能编辑</td></tr>
<tr><td>组别</td><td></td><td>成员</td><td></td><td>小组成绩</td><td></td></tr>
<tr><td>学生姓名</td><td colspan="3"></td><td>个人成绩</td><td></td></tr>
<tr><td>任务情境</td><td colspan="5">在本项目任务6.1中已完成“校园VR全景漫游”的全景拍摄，得到了全景素材。现请各小组继续以制作方的身份完成“校园VR全景漫游”的功能编辑，添加图片、文字、沙盘、热点等</td></tr>
<tr><td>任务目标</td><td colspan="5">得到可供导出的完整项目</td></tr>
<tr><td>任务要求</td><td colspan="5">按本任务后面列出的具体任务内容，完成“校园VR全景漫游”的功能编辑</td></tr>
<tr><td>知识链接</td><td colspan="5"></td></tr>
<tr><td>计划决策</td><td colspan="5"></td></tr>
<tr><td>任务实施</td><td colspan="5">（1）上传全景素材，搭建VR全景
（2）添加热点、音乐、沙盘等交互功能
（3）导出链接或二维码</td></tr>
<tr><td>检查</td><td colspan="5">（1）搭建VR全景；（2）添加交互功能；（3）导出链接或二维码</td></tr>
<tr><td>实施总结</td><td colspan="5"></td></tr>
<tr><td>小组评价</td><td colspan="5"></td></tr>
<tr><td>任务点评</td><td colspan="5"></td></tr>
</table>

【前导知识】

在编辑交互功能之间，需要确保全景场景准确无误，比如修饰掉或使用 logo 覆盖掉拍摄到的相机三脚架，因为一看到这些设备，观众往往就会被拖回现实。因此，为了获得更好的体验，需要对全景素材进行进一步的修饰，才能进行交互功能编辑。

另外，720 云平台（https://720yun.com）所支持的全景素材主要有 3 种：全景照片、全景视频和高清矩阵）。本项目主要采用全景照片的素材做示范，在课后习题中，读者可参照片的要求，制作具有全景视频的 VR 全景漫游项目。

1. 交互功能概述

简单的漫游交互功能，可以通过输入设备来控制用户视角在 720°范围内旋转观看四周；或者选择左上角的沙盘，跳转到想去的场景以及路线；在场景与场景之间还有传送热点，仿佛通过路口就可到达下一个场景；另外，每个不同的场景可配置不同的背景音乐或讲解音效，用户在 VR 全景中漫游时伴随着音乐，得到更佳的视听体验。

相较使用游戏引擎（如 Unity）来开发交互功能，720 云平台的交互功能较少，适用的文件格式更少，比如声音文件只能使用 MP3 格式，而 Unity 则兼容 WAV、AIF、OBB 等多种音频文件；720 云平台导出的格式也有限，对 VR 头盔等沉浸式输出端兼容性较差，主要面向 PC 端桌面和移动端。其优点是快速方便，不需要专业知识，模式简洁，成本低廉，还节省了大量时间进行专业知识的普及，适用于更广泛的人群，同时应用于产品、景点介绍时方便快速，易于上手，大大有利于推广传播。

2. 编辑交互功能的步骤

（1）上传全景素材。将处理好的图片上传至 720 云平台，搭建全景场景。

（2）添加热点。在场景对应的位置，如转角路口等处添加热点，实现跳转。

（3）添加音乐。根据场景的不同添加相应的音乐。

（4）添加沙盘。在场景中添加沙盘可以使用户观看自身方位以及各场景的路线。

（5）导出。完成作品后，将作品导出为链接或二维码。

【任务内容】

将拍摄完成的各场景素材上传至 720 云平台进行拼接，在场景素材中添加热点实现在场景中漫游的效果。

【任务实施】

（1）将修饰好的全景照片上传至 720 云平台，搭建出真实准确的全景场景，若拼接处有明显的错误，需要返回上一步重新修改，如图 6－5 所示。

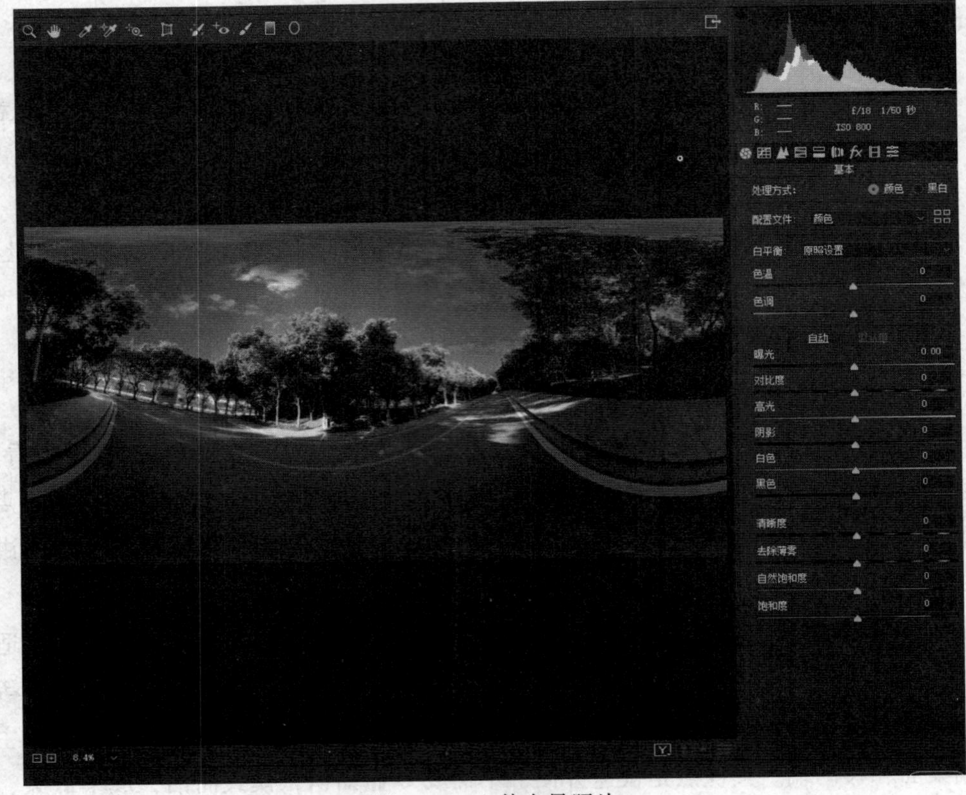

图 6－5　上传全景照片

登录 720 云平台官网，选择“发布”->“720 漫游”->“从本地文件添加”命令，选择刚修饰好的全景照片，单击“确定”按钮。为了保证版权，系统将提示是否为素材添加系统水印，如图 6－6 所示。

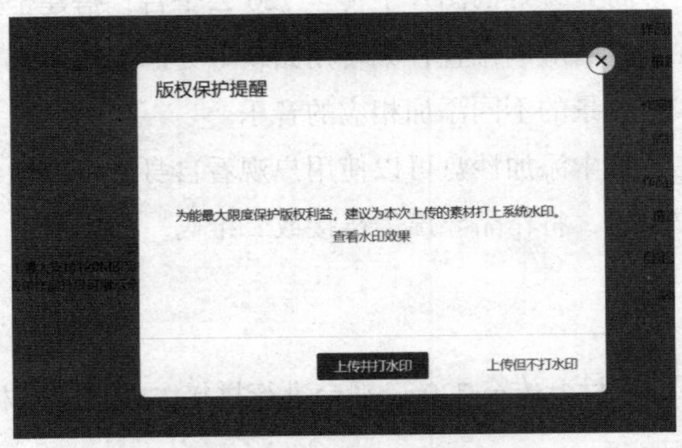

图 6－6　提示是否为素材添加水印

上传素材的格式要求如下。

①全景图片：支持 2 : 1 和六面体，2 : 1 不超过 120 MB，六面体单张大小不超过 60 MB。

②全景视频：MP4 格式，编码方式为 H. 264，宽高比为 2 : 1，最小分辨率为 1 280 像素 ×

640 像素，大小不超过 3 GB。

③高清矩阵：基础版长或宽为 8 000～15 000 像素，大小不超过 100 MB；专业版长或宽不低于 8 000 像素，大小不超过 300 MB。

（2）添加交互功能。

①在场景中添加热点，编辑热点可添加下一个场景的命名称，选择需要移动一个场景的图片，编辑好后进入场景，单击标记将移动到下一个场景，实现各场景的串联从而达到连贯，实现在场景中漫游的效果，如图 6－7 所示。

图 6－7　在场景中添加热点

②在场景中添加沙盘，上传整个漫游场景的俯视图，标记可去的场景并命名，标记好自身方位，沙盘可选左或右上角，完成后进入场景就可看见左或右上角的沙盘地图，可显示自身方位、可去的场景以及路线。

③可在各场景中添加图片、音乐、讲解音效等多媒体效果，例如在小树林场景中添加“鸟语花香”等轻音乐，配上精美的画面会增加身临其境的效果，如图 6－8 所示。

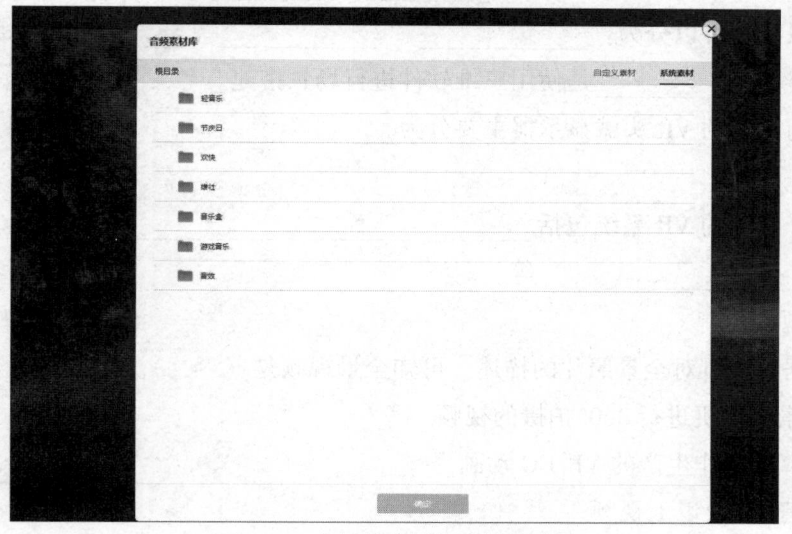

图 6－8　在场景中添加多媒体效果

（3）导出作品。

为了将开发好的漫游作品通过网络的形式展示与传播，可将全景作品导出为链接或二维码，如图 6－9 所示。

图 6－9　导出作品

【知识考核】

1. 填空题

（1）虚拟现实是一种高端________接口，包括________、________、________等多种感觉通道的实时模拟和交互。

（2）虚拟现实技术具有三大特征：________、________、________。

（3）全景技术可以分为：____________、____________。____________是对现实世界进行取景拍摄。____________是使用三维软件进行场景搭建。

（4）目前主流的 VR 头戴显示器主要分为____________、____________和____________这 3 类。

（5）一个典型的 VR 系统包括____、______________、______________等。

2. 选择题

（1）根据本项目对全景照片的描述，可知全景视频是（　　）。

A. 用全景摄像机进行 360°拍摄的视频

B. 用计算机制作生产的 VR CG 动画

C. 超高清 4K 及以上视频

D. 用手机拍摄的视频

（2）VR 全景漫游项目可用于（　　）。

A. 旅游展览　　B. 城市介绍　　C. 教育培训　　D. 以上都可以

（3）以下选项中不属于 VR 的特征的是（　　）。

A. 沉浸感　　B. 引用性　　C. 交互性　　D. 想象性

（4）根据 VR 的“沉浸性”程度和交互程度的不同，以下不属于 VR 系统分类的是（　　）。

A. 移动式　　B. 增强式　　C. 沉浸式　　D. 分布式

（5）以下选项中不属于 VR 全景的优点的是（　　）。

A. 降低成本　　B. 缩短培训周期　　C. 所需场地大　　D. 便于携带

（6）VR 系统需要具备人体的感官特性，其中（　　）是 VR 最重要的感知接口。

A. 听觉　　B. 视觉　　C. 嗅觉　　D. 触觉

（7）在 VR 全景漫游项目中，以下哪些设备不属于输出设备？（　　）

A. 键盘鼠标　　B. 头显　　C. 力反馈设备　　D. 投影

（8）在 720 云平台制作的 VR 全景漫游项目中，可添加哪种声音文件类型？（　　）

A. WAV　　B. MP3　　C. AIF　　D. MPEG

（9）在游戏引擎（如 Unity）制作的 VR 全景漫游项目中，可添加哪种声音文件类型？（　　）

A. WAV　　B. MP3　　C. AIF　　D. 以上都可

（10）关于 VR 的研究目标，以下说法中错误的是（　　）。

A. 消除人所处环境和计算机系统之间的界限

B. 人可以用眼镜、耳朵、皮肤等自然交互渠道

C. 在屏幕上把虚拟世界套在现实世界上并进行互动

D. 使机器能够表现出类似人类的智慧

3. 判断题

（1）尽管目前观看的 VR 全景视频会给人带来一定的眩晕感，但是随着近眼显示、注视点渲染、网络传输等技术的提升，未来的 VR 全景视频一定会成为主流视频的一种。（　　）

（2）VR 全景视频就是 360°视频。（　　）

（3）VR 与通常 CAD 系统所产生的模型以及传统的三维动画是一样的。（　　）

（4）如果条件允许，要尽可能做到摄像机、存储卡、电池等各种设备有备份。（　　）

（5）VR 能够进行实时的三维空间表现和自然交互式操作，因此能够给人带来身临其境之感。（　　）

4. 简答题

请对你所在学院的建设特点和专业优势进行分析，设计并制作一个能够反映该学院优势的全景展示 VR 漫游项目（如专业实训室、实训过程、学生活动等）。

项目 7

综合文档排版

【项目导读】

Word 2016 是微软公司的一个文字处理应用程序。它提供了许多易于使用的文档创建工具，同时也提供了丰富的功能集，用来创建复杂的文档。应用 Word 2016 进行文本格式化操作或图片处理，会使简单的文档变得比纯文本更具吸引力。

Word 2016 提供了基本的文字、段落、页面和编号等的设置功能，可以编辑和处理相对简单的文档，如通知、合同、协议书等。在 Word 2016 文档中还可以插入图片、艺术字、文本框和图形等对象，让这些对象和普通文字进行混合排版，即“图文混排”。利用“图文混排”可以制作小报、宣传页面等文档。Word 2016 还有一个强大的文档处理工具集：邮件合并。利用邮件合并可以批量制作格式一致的相关文档，大大提高工作效率，如制作通知书、邀请函、工资条等。Word 2016 还提供了文档样式、目录、脚注、尾注、页码、插入分隔符和编辑页眉/页脚等操作命令和工具，通常用来进行较长文档的编辑和排版，如制作论文、编辑书籍等。

综上所述，本项目要完成的任务有：“制作岗位聘任协议书”“制作招生简章封面”“批量制作邀请函”和“毕业论文的设计和排版”。

【项目目标】

- 掌握文字和段落格式的一般设置方法；
- 掌握页面布局的一般设置方法；
- 掌握插入编号、项目符号的一般方法；
- 掌握艺术字的编辑、图片的插入、图文混排等操作方法；
- 掌握图形、文本框等的一般编辑方法；
- 掌握“邮件合并”的一般编辑和操作方法；
- 掌握关系型数据库中的相关术语；
- 掌握分页符、分节符的使用方法；
- 掌握目录的制作方法；
- 掌握页眉、页脚和页码的设置方法；

➢ 掌握样式的创建和修改的一般方法。

【项目地图】

本项目的项目地图如图 7－1 所示。

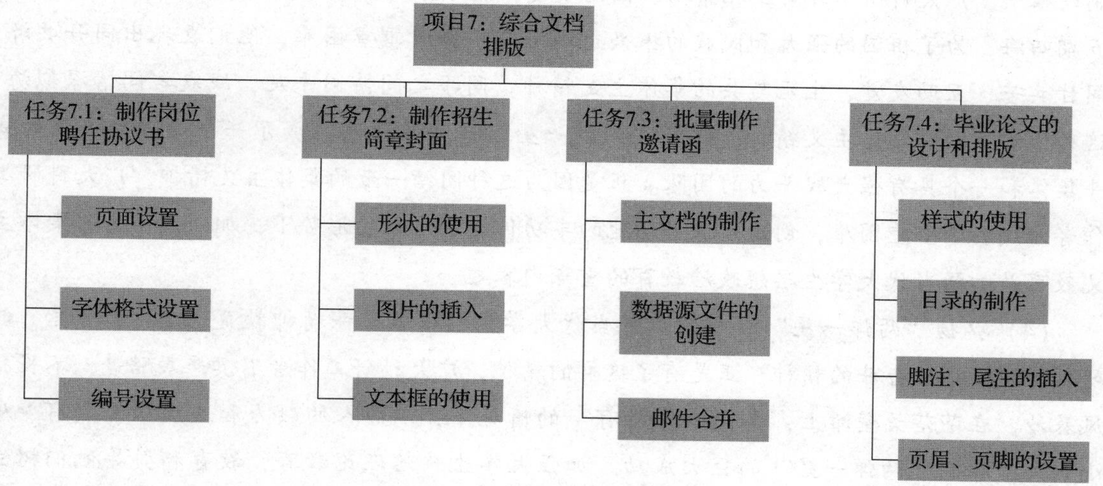

图 7－1　项目 7 的项目地图

【思政小课堂】

弘扬“两弹一星”精神，引导当代大学生树立正确的世界观、人生观、价值观

“两弹一星”精神可概括为“热爱祖国、无私奉献、自力更生、艰苦奋斗、大力协同、勇于登攀”。

（1）弘扬“两弹一星”精神，加强当代大学生的理想信念教育。理想与信念是一个人的精神支柱和动力源泉。20 世纪五六十年代，为了打破核大国的核讹诈、核垄断，维护国家安全，在条件十分艰苦的情况下，党中央果断做出研制“两弹一星”的战略决策。广大科研工作者在茫茫沙漠中风餐露宿，团结协作，克服了种种困难，突破了一个又一个技术难关，取得了中华民族为之自豪的伟大成就——1964 年 10 月 16 日，原子弹爆炸成功；1966 年 10 月 27 日，导弹核试验成功；1970 年 4 月 24 日，人造卫星发射成功。在异常艰苦的环境中，广大科研工作者何以取得这么大的成就？一个重要的原因就是他们拥有坚定不移的理想和信念。加强大学生的马克思主义信仰教育，树立社会主义信念教育，使之学会正确处理个人理想和国家前途命运的关系。

（2）弘扬“两弹一星”精神，加强当代大学生的爱国主义教育。很多从事“两弹一星”研究的科研人员都在国外学有所成。那时，国外的科研条件和生活条件都比国内优越，但他们为了新中国的建设事业，冲破重重障碍和阻力，毅然回国。几十年中，他们为了祖国和人民的利益而艰苦奋斗，以惊人的智慧和高昂的爱国主义精神创造了人间奇迹。爱国主义是广大科研工作者创造、开拓的动力，也是他们克服一切困难的精神支柱。大学生要以振兴中华为己任，必须将报国之志落实到自己的行动中，树立主人翁观念，从我做起，从点滴做起，积极投身到建设中国特色社会主义伟大实践中，为实现中国梦做出自己的贡献。

（3）弘扬“两弹一星”精神，加强当代大学生的集体主义教育。在“两弹一星”的研制过程中，广大科研工作者互相帮助、团结友爱，充分体现了集体主义精神。研究人员来自五湖四海，为了祖国的强大和民族的振兴走到一起。面对重重困难，他们表现出同舟共济、同甘共苦、互助友爱、生死与共的集体主义精神。同事之间情同手足，战友之间情深似海，这种团结互助的集体主义精神，促使“两弹一星”研究集体凝聚成了一个向心力极强的战斗集体和一个具有强大战斗力的团队。正是因为这种团结一致的集体主义精神，广大科研工作者才战胜了重重困难，创造出惊天动地的丰功伟绩。在新的形势下，加强大学生的集体主义教育是加强当代大学生思想政治教育的重点内容之一。

（4）弘扬“两弹一星”精神，加强当代大学生的艰苦奋斗精神教育。“两弹一星”的研制体现了艰苦奋斗的精神。正是有了这样的精神，广大科研工作者不惧严寒酷暑，不畏狂风暴沙，在茫茫戈壁滩上，在“一无所有”的情况下，以惊人的毅力和速度从无到有、从小到大，取得“两弹一星”的巨大成功。加强大学生政治理论教育，教育和引导他们树立艰苦创业的意识，教育和引导他们敢于正视困难，不怕吃苦，顽强拼搏，树立社会责任感。教育和引导大学生勇于到基层和艰苦的地方就业和创业，以自己的知识能力和顽强斗志，开创新事业。

（5）弘扬“两弹一星”精神，加强当代大学生的科学精神教育。在“两弹一星”的研制过程中，广大科研工作者表现出勇于探索、勇于创新的科学精神，使我国在较短时间内实现了高水平的技术跨越。我们要培养当代大学生勇于探索、勇于创新、求真求实的科学精神。高校要成立学生科技创新协会，鼓励学生努力学习，刻苦钻研，经常性地开展项目申报指导，通过申报课题、项目，培养大学生开拓创新的精神。

任务7.1　制作岗位聘任协议书

【任务工单】　任务工单7－1：制作岗位聘任协议书

<table>
<tr><td>任务名称</td><td colspan="5">制作岗位聘任协议书</td></tr>
<tr><td>组别</td><td></td><td>成员</td><td></td><td>小组成绩</td><td></td></tr>
<tr><td>学生姓名</td><td colspan="3"></td><td>个人成绩</td><td></td></tr>
<tr><td>任务情境</td><td colspan="5">陈鹏飞在人力资源部门工作，近期公司因发展的需求招聘了一批员工，公司经理要求陈鹏飞制作一份岗位聘任协议书。接到任务后，陈鹏飞拿到了公司的相关资料并进行制作</td></tr>
</table>

续表

<table>
<tr><td>任务名称</td><td colspan="5">制作岗位聘任协议书</td></tr>
<tr><td>组别</td><td></td><td>成员</td><td></td><td rowspan="1">小组成绩</td><td></td></tr>
<tr><td>学生姓名</td><td colspan="3"></td><td>个人成绩</td><td></td></tr>
<tr><td>任务目标</td><td colspan="5">制作岗位聘任协议书</td></tr>
<tr><td>任务要求</td><td colspan="5">按本任务后面列出的具体任务内容，完成岗位聘任协议书的设计和排版</td></tr>
<tr><td>知识链接</td><td colspan="5"></td></tr>
<tr><td>计划决策</td><td colspan="5"></td></tr>
<tr><td>任务实施</td><td colspan="5">（1）设置文档的纸张大小
（2）设置文档的页边距
（3）设置标题、正文的字体格式
（4）设置编号</td></tr>
<tr><td>检查</td><td colspan="5">（1）文档纸张和页边距的设置；（2）标题和正文的格式；（3）编号的格式</td></tr>
<tr><td>实施总结</td><td colspan="5"></td></tr>
<tr><td>小组评价</td><td colspan="5"></td></tr>
<tr><td>任务点评</td><td colspan="5"></td></tr>
</table>

【前导知识】

（1）设置文档的纸张大小。

（2）设置文档的页边距。

（3）设置标题、正文的字体格式。

①设置文字格式。

②设置段落格式。

③设置字符间距。

④使用格式刷。

（4）设置编号。

①定义新编号格式。

②设置编号格式。

③设置编号样式。

【任务内容】

岗位聘任协议书的设计和排版内容如下。

（1）设置文档的纸张大小。

（2）设置文档的页边距。

（3）设置标题、正文的字体格式。

（4）设置编号。

【任务实施】

1. “岗位聘任协议书”原始文本

“岗位聘任协议书”原始文本如图 7－2 所示。

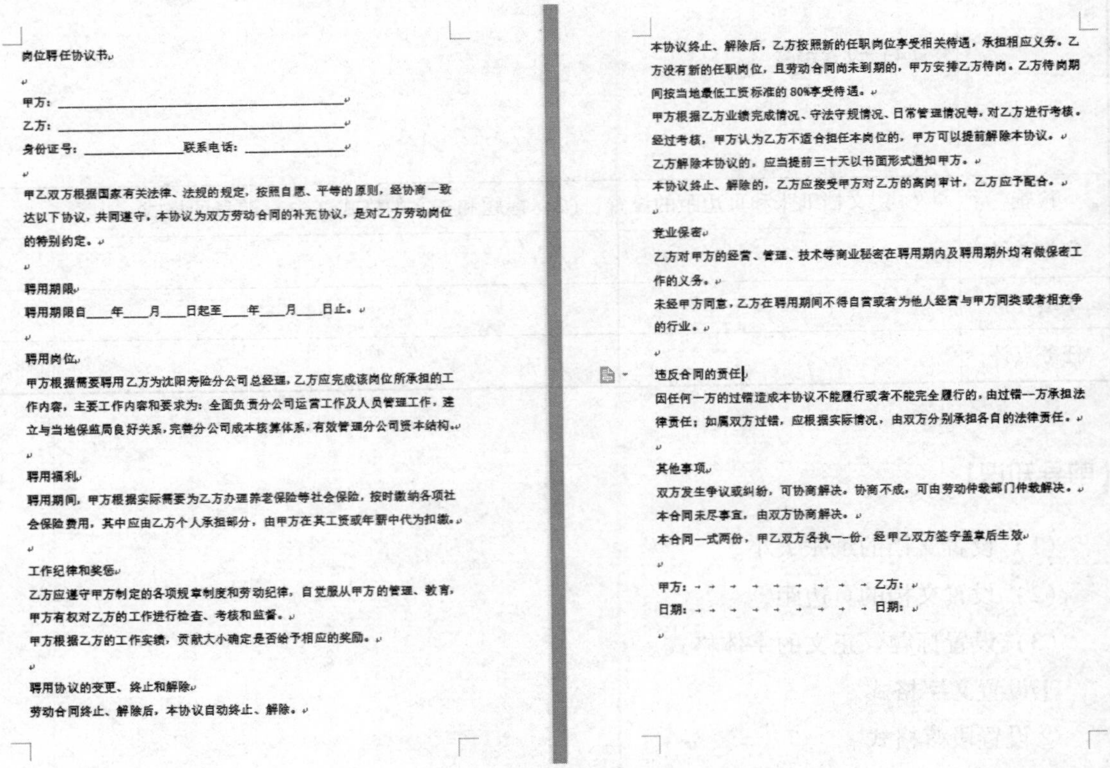

岗位聘任协议书

甲方：________________________________

乙方：________________________________

身份证号：______________ 联系电话：______________

甲乙双方根据国家有关法律、法规的规定，按照自愿、平等的原则，经协商一致达成以下协议，共同遵守。本协议为双方劳动合同的补充协议，是对乙方劳动岗位的特别约定。

聘用期限

聘用期限自____年____月____日起至____年____月____日止。

聘用岗位

甲方根据需要聘用乙方为沈阳寿险分公司总经理，乙方应完成该岗位所承担的工作内容，主要工作内容和要求为：全面负责分公司运营工作及人员管理工作，建立与当地保监局良好关系，完善分公司成本核算体系，有效管理分公司资本结构。

聘用福利

聘用期间，甲方根据实际需要为乙方办理养老保险等社会保险，按时缴纳各项社会保险费用，其中应由乙方个人承担部分，由甲方在其工资或年薪中代为扣缴。

工作纪律和奖惩

乙方应遵守甲方制定的各项规章制度和劳动纪律，自觉服从甲方的管理、教育，甲方有权对乙方的工作进行检查、考核和监督。

甲方根据乙方的工作实绩，贡献大小确定是否给予相应的奖励。

聘用协议的变更、终止和解除

劳动合同终止、解除后，本协议自动终止、解除。

本协议终止、解除后，乙方按照新的任职岗位享受相关待遇，承担相应义务。乙方没有新的任职岗位，且劳动合同尚未到期的，甲方安排乙方待岗。乙方待岗期间按当地最低工资标准的80%享受待遇。

甲方根据乙方业绩完成情况、守法守规情况、日常管理情况等，对乙方进行考核。经过考核，甲方认为乙方不适合担任本岗位的，甲方可以提前解除本协议。

乙方解除本协议的，应当提前三十天以书面形式通知甲方。

本协议终止、解除的，乙方应接受甲方对乙方的离岗审计，乙方应予配合。

竞业保密

乙方对甲方的经营、管理、技术等商业秘密在聘用期内及聘用期外均有做保密工作的义务。

未经甲方同意，乙方在聘用期间不得自营或者为他人经营与甲方同类或者相竞争的行业。

违反合同的责任

因任何一方的过错造成本协议不能履行或者不能完全履行的，由过错一方承担法律责任；如属双方过错，应根据实际情况，由双方分别承担各自的法律责任。

其他事项

双方发生争议或纠纷，可协商解决。协商不成，可由劳动仲裁部门仲裁解决。

本合同未尽事宜，由双方协商解决。

本合同一式两份，甲乙双方各执一份，经甲乙双方签字盖章后生效。

甲方：　　　　乙方：

日期：　　　　日期：

图 7－2 “岗位聘任协议书”原始文本

2. 设置文档的纸张大小

新建一个空白文档，输入相关的内容，对文件进行保存，命名为“岗位聘任协议书”，双击标尺栏，在弹出的“页面设置”对话框中单击“纸张”选项卡，在“纸张大小”下拉列表中选择“A4”选项，当然也可以根据实际情况而定。

3. 设置文档的页边距

在默认情况下页边距的参数是：“上”和“下”都是“2.54 厘米”，“左”和“右”都是“3.17 厘米”。

双击标尺栏，在弹出的“页面设置”对话框中单击“页边距”选项卡，在“页边距”区域设置相应的参数。

4. 设置标题、正文的字体格式

选中标题的文字“岗位聘任协议书”，在“开始”功能区的“字体”组中将文字的字体设置为“方正姚体”，将字号设置为“小一”，在“段落”组中选择“居中”选项。

单击“字体”组中右下角的按钮“ ”，在弹出的“字体”对话框中单击“高级”选项卡，在“间距”下拉列表中设置“间距”为“加宽”，选择“磅值”为“3 磅”，如图7－3所示。

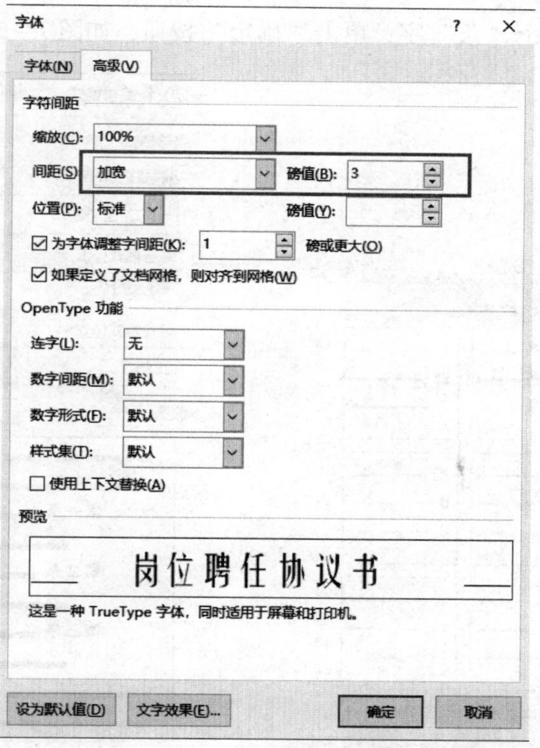

图7－3　字符间距的设置

选中文字“聘用期限”，将字体设置为“黑体”，将字号设置为“三号”，在“段落”组中选择“居中”选项。将文中的正文部分选中，将字体设置为“新宋体”，将字号设置为

"小四"，在"段落"组中设置"行距"为"2 倍行距"。

选中设置好的文字"聘用期限"，在"开始"功能区的"剪贴板"组中单击"格式刷"按钮，在正文中用鼠标拖动选择文字"岗位及职务"，这样就把"聘用期限"的字体格式复制给了"岗位及职务"。重复上述操作，可以把"聘用岗位""聘用福利""工作纪律和奖惩""聘用协议的变更、终止和解除""竞业保密""违反合同的责任""其他事项"的字体格式都用"格式刷"进行复制。

提示："格式刷"的作用是快速地将需要设置格式的对象设置成某种格式，其操作方法是：选中对象进行格式设置，然后选择设置好格式的对象，单击"格式刷"按钮，再将鼠标移动到需要设置格式的对象前，按住鼠标左键拖动鼠标，便给对象进行了相同格式的设置。单击"格式刷"按钮，只能进行一次复制操作；双击"格式刷"按钮，可以进行多次复制操作。

5. 设置编号

在正文中选择需要设置编号的文字，或者将插入点定位到要插入编号文字的左侧，在"开始"功能区的"段落"组中单击"编号"按钮，在弹出的下拉列表中选择"定义新编号格式"命令，如图 7－4 所示。在弹出的"定义新编号格式"对话框中，设置"编号样式"，为"一，二，三（简）"；在"编号格式"框中，在"一"的前面加上一个"第"字，在"一"的后面加上一个"条"字，单击"确定"按钮，如图 7－5 所示。

图 7－4 "编号库"的选择

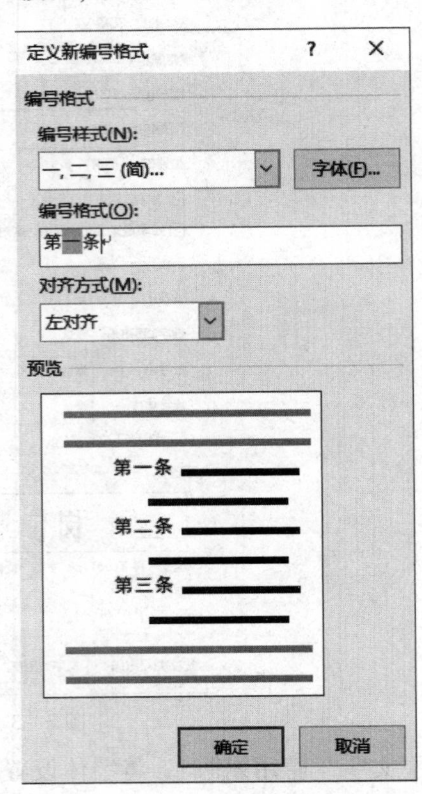

图 7－5 "定义新编号格式"对话框

此时，正文中的“第一条”编号已经产生了，双击“格式刷”按钮，在需要设置编号的文字左侧单击，“第二条”编号也产生了，依次往下复制格式，所有的编号设置完后，再次单击“格式刷”按钮，退出“格式刷”操作。“岗位聘任协议书”最终效果如图7－6所示。

岗位聘任协议书

甲方：＿＿＿＿＿＿＿＿＿＿＿＿

乙方：＿＿＿＿＿＿＿＿＿＿＿＿

身份证号：＿＿＿＿＿＿ 联系电话：＿＿＿＿＿＿

甲乙双方根据国家有关法律、法规的规定，按照自愿、平等的原则，经协商一致达以下协议，共同遵守。本协议为双方劳动合同的补充协议，是对乙方劳动岗位的特别约定。

聘用期限

第一条 聘用期限自＿＿年＿＿月＿＿日起至＿＿年＿＿月＿＿日止。

聘用岗位

第二条 甲方根据需要聘用乙方为沈阳寿险分公司总经理，乙方应完成该岗位所承担的工作内容，主要工作内容和要求为：全面负责分公司运营工作及人员管理工作，建立与当地保监局良好关系，完善分公司成本核算体系，有效管理分公司资本结构。

聘用福利

第三条 聘用期间，甲方根据实际需要为乙方办理养老保险等社会保险，按时缴纳各项社会保险费用，其中应由乙方个人承担部分，由甲方在其工资或年薪中代为扣缴。

工作纪律和奖惩

第四条 乙方应遵守甲方制定的各项规章制度和劳动纪律，自觉服从甲方的管理、教育，甲方有权对乙方的工作进行检查、考核和监督。

第五条 甲方根据乙方的工作实绩，贡献大小确定是否给予相应的奖励。

聘用协议的变更、终止和解除

第六条 劳动合同终止、解除后，本协议自动终止、解除。

第七条 本协议终止、解除后，乙方按照新的任职岗位享受相关待遇，承担相应义务。乙方没有新的任职岗位，且劳动合同尚未到期的，甲方安排乙方待岗。乙方待岗期间按当地最低工资标准的80%享受待遇。

第八条 甲方根据乙方业绩完成情况、守法守规情况、日常管理情况等，对乙方进行考核。经过考核，甲方认为乙方不适合担任本岗位的，甲方可以提前解除本协议。

第九条 乙方解除本协议的，应当提前三十天以书面形式通知甲方。

第十条 本协议终止、解除的，乙方应接受甲方对乙方的离岗审计，乙方应予配合。

竞业保密

第十一条 乙方对甲方的经营、管理、技术等商业秘密在聘用期内及聘用期外均有做保密工作的义务。

第十二条 未经甲方同意，乙方在聘用期间不得自营或者为他人经营与甲方同类或者相竞争的行业。

违反合同的责任

第十三条 因任何一方的过错造成本协议不能履行或者不能完全履行的，由过错一方承担法律责任；如属双方过错，应根据实际情况，由双方分别承担各自的法律责任。

其他事项

第十四条 双方发生争议或纠纷，可协商解决。协商不成，可由劳动仲裁部门仲裁解决。

第十五条 本合同未尽事宜，由双方协商解决。

第十六条 本合同一式两份，甲乙双方各执一份，经甲乙双方签字盖章后生效。

甲方：　　　　　　　　乙方：

日期：　　　　　　　　日期：

图7－6　“岗位聘任协议书”最终效果

任务7.2　制作个人简历封面

【任务工单】　任务工单7－2：制作个人简历封面

任务名称	制作个人简历封面				
组别		成员		小组成绩	
学生姓名				个人成绩	
任务情境	陈鹏飞是一名刚毕业的大学生，他进入一家平面设计公司工作，为了更全面地了解陈鹏飞，公司经理要求陈鹏飞制作一份个人简历。陈鹏飞综合考虑各方面因素，决定用Word 2016设计个人简历的封面。				

续表

<table>
<tr><td>任务名称</td><td colspan="5">制作个人简历封面</td></tr>
<tr><td>组别</td><td></td><td>成员</td><td></td><td>小组成绩</td><td></td></tr>
<tr><td>学生姓名</td><td colspan="3"></td><td>个人成绩</td><td></td></tr>
<tr><td>任务目标</td><td colspan="5">制作个人简历封面</td></tr>
<tr><td>任务要求</td><td colspan="5">按本任务后面列出的具体任务内容，完成个人简历封面的设计和排版</td></tr>
<tr><td>知识链接</td><td colspan="5"></td></tr>
<tr><td>计划决策</td><td colspan="5"></td></tr>
<tr><td>任务实施</td><td colspan="5">（1）设置页面并保存
（2）对“个人简历”封面进行设计
（3）美化“网格”封面
（4）文本框的设置</td></tr>
<tr><td>检查</td><td colspan="5">（1）页面的设置；（2）个人简历封面的设计；（3）文本框的设置</td></tr>
<tr><td>实施总结</td><td colspan="5"></td></tr>
<tr><td>小组评价</td><td colspan="5"></td></tr>
<tr><td>任务点评</td><td colspan="5"></td></tr>
</table>

【前导知识】

（1）文档页面的设置。

设置页边距。

（2）个人简历封面的设计。

设置个人简历封面样式。

（3）“网格”封面的美化。

①设置“形状填充”。

②设置“形状轮廓”。

（4）文本框的设置。

①插入文本框。

②下载和安装字体。

③设置形状格式。

④插入和设置形状。

⑤插入和设置图片。

【任务内容】

招生简章封面的设计和排版内容如下。

（1）设置页面并保存。

（2）对个人简历封面进行设计。

（3）美化“网格”封面。

（4）设置文本框。

【任务实施】

1. 个人简历封面效果

个人简历封面效果如图7－7所示。

图7－7　个人简历封面效果

2. 设置页面并保存

启动 Word 2016 后，新建一个空白的文档，在“布局”功能区的“页面设置”组中单击按钮，在弹出的“页面设置”对话框中设置“页边距”的“上”“下”“左”“右”参数为“0”，单击“确定”按钮，如图 7－8 所示。

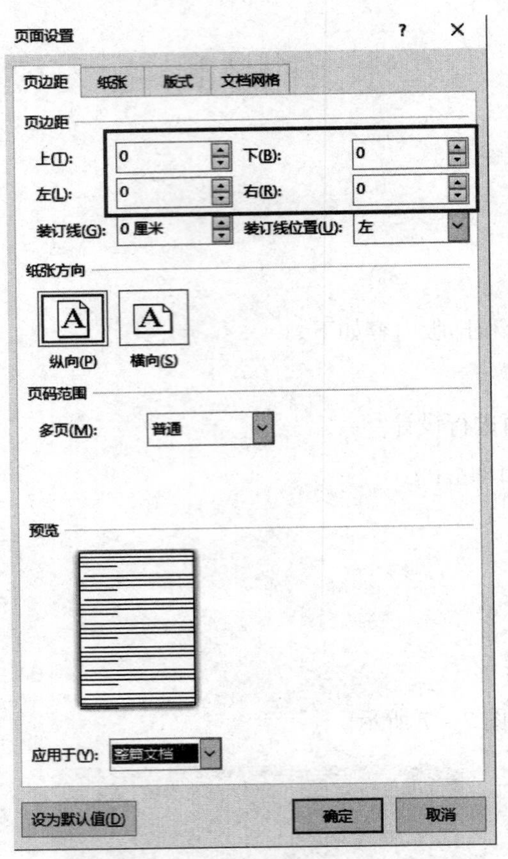

图 7－8 “个人简历”对话框

3. 对个人简历封面进行设计

在“插入”功能区的“页面”组中单击“封面”按钮，在弹出的“内置”列表中选择“网格”封面，并将“网格”封面中的内容全部删除，如图 7－9 所示。

4. 美化“网格”封面

（1）设置“网格”封面的“形状填充”。单击“网格”封面左边的蓝色部分，在“格式”功能区的“形状样式”组中单击“形状填充”按钮，在弹出的菜单中选择“其他填充颜色”选项，在“颜色”对话框中单击“自定义”选项卡，设置“颜色模式”为“RGB”，然后在“红色”“绿色”“蓝色”框中分别输入“149”“245”“243”后确定。再次单击“形状填充”按钮，选择“渐变”→“线性向右”选项，设置“形状填充”后的效果如图 7－10 所示。

图7－9　删除“网格”封面中的内容

用同样的方法设置“网格”封面右边的部分。为了使颜色有层次感，分别设置“红色”“绿色”“蓝色”为“142”“252”“234”。选择“渐变”→“线性向左”选项，设置后的效果如图7－11所示。

图7－10　设置“形状填充”后的效果（1）

图7－11　设置“形状填充”后的效果（2）

（2）设置“网格”封面的“形状轮廓”。单击“网格”封面左边水绿色的部分，在“格式”功能区的“形状样式”组中单击“形状轮廓”按钮，在弹出的菜单中选择“粗细”→“其他线条”→“线条”→“实线”选项，设置“颜色”为“金色，个性色4”，设置“宽度”为“15磅”，设置“复合类型”为“三线”，如图7－12所示，设置后的效果如图7－13所示。

用同样的方法设置“网格”封面右边的部分，得到最终效果如图7－14所示。

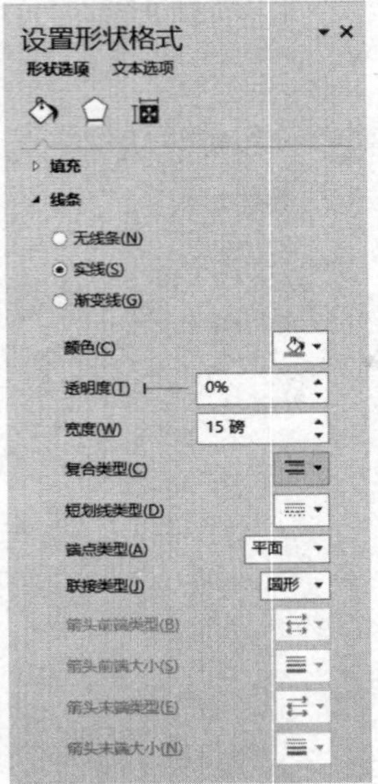

图 7-12 “形状轮廓”的设置

图 7-13 设置“形状轮廓”后的效果

图 7-14 设置“形状轮廓”的最终效果

5. 设置文本框

选择“网格”封面右边的部分，在“插入”功能区的“文本”组中单击“文本框”按钮，在弹出的菜单中选择“绘制竖排文本框”命令，在文本框中输入“个人简历”，设置文字的字号为“80”，字体为“锐线星球李林哥特简体”，字体颜色为“蓝色”。

提示：Word 2016 在默认情况下没有“锐线星球李林哥特简体”这种字体，可以在网上下载这种字体，网址为 http://www.uzzf.com/Fonts/277804.html。下载完成后，可直接将解压缩的字体文件复制到控制面板的“字体”文件夹里，这样 Word 2016 的字体里就有了“锐线星球李林哥特简体”这种字体。

在右侧的“设置形状格式”选项区域中单击“文本选项”选项卡→“布局属性”按钮，然后把上、下、左、右边距的值全部设置为“0”，如图7－15所示。

在右侧的“设置形状格式”区域中单击“形状选项”选项卡，→“填充与线条”按钮，选择“填充”→“无填充”选项，再选择“线条”→“无线条”选项，如图7－16所示。

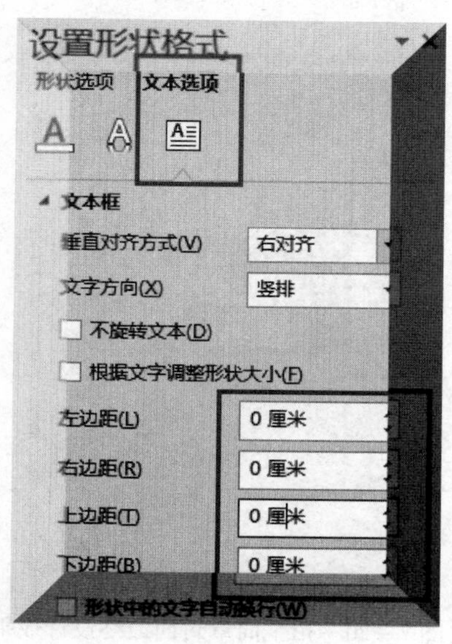

图7－15　“文本选项”的设置

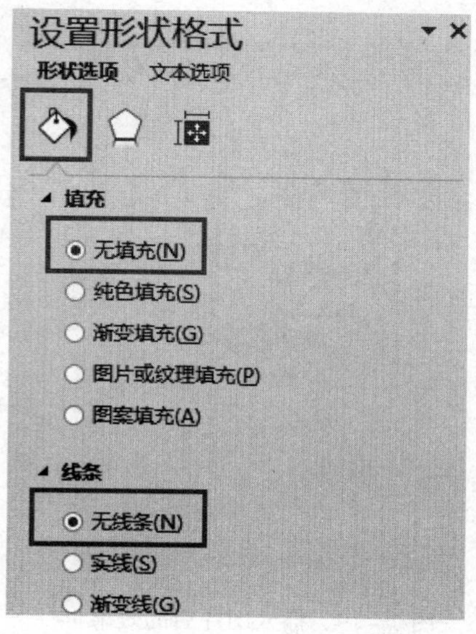

图7－16　“形状选项”的设置

在“插入”功能区的“插图”组中单击“形状”按钮，在弹出的菜单中选择“星形：十六角”形状，然后在“网格”封面的“个人简历”文字周围绘制“星形：十六角”形状。单击该形状，就会弹出“设置形状格式”对话框，设置“颜色”为“橙色，个性色2”，如图7－17所示，在文字区域多复制几个该形状，效果如图7－18所示。

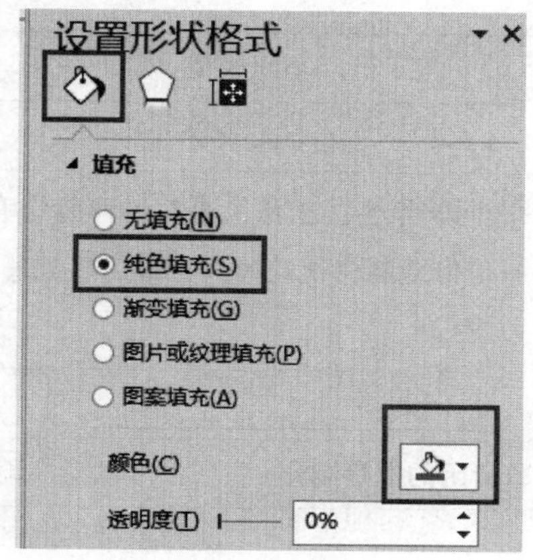

图7－17　形状的设置

图7－18　添加多个形状后的效果

在“插入”功能区的“插图”组中单击“图片”按钮，在弹出的“插入图片”对话框中找到所需要的图片，单击“插入”按钮，这样图片就可以插入文档，如图 7－19 所示。

为了使图片更具有艺术效果，可以为图片添加样式，其操作方法是：选中图片，单击“图片格式”功能区的“图片样式”组中选择“映像右透视”选项，最终设计效果如图 7－20 所示。

图 7－19　插入图片后的效果

图 7－20　招生简章封面最终设计效果

任务 7.3　批量制作邀请函

【任务工单】 任务工单 7－3：批量制作邀请函

任务名称	批量制作邀请函				
组别		成员		小组成绩	
学生姓名				个人成绩	
任务情境	王小飞大学毕业 15 年了，非常希望组织一次同学聚会，于是他通过各种通信手段联系了大学同学。他决定制作一份邀请函，但是一份份地制作很花时间，最后想到通过 Word 2016 的邮件合并功能来完成制作				
任务目标	邀请函的批量制作				
任务要求	按本任务后面列出的具体任务内容，完成邀请函的批量制作				
知识链接					
计划决策					

续表

<table>
<tr><td>任务名称</td><td colspan="5">批量制作邀请函</td></tr>
<tr><td>组别</td><td></td><td>成员</td><td></td><td>小组成绩</td><td></td></tr>
<tr><td>学生姓名</td><td colspan="3"></td><td>个人成绩</td><td></td></tr>
<tr><td>任务实施</td><td colspan="5">（1）利用邮件合并的方法制作邀请函原始文本

（2）输入文档并设置纸张大小

（3）创建源文件数据

（4）邮件合并

（5）为页面添加颜色</td></tr>
<tr><td>检查</td><td colspan="5">（1）制作原始文本；（2）创建源文件数据；（3）邮件合并；（4）为页面添加颜色</td></tr>
<tr><td>实施总结</td><td colspan="5"></td></tr>
<tr><td>小组评价</td><td colspan="5"></td></tr>
<tr><td>任务点评</td><td colspan="5"></td></tr>
</table>

【前导知识】

（1）主文档的设置。

①字体格式的设置。

②段落格式的设置。

③页面格式的设置：纸张大小的设置。

（2）源文件数据的创建。

使用 Excel 2016 输入新的列表。

（3）邮件合并的具体操作。

①“选取数据源”的操作。

②“编写和插入域”的操作。

（4）页面颜色的设置。

【任务内容】

批量制作邀请函的任务内容如下。

（1）设置主文档。

（2）创建源文件数据。

（3）邮件合并。

（4）设置页面颜色。

【任务实施】

1. 利用邮件合并的方法制作邀请函原始文本

邀请函原始文本如图 7－21 所示。

邀请函

同学：你好！

十五年前的夏天，我们结束了大学的学习生活，大家带着对美好木来的憧译，各奔东西，各闯世界。

十五年的风雨和打拼，青春不再，不惑将至。也许你我改变了模样，改变了生活，但大学的生活仍历历在目，始终是抹不去的记忆。

世事在变化，同学身份永远不可改变，值得一生去珍惜和追忆。

老同学，来吧！钱多钱少都有烦恼，官大官小没完没了，让我们尽情享受老同学相聚的温馨，找回那渐行渐远的清楚。

你的朋友：×××

2020 年 1 月 24 日

图 7－21　邀请函原始文本

2. 输入文档并设置纸张大小

在文档中输入邀请函的内容，输入完成后，设置“邀请函”的字体为“微软雅黑”“加粗”，字号为“二号”，段落格式为“居中”；设置正文的字体为“楷体”“加粗”，字号为“小四”等，效果如图 7－22 所示。

完成排版后，在“布局”功能区的“页面设置”组中单击按钮日，在弹出的“页面设置”对话框中单击“纸张”选项卡，在“纸张大小”区域中选择“自定义大小”选项，设置“宽度”和“高度”分别为“18.4”和“19.3”，如图 7－23 所示。

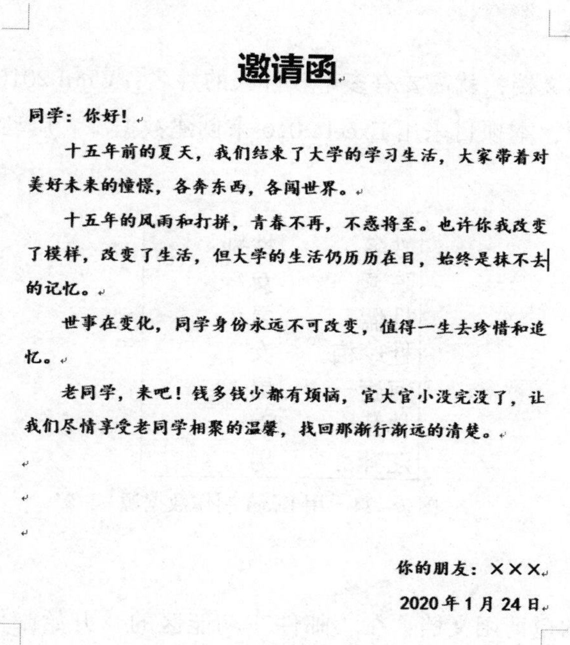

邀请函

同学：你好！

十五年前的夏天，我们结束了大学的学习生活，大家带着对美好未来的憧憬，各奔东西，各闯世界。

十五年的风雨和打拼，青春不再，不惑将至。也许你我改变了模样，改变了生活，但大学的生活仍历历在目，始终是抹不去的记忆。

世事在变化，同学身份永远不可改变，值得一生去珍惜和追忆。

老同学，来吧！钱多钱少都有烦恼，官大官小没完没了，让我们尽情享受老同学相聚的温馨，找回那渐行渐远的清楚。

你的朋友：×××

2020年1月24日

图7－22　排版后的邀请函

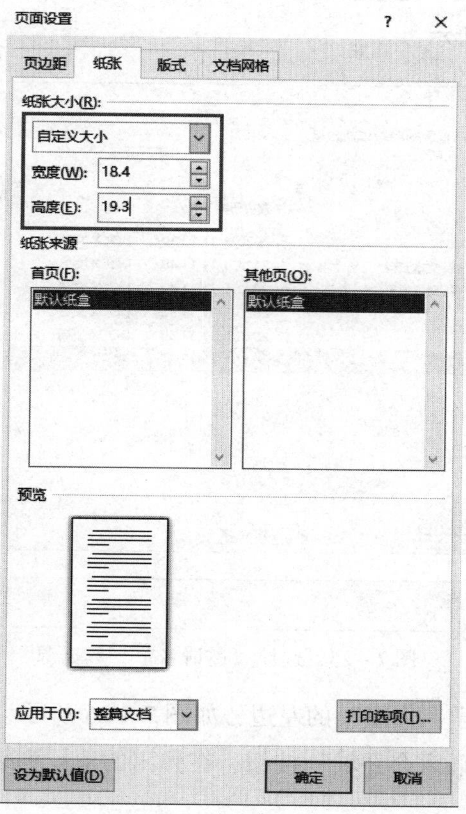

图7－23　设置纸张大小

3. 创建源文件数据

要制作多个邀请函文档，就需要有多个收件人的姓名，Word 2016 的“邮件合并”功能支持多种格式的数据源，本项目采用 Excel 2016 来创建数据源。启动 Excel 2016，输入相关数据，如图 7－24 所示。

姓名	性别
陈燕	女
杜儒	男
杜珍梅	女
何旋一	男
林茜	女
江奔	男

图 7－24　用 Excel 制作数据源

4. 邮件合并

打开已经创建好的邀请函文档，在“邮件”功能区的“开始邮件合并”组中单击“开始邮件合并”按钮，在下拉列表中选择“信函”选项，单击“选择邮件人”按钮，在下拉列表中选择“使用现有列表”选项，在弹出的“选取数据源”对话框中，选择 Excel 文件“邀请名单”，如图 7－25 所示。

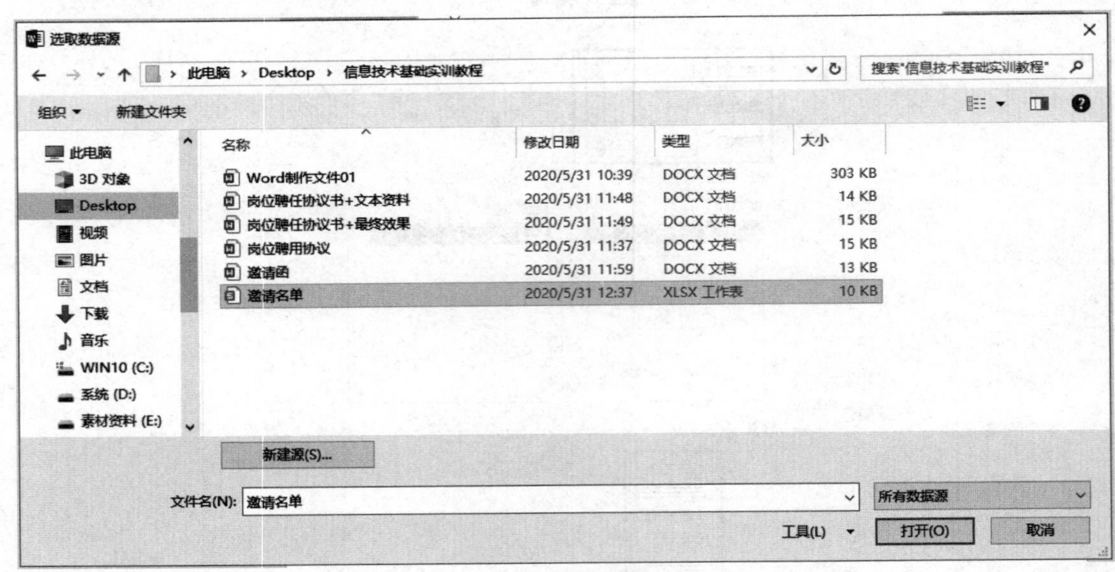

图 7－25　选择“邀请名单”数据源

将插入点定位到“同学：你好”的左边，如图 7－26 所示，在“邮件”功能区的“编写和插入域”组中单击“插入合并域”按钮，在弹出的下拉列表中选择“姓名”选项，如图 7－27 所示。

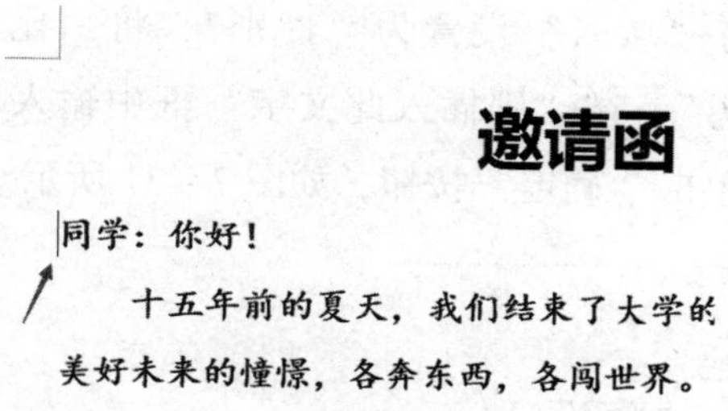

邀请函

同学：你好！

十五年前的夏天，我们结束了大学的

美好未来的憧憬，各奔东西，各闯世界。

图7－26　定位插入点

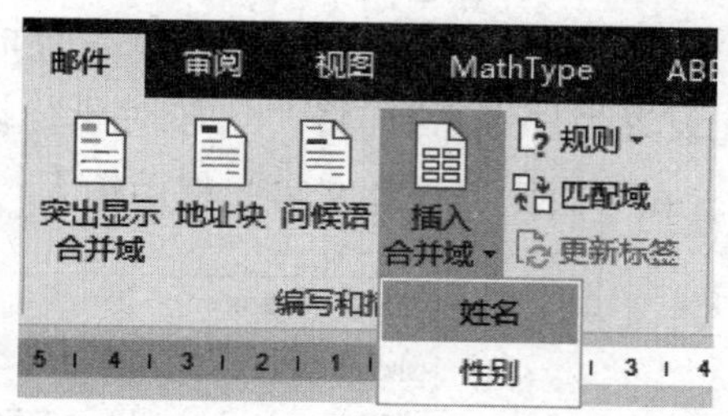

图7－27　“插入合并域”的设置

选择“姓名”选项后，在邀请函文档的“同学：你好”的左侧就会出现带有“《》”的“姓名”，这些“《姓名》”合并后是不会显示在文档中的，它的作用是区分域和普通文本，如图7－28所示。

在“邮件”功能区的“完成”组中单击“完成并合并”按钮，在弹出的下拉列表中选择“编辑单个文档”命令，在弹出的“合并到新文档”对话框中选择“全部”选项，如图7－29所示。

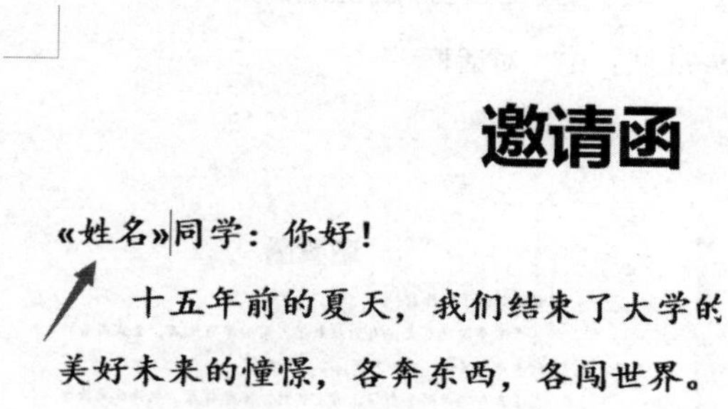

邀请函

«姓名»同学：你好！

十五年前的夏天，我们结束了大学的

美好未来的憧憬，各奔东西，各闯世界。

图7－28　“插入合并域”的效果

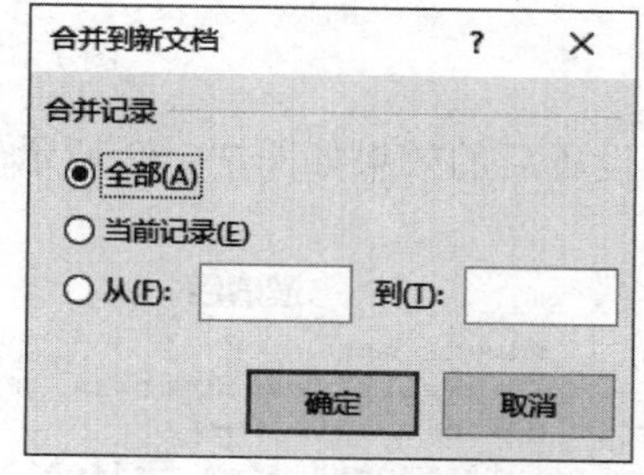

图7－29　“合并到新文档”对话框

如果要在“同学：你好”的前面加上性别，比如在男同学前面加上“兄弟”，在女同学前面加上“姐妹”，也可以通过“邮件合并”功能来完成，其操作方法如下。

在“邮件”功能区的“编写和插入域”组中单击“规则”按钮，在弹出的下拉列表中选择“如果... 那么... 否则（I）...”选项，如图7－30所示。

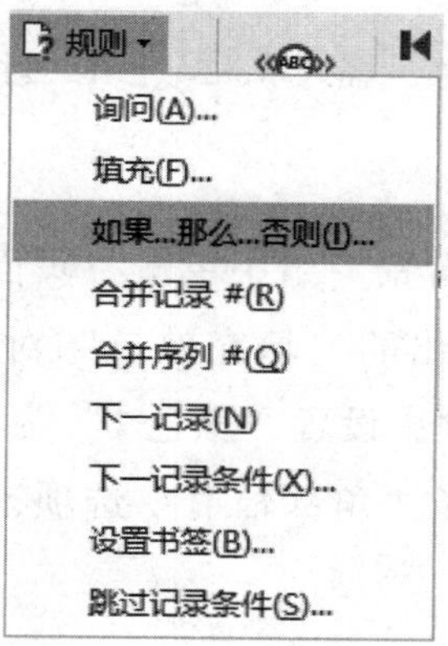

图7－30　选择规则

在打开的“插入 Word 域：IF”对话框中，将“域名”设置为“性别”，将“比较条件”设置为“等于”，将“比较对象”设置为“男”，在“则插入此文字”框中输入“兄弟”，在“否则插入此文字”框中输入“姐妹”，单击“确定”按钮，如图 7－31 所示。

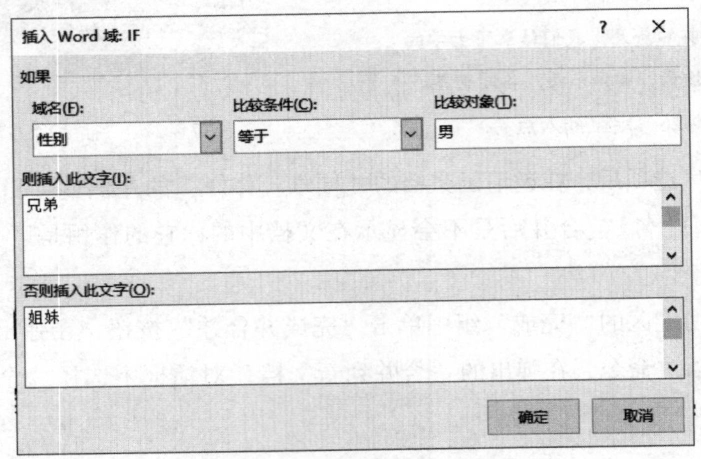

图 7－31　“插入 Word 域：IF”对话框

设置后的效果如图 7－32 所示。

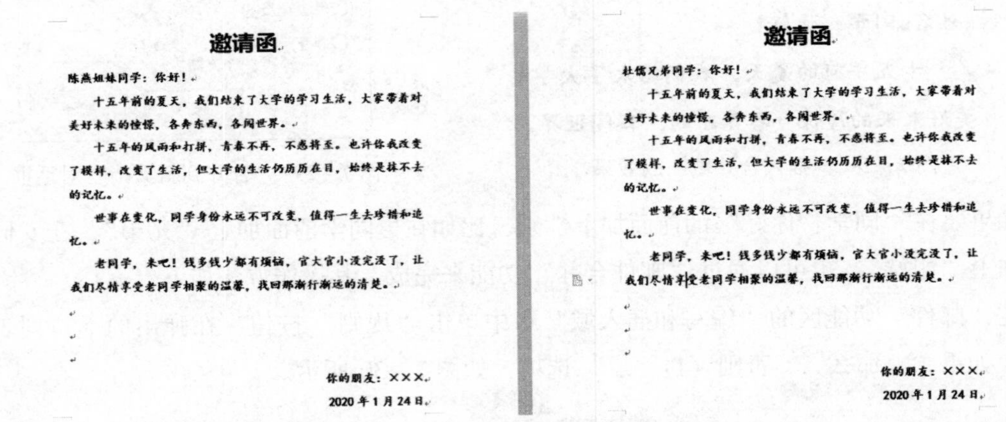

邀请函

陈燕姐妹同学：你好！

十五年前的夏天，我们结束了大学的学习生活，大家带着对美好未来的憧憬，各奔东西，各闯世界。

十五年的风雨和打拼，青春不再，不惑将至。也许你我改变了模样，改变了生活，但大学的生活仍历历在目，始终是抹不去的记忆。

世事在变化，同学身份永远不可改变，值得一生去珍惜和追忆。

老同学，来吧！钱多钱少都有烦恼，官大官小没完没了，让我们尽情享受老同学相聚的温馨，找回那渐行渐远的清楚。

你的朋友：×××

2020 年 1 月 24 日

邀请函

杜儒兄弟同学：你好！

十五年前的夏天，我们结束了大学的学习生活，大家带着对美好未来的憧憬，各奔东西，各闯世界。

十五年的风雨和打拼，青春不再，不惑将至。也许你我改变了模样，改变了生活，但大学的生活仍历历在目，始终是抹不去的记忆。

世事在变化，同学身份永远不可改变，值得一生去珍惜和追忆。

老同学，来吧！钱多钱少都有烦恼，官大官小没完没了，让我们尽情享受老同学相聚的温馨，找回那渐行渐远的清楚。

你的朋友：×××

2020 年 1 月 24 日

图 7－32　设置“插入 Word 域：IF”对话框后的效果

5. 为页面添加颜色

在“设计”功能区的“页面背景”组中单击“页面颜色”按钮，在弹出的下拉列表中选择“填充效果”选项，在弹出的“填充效果”对话框中单击“渐变”选项卡，在“颜色”区域中选择“双色”选项，设置“颜色 1”为“绿色”，设置“颜色 2”为“浅蓝”，在“底纹样式”区域中选择“角部辐射”选项，单击“确定”按钮，如图 7－33 所示。

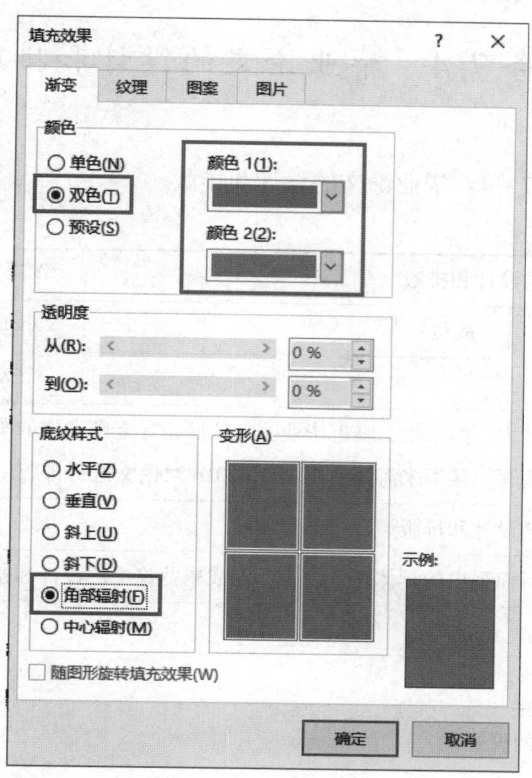

图 7 – 33　“填充效果”对话框

邀请函制作的最终效果如图 7 – 34 所示。

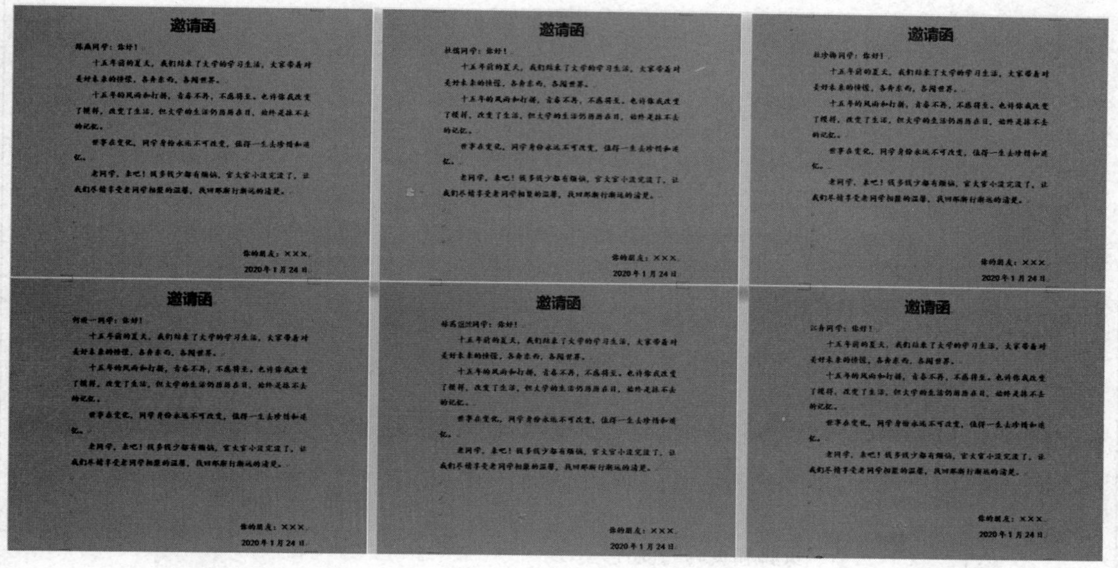

图 7 – 34　邀请函制作的最终效果

任务7.4　毕业论文的设计和排版

【任务工单】 任务工单7－4：毕业论文的设计和排版

<table>
<tr><td>任务名称</td><td colspan="4">毕业论文的设计和排版</td></tr>
<tr><td rowspan="2">组别</td><td rowspan="2"></td><td rowspan="2">成员</td><td rowspan="2"></td><td>小组成绩</td><td></td></tr>
<tr><td>个人成绩</td><td></td></tr>
<tr><td>学生姓名</td><td colspan="5"></td></tr>
<tr><td>任务情境</td><td colspan="5">李明是一名大三的学生，临近毕业，他按照指导老师发放的毕业设计任务书的要求，完成了论文的撰写，接下来需要使用Word 2016对论文进行排版</td></tr>
<tr><td>任务目标</td><td colspan="5">毕业论文的设计和排版</td></tr>
<tr><td>任务要求</td><td colspan="5">按本任务后面列出的具体任务内容，完成毕业论文的设计和排版</td></tr>
<tr><td>知识链接</td><td colspan="5"></td></tr>
<tr><td>计划决策</td><td colspan="5"></td></tr>
<tr><td>任务实施</td><td colspan="5">（1）页面的设置

（2）文档格式的设置

（3）脚注、尾注的插入

（4）样式的设置

（5）目录的插入

（6）页眉、页脚和页码的设置</td></tr>
</table>

续表

<table>
<tr><td>任务名称</td><td colspan="5">毕业论文的设计和排版</td></tr>
<tr><td>组别</td><td></td><td>成员</td><td></td><td>小组成绩</td><td></td></tr>
<tr><td>学生姓名</td><td colspan="3"></td><td>个人成绩</td><td></td></tr>
<tr><td>检查</td><td colspan="5">（1）页面和文档格式的设置；（2）脚注和尾注；（3）样式；（4）目录；（5）页眉、页脚和页码</td></tr>
<tr><td>实施总结</td><td colspan="5"></td></tr>
<tr><td>小组评价</td><td colspan="5"></td></tr>
<tr><td>任务点评</td><td colspan="5"></td></tr>
</table>

【前导知识】

（1）页面的设置。

①页边距的设置。

②装订线位置的设置。

③纸张方向的设置。

④版式的设置。

（2）文档格式的设置。

①字体的设置。

②段落对齐的设置。

③行距的设置。

（3）脚注、尾注的插入。

①脚注的插入。

②尾注的插入。

（4）样式的设置。

样式的修改。

（5）目录的插入和更新。

①目录的插入。

②目录的更新。

（6）页眉、页脚和页码的设置。

①页眉、页脚样式的设置。

②分隔符的插入。

③奇、偶数页眉、页脚的设置。

④页码的设置和插入。

【任务内容】

毕业论文的设计和排版内容如下。

（1）页面的设置。

（2）文档格式的设置。

（3）脚注、尾注的插入。

（4）目录的插入。

（5）页眉、页脚和页码的设置。

【任务实施】

1. 毕业论文的设计和排版

毕业论文的设计和排版效果如图 7 – 35 所示。

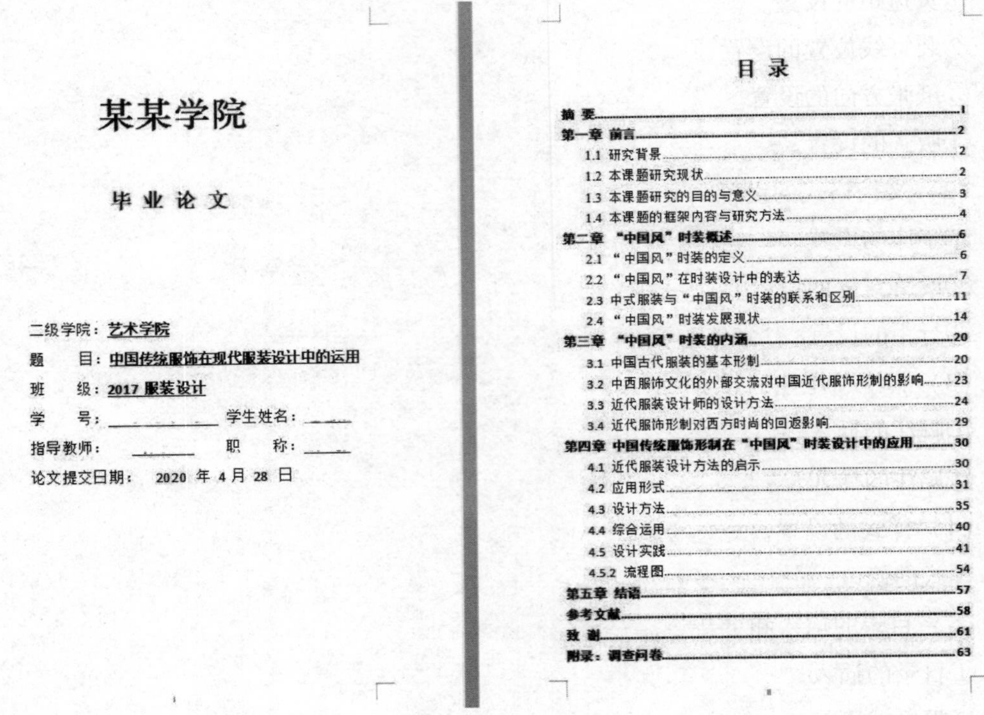

某某学院

毕 业 论 文

二级学院：艺术学院

题　　目：中国传统服饰在现代服装设计中的运用

班　　级：2017 服装设计

学　　号：　　　　学生姓名：

指导教师：　　　　职　　称：

论文提交日期：　2020 年 4 月 28 日

目 录

图 7 – 35　毕业论文的设计排版效果

2. 页面设置

在“布局”功能区的“页面设置”组中单击按钮，在弹出的“页面设置”对话框中，单击“页边距”选项卡，并在“页边距”栏中设置“上”“下”“左”“右”页边距分

别为“3”“2.5”“2.5”“2.5”，设置“装订线位置”为“左”，在“纸张方向”区域中选择“纵向”选项，如图7－36所示。单击“版式”选项卡，设置“页眉”和“页脚”分别为“1.6”和“1.5”，如图7－37所示。

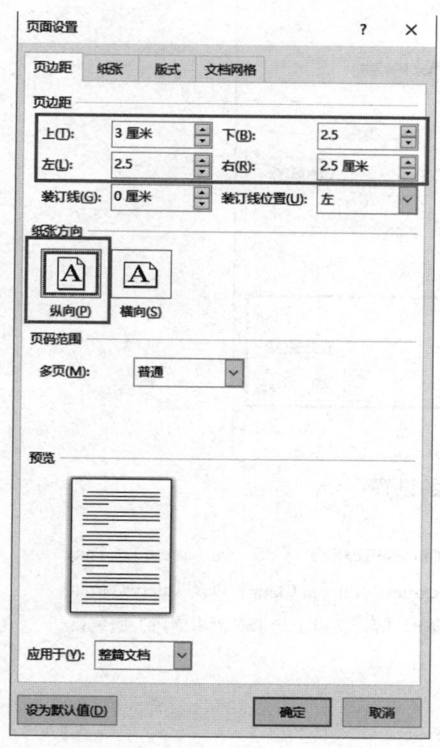

图7－36　页边距的设置

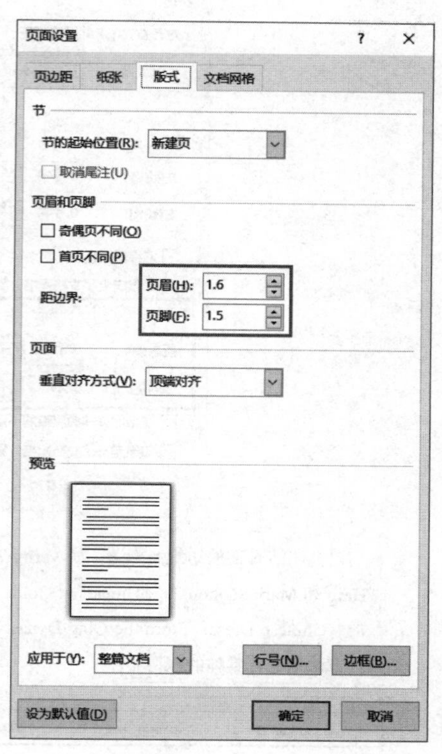

图7－37　版式的设置

3. 文档格式的设置

对文档的正文部分进行全选，设置字体为“宋体”，字号为“小四”，对齐方式为“两端对齐”，如图7－38所示；将整篇文档的行距设置为“固定值，20磅”，如图7－39所示。

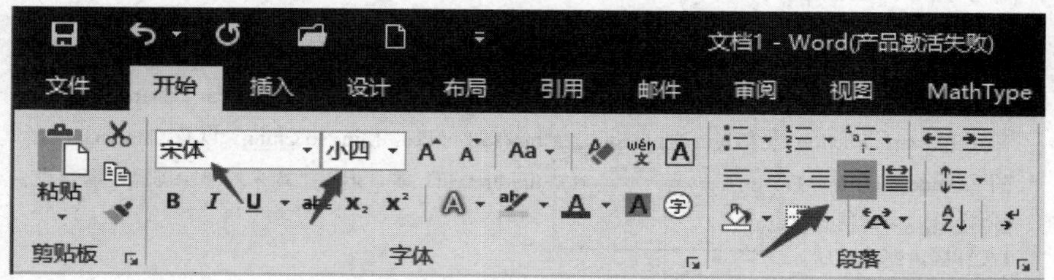

图7－38　文档格式的设置

4. 脚注、尾注的插入

1）脚注的插入

将鼠标定位到需要插入脚注内容的右侧，然后在“引用”功能区单击“插入脚注”按钮，此时插入点被定位到页面底部，输入脚注内容，如图7－40所示。

段落 ? ×
缩进和间距(I) 换行和分页(P) 中文版式(H)
常规
对齐方式(G): 两端对齐
大纲级别(O): 正文文本 默认情况下折叠(E)
缩进
左侧(L): 0 字符 特殊格式(S): 缩进值(Y):
右侧(R): 0 字符 (无)
对称缩进(M)
如果定义了文档网格，则自动调整右缩进(D)
间距
段前(B): 0 行 行距(N): 设置值(A):
段后(F): 0 行 固定值 20
在相同样式的段落间不添加空格(C)
如果定义了文档网格，则对齐到网格(W)

图 7－39 行距的设置

门研究明清时期的纺织品专著，如 Verity Wilson 的《Chinese Textiles （V&a Far Eastern)》，Paul Haig 和 MarlaShelton 的《Threads of Gold： Chinese Textiles，Ming to Ching》以及 Valery Garrett 的《Chinese Dress：From the Qing Dynasty to the Present》等，但以上均未对“中国风”服装设计方法论进行具体的探讨1。

1 Vivienne Tam.China Chic.New York：Regan Books，2000.138，207

3

图 7－40 脚注插入效果

插入脚注后，脚注内容的右侧自动添加一个数字编号的引用标记“1”，将鼠标指针放于此处，会自动显示脚注内容，如图 7－41 所示。如果论文中插入了多处脚注内容，那么引用标记数字编号会依次排序（1，2，3，…）。

国服饰从“龙袍”与“三寸金莲”过渡到“旗袍”与“中山装”这个过程。此外，国外还有专门研究明清时期的纺织品专著，如 Verity Wilson 的《Chinese Textiles （V&a Far Eastern)》，Paul Haig 和 Marla Shelton 的《Threads of Gold： Chinese Textiles，Ming to Ching》以及 Valery Garrett 的《Chinese Dress：Fr[Vivienne Tam.China Chic.New York：Regan Books，2000.138，207]to the Present》等，但以上均未对“中国风”服装设计方法论进行具体的探讨1。

1.2.2 国内研究现状

国内不乏研究传统服饰文化的学术论著，中国元素也是国内设计师最常用的素材之一，但是专门针对“中国风”时装设计的研究相对较少，相关权威论文著作也比较少。相关研究包括：

图 7－41 脚注

2）尾注的插入

在论文写作中，经常需要引用参考文献，参考文献可采用插入尾注的方式进行设置。首

先将光标定位到需要插入尾注内容的右侧，然后在“引用”功能区单击“插入尾注”按钮，此时插入点被定位到文档尾部，输入尾注内容，如图7－42所示。

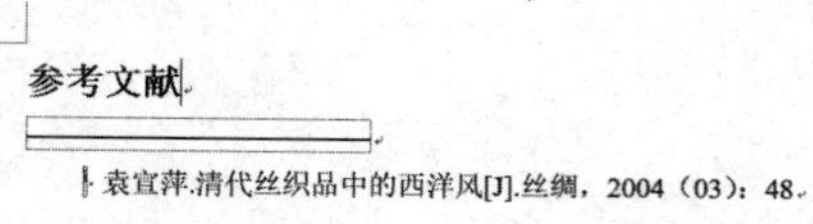

图7－42 尾注插入效果

插入尾注后，尾注内容的右侧自动添加一个数字编号的引用标记“1”，将鼠标指针放于此处，同样会自动显示尾注内容。插入多个参考文献，引用标记编号会依次排序，删除其中一条参考文献，被删除的参考文献之后的编号会自动更改。

此外，尾注编号格式还可以进行自定义设置，单击“引用”功能区的“脚注”组中单击按钮，打开“脚注和尾注”对话框，设置编号格式，如图7－43所示。单击“应用（A）”按钮，更改后的尾注编号样式如图7－44所示。

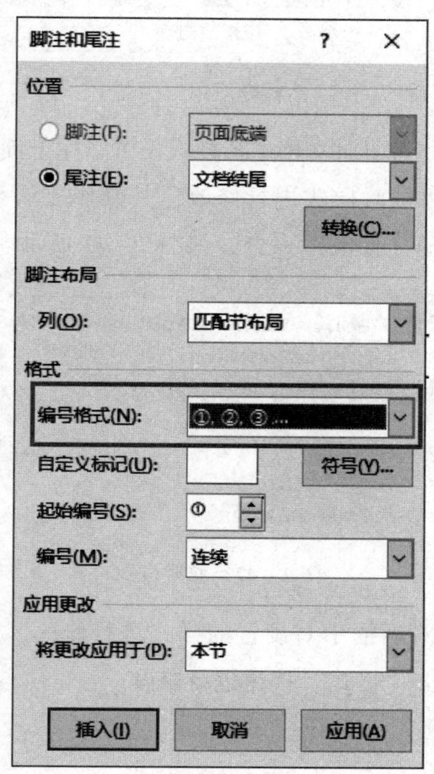

图7－43 设置尾注编号格式

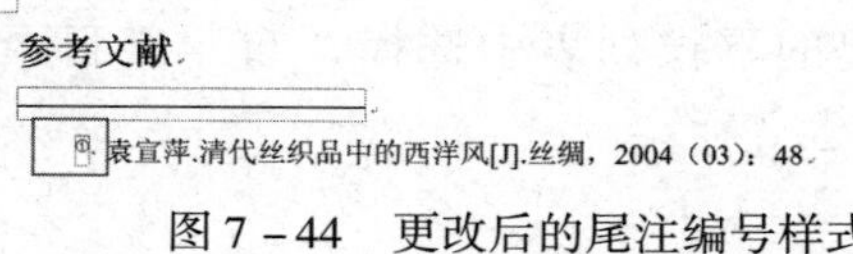

图7－44 更改后的尾注编号样式

5. 样式的设置

将光标定位到标题的前面，如图 7－45 所示，在“开始”功能区的“样式”组中选择“标题 1”样式，如图 7－46 所示。

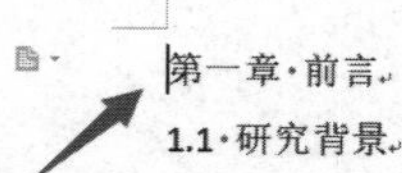

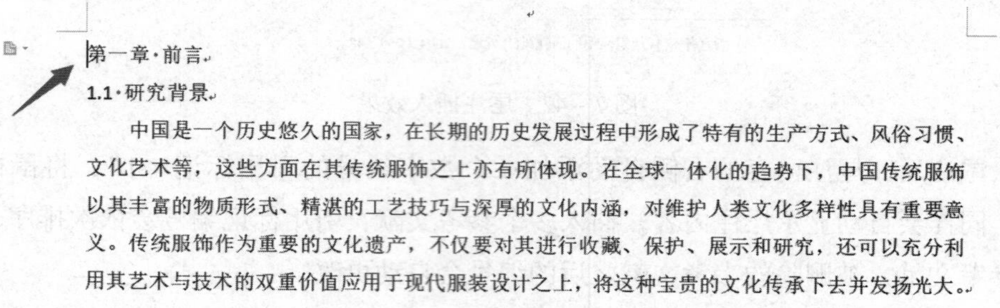

第一章·前言

1.1·研究背景

中国是一个历史悠久的国家，在长期的历史发展过程中形成了特有的生产方式、风俗习惯、文化艺术等，这些方面在其传统服饰之上亦有所体现。在全球一体化的趋势下，中国传统服饰以其丰富的物质形式、精湛的工艺技巧与深厚的文化内涵，对维护人类文化多样性具有重要意义。传统服饰作为重要的文化遗产，不仅要对其进行收藏、保护、展示和研究，还可以充分利用其艺术与技术的双重价值应用于现代服装设计之上，将这种宝贵的文化传承下去并发扬光大。

图 7－45　需要应用样式的标题

AaBbCcDı 正文 | AaBbCcDı 无间隔 | AaBl 标题 1 | AaBbC 标题 2 | AaBbC 标题 | AaBbC 副标题 | AaBbCcD 不明显强调 | AaBbCcD 强调 | AaBbCcD 明显强调

样式

图 7－46　为标题应用“标题 1”样式

为了使文档更有层次感，需要对文档进行样式设置，用上面的方法为各小节标题添加其他标题类型。添加完成后，可以对样式进行修改，其操作方法是：用鼠标右键单击“标题 1”，在弹出的快捷菜单中选择“修改”命令，如图 7－47 所示。

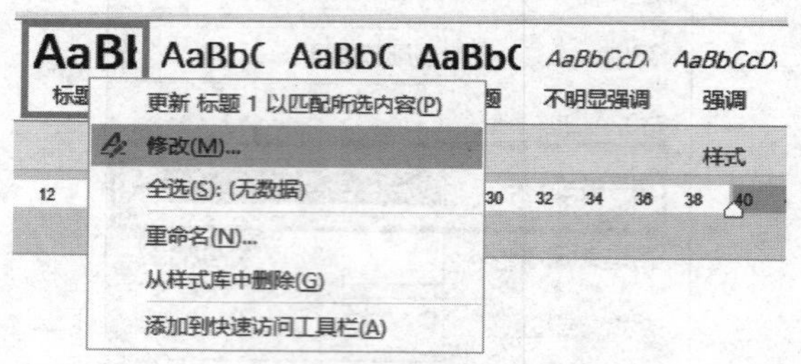

图 7－47　修改样式

在弹出的“修改样式”对话框中对设置的样式进行修改，如图 7－48 所示，例如，需要修改段落、边框等，可单击“格式”按钮进行修改。

6. 目录的插入

要想为文档创建目录，首先必须设置好样式，因为样式中的标题和目录中的标题是对应的。设置好文档的样式后，将光标定位到要插入目录的页面，在“引用”功能区的“目录”组中单击“目录”按钮，在弹出的下拉列表中选择“自定义目录”选项，在弹出的“目录”对话框中进行设置，如图 7－49 所示。

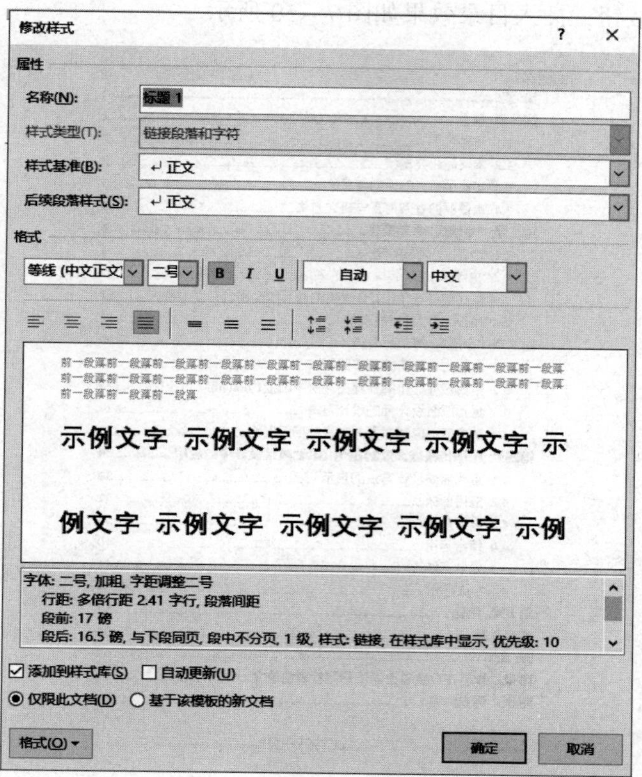

图 7－48　“修改样式”对话框

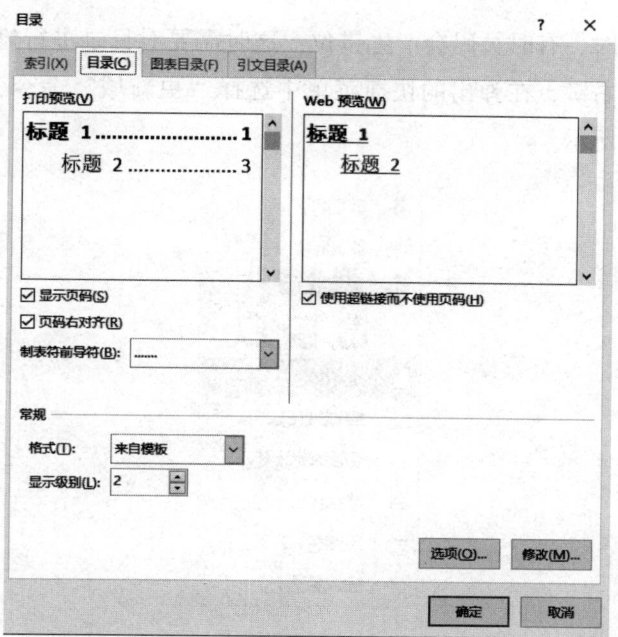

图 7－49　“目录”对话框

单击“确定”按钮，插入目录效果如图 7－50 所示。

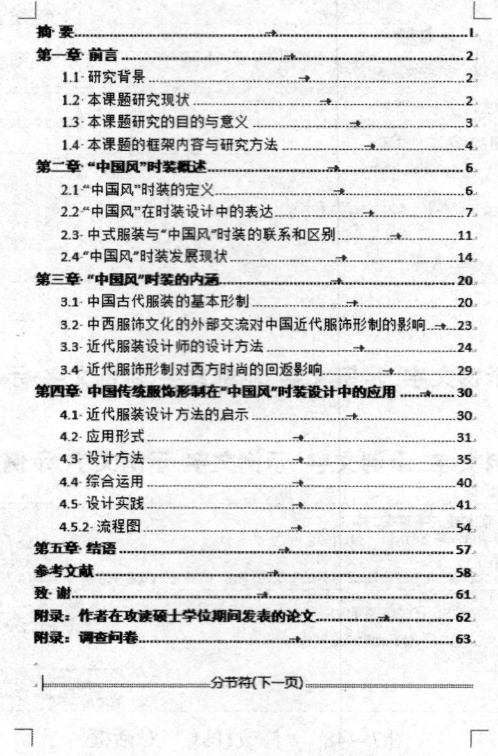

摘 要……1
第一章 前言……2
1.1 研究背景……2
1.2 本课题研究现状……2
1.3 本课题研究的目的与意义……3
1.4 本课题的框架内容与研究方法……4
第二章 “中国风”时装概述……6
2.1 “中国风”时装的定义……6
2.2 “中国风”在时装设计中的表达……7
2.3 中式服装与“中国风”时装的联系和区别……11
2.4 “中国风”时装发展现状……14
第三章 “中国风”时装的内涵……20
3.1 中国古代服装的基本形制……20
3.2 中西服饰文化的外部交流对中国近代服饰形制的影响……23
3.3 近代服装设计师的设计方法……24
3.4 近代服饰形制对西方时尚的回返影响……29
第四章 中国传统服饰形制在“中国风”时装设计中的应用……30
4.1 近代服装设计方法的启示……30
4.2 应用形式……31
4.3 设计方法……35
4.4 综合运用……40
4.5 设计实践……41
4.5.2 流程图……54
第五章 结语……57
参考文献……58
致 谢……61
附录：作者在攻读硕士学位期间发表的论文……62
附录：调查问卷……63

分节符(下一页)

图 7－50　插入目录效果

修改文档的内容时，有时页码会产生错位，这时需要对目录进行修改，其操作方法是：选择目录，单击鼠标右键，在弹出的快捷菜单中选择“更新域”命令，这样错位的页码就会更新，如图 7－51 所示。

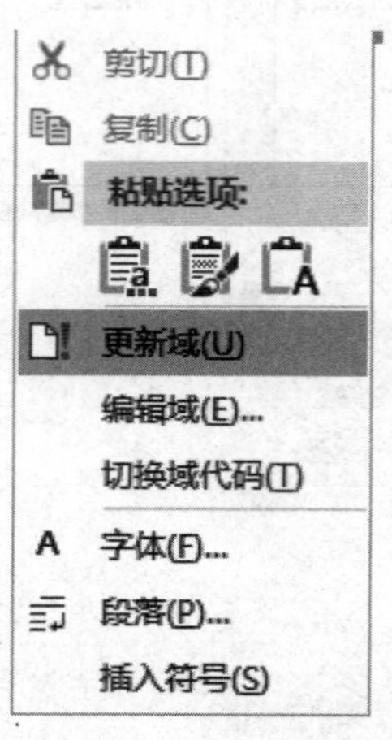

图 7－51　“更新域”命令

7. 页眉、页脚和页码

论文格式要求：从正文开始设置页眉，其中奇数页的页眉为院校名称，内容在右侧，偶数页的页眉为论文名称，内容在左侧，而封面、目录等页面不需要页眉。

将光标定位到正文处，在“插入”功能区的“页眉和页脚”组中单击“页眉”按钮，在弹出的下拉列表中选择一种页眉样式，如“怀旧”，如图 7－52 所示。

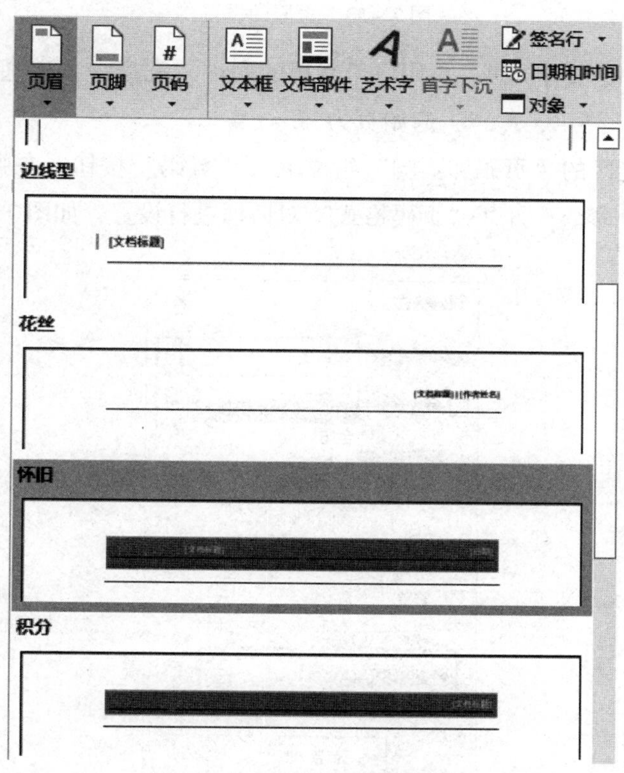

图 7－52　“怀旧”样式的页眉

进入页眉和页脚的编辑状态，在“页眉和页脚”扩展功能区的“导航”组中单击“链接到前一条页眉”按钮，取消该选项的选中状态，然后单击“上一节”按钮，切换到上一节的页眉区，由于封面、目录等不需要设置页眉，因此需要用鼠标拖动的方式选中封面、目录等页眉区域，然后单击鼠标右键，在弹出的快捷菜单中选择“剪切”命令，删除插入的页眉，并在“开始”功能区的“段落”组中去掉页眉的横线。因为奇数页的页眉内容和偶数页的页眉内容不同，所以还要勾选“奇偶页不同”复选框，如图 7－53 所示。

提示：在 Word 2016 中编辑页眉，有时会遇到“链接到前一条页眉”按钮是灰色的，不能选择，也就是前、后页眉不能分开编辑，不能设置不同的页眉。当光标在第 1、2 页的页眉里时，此按钮不可选，因为第 1、2 页为第一节，之前没有“节的链接”可断开或链接。解决方法是在“布局”功能区的“页眉设置”组中单击“分隔符”按钮，选择“分节符”→“下一页”选项。

图 7－53　页眉的设置

论文的正文部分要求有页码，页码位于文档的底端，类型为“普通数字 2”，页码格式为“－1－，－2－，－3－，...”，起始页为“－1－”。

在“插入”功能区的“页码和页脚”组中单击“页码”按钮，在弹出的下拉列表中选择“设置页码格式”命令，打开“页码格式”对话框进行设置，如图 7－54 所示。

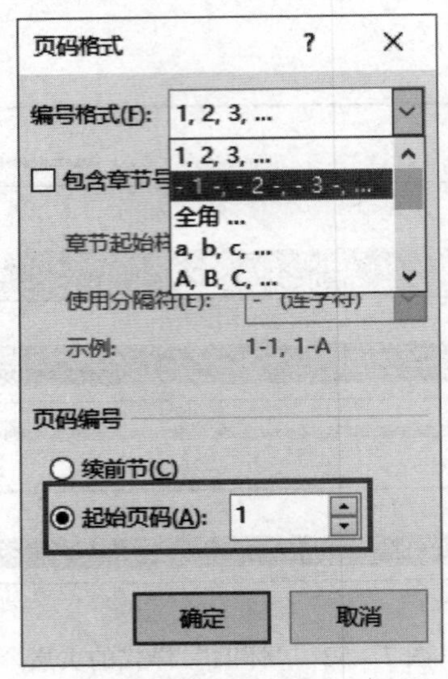

图 7－54　“页码格式”对话框

最终添加的奇数页页眉如图 7－55 所示，偶数页页眉如图 7－56 所示。

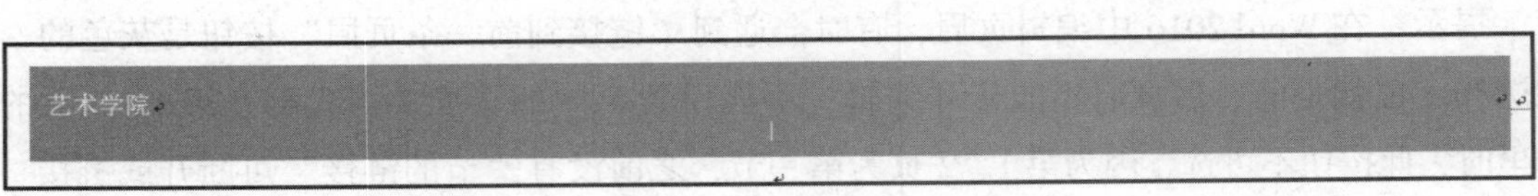

图 7－55　奇数页页眉

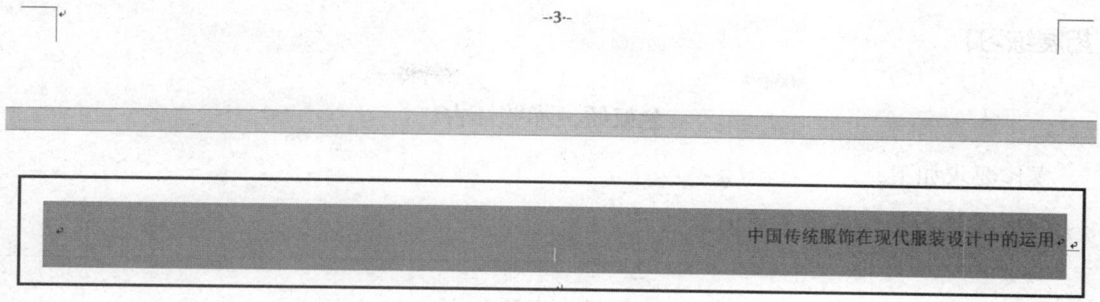

-3-

中国传统服饰在现代服装设计中的运用

图7－56　偶数页页眉

【知识考核】

选择题

（1）Word 2016 文档的每一页都要出现的内容应当放在（　　）中。

A. 页眉与页脚　　B. 文本框　　C. 正文　　D. 脚注

（2）在 Word 2016 文档的编辑过程中，想把整个文本中的“计算机”都删除，最简单的方法是使用“开始”功能的“编辑”命令组中的（　　）命令。

A. “清除”　　B. “撤销”　　C. “剪切”　　D. “替换”

（3）在 Word 2016 的编辑状态下，要将光标直接定位到当前行的末尾，可按(　　)键。

A. Home　　B. “Shift + Ctrl”组合

C. End　　D. “Ctrl + End”组合

（4）下列文档格式中，不属于字符格式的是（　　）。

A. 字间距　　B. 行间距　　C. 字符底纹　　D. 文本效果

（5）对于 Word 2016 文档中的表格，如果合并两个单元格，原有两个单元格的内容（　　）。

A. 不合并　　B. 完全合并　　C. 部分合并　　D. 有条件地合并

（6）插入 Word 2016 文档中的图片不能进行（　　）操作。

A. 放大或缩小　　B. 移动　　C. 修改图片中的图形　　D. 剪裁

（7）若在选定全表后按 Delete 键，则结果是（　　）。

A. 全表将被删除　　B. 只删除表格中的内容，表格被保留

C. 出现错误提示　　D. 只删除表格，内容被保留

（8）在 Word 2016 中，“Ctrl + V”组合键的功能是（　　）。

A. 复制　　B. 粘贴　　C. 剪切　　D. 全选

（9）Word 是微软公司的 Office 系列办公组件之一，中文意思是“单词”，它是目前世界上最流行的（　　）软件。

A. 文字编辑　　B. 数据处理　　C. 制图　　D. 报表处理

【拓展练习】

念奴娇·赤壁怀古

操作要求如下。

（1）本练习要输入的文章内容如下：

> **念奴娇·赤壁怀古**
>
> 大江东去，浪淘尽，千古风流人物。
>
> 故垒西边，人道是，三国周郎赤壁。
>
> 乱石穿空，惊涛拍岸，卷起千堆雪。
>
> 江山如画，一时多少豪杰！
>
> 遥想公瑾当年，小乔初嫁了，雄姿英发。
>
> 羽扇纶巾，谈笑间，樯橹灰飞烟灭。
>
> 故国神游，多情应笑我，早生华发。
>
> 人生如梦，一尊还酹江月。

（2）在文章前插入“念奴娇.jpg”图片，将其高度调整为3.56厘米，将其宽度调整为14.61厘米。插入一个矩形图，去除边框，添加白色底纹挡住“念奴娇.jpg”图片中“www. pshici. cn”的部分。

（3）将“念奴娇·赤壁怀古”以艺术字的形式插入，字符格式为“黑体，22号字”，将艺术字版式设置为“浮于文字上方”。把艺术字与插入的矩形组合成一个图形。

（4）将文本行间距调整为2倍行距，将字符格式设置为“黑体，四号字”。

（5）在“周郎”处插入脚注，内容如下：“周郎：周瑜（175—210年），字公瑾，庐江舒县（今安徽庐江西）人。东汉末年东吴名将，其因相貌英俊而有‘周郎’之称。周瑜精通军事，又精于音律，江东向来有‘曲有误，周郎顾’之语。公元208年，孙刘联军在周瑜的指挥下，于赤壁以火攻击败曹操的军队，此战也奠定了三分天下的基础。公元210年，周瑜因病去世，年仅36岁（安徽庐江有周瑜墓）。”。

（6）在文章标题后面插入尾注，内容如下：“这首被誉为‘千古绝唱’的名作，是宋词中流传最广、影响最大的作品，也是豪放词最杰出的代表。它写于宋神宗元丰五年（1082年）七月，是苏轼贬居黄州时游黄风城外的赤壁矶时所作。”，字符格式为“绿色，小四号字”。

（7）在结尾插入“念奴娇2.jpg”图片，将该图片上方和左侧裁剪掉，将高度调整为3.99厘米，将宽度调整为3.31厘米，环绕文字方式为“紧密型”，放在文章右下角处。

（8）在页眉中输入“念奴娇·赤壁怀古 作者：苏轼”字样。

（9）给整篇文章加入艺术型的页面边框，效果如图7－57所示。

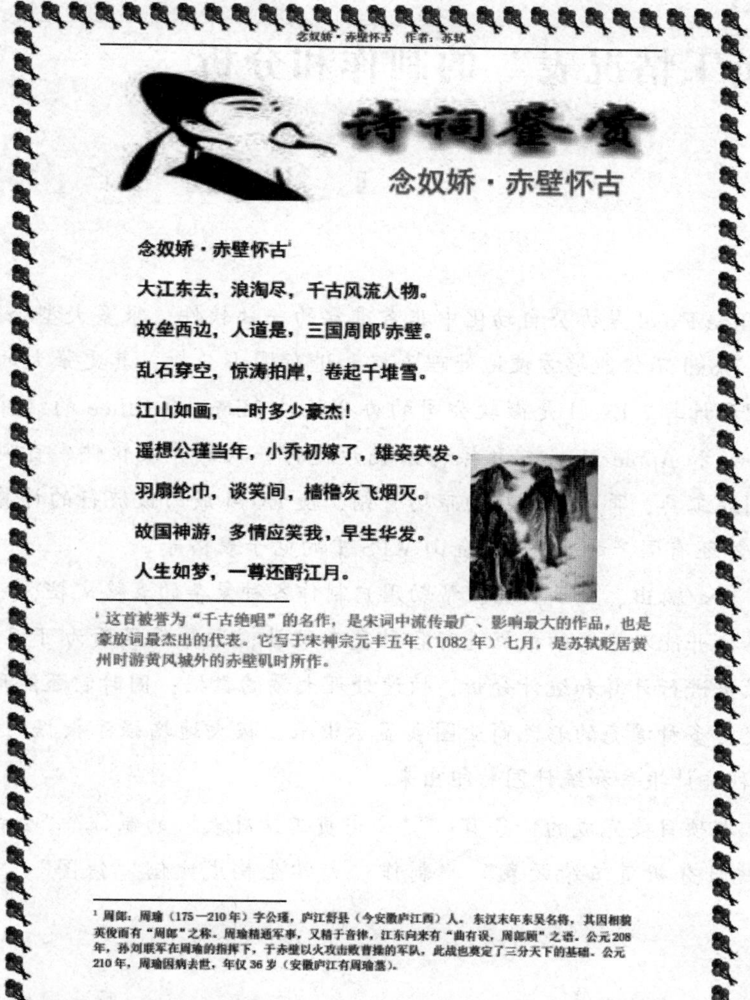

念奴娇·赤壁怀古　作者：苏轼

念奴娇·赤壁怀古[1]

大江东去，浪淘尽，千古风流人物。

故垒西边，人道是，三国周郎[1]赤壁。

乱石穿空，惊涛拍岸，卷起千堆雪。

江山如画，一时多少豪杰！

遥想公瑾当年，小乔初嫁了，雄姿英发。

羽扇纶巾，谈笑间，樯橹灰飞烟灭。

故国神游，多情应笑我，早生华发。

人生如梦，一尊还酹江月。

[1] 这首被誉为“千古绝唱”的名作，是宋词中流传最广、影响最大的作品，也是豪放词最杰出的代表。它写于宋神宗元丰五年（1082年）七月，是苏轼贬居黄州时游黄风城外的赤壁矶时所作。

[1] 周郎：周瑜（175—210年）字公瑾，庐江舒县（今安徽庐江西）人。东汉末年东吴名将，其因相貌英俊而有“周郎”之称。周瑜精通军事，又精于音律，江东向来有“曲有误，周郎顾”之语。公元208年，孙刘联军在周瑜的指挥下，于赤壁以火攻击败曹操的军队，此战也奠定了三分天下的基础。公元210年，周瑜因病去世，年仅36岁（安徽庐江有周瑜墓）。

图7－57　念奴娇·赤壁怀古

项目 8
“公司员工情况表”的制作和分析

【项目导读】

Microsoft Office Excel 是办公自动化中非常重要的一款软件，很多大型企业都使用 Excel 进行数据管理。Excel 不仅能够方便地处理表格和进行图形分析，其更强大的功能体现在对数据的自动处理和计算。Excel 是微软公司的办公软件 Microsoft Office 的组件之一，是由微软公司为 Windows 和 Apple Macintosh 操作系统开发的一款试算表软件。直观的界面、出色的计算功能和图表工具，再加上成功的市场营销，使 Excel 成为最流行的计算机数据处理软件。除 Excel 之外还有国产的 CCED、金山 WPS 中的电子表格等。

Excel 可以输入/输出、显示数据，帮助用户制作各种复杂的表格文档，可以进行简单或烦琐的数据计算，并能对输入的数据进行各种复杂统计，运算后显示为可视性极佳的表格，可以利用它对数据进行计算和统计分析，快速处理大量的数据；同时它还能形象地将大量枯燥无味的数据变为多种漂亮的彩色商业图表显示出来，极大地增强了数据的可视性。另外，Excel 还能将各种统计报告和统计图打印出来。

综上所述，本项目要完成的任务有：“‘公司员工情况表’的制作”“公式、相对引用和绝对引用”“统计分析员工绩效表”“制作‘大学生构成比例’饼图”“公式与函数的应用”。

【项目目标】

- 掌握工作簿的创建和保存方法；
- 掌握表格的制作方法；
- 掌握单元格格式的设置方法和行高、列宽的调整方法；
- 掌握单元格的相对引用和绝对引用；
- 掌握公式的使用方法；
- 掌握排序、筛选、分类汇总和数据透视表等统计分析方法；
- 掌握数据图表的制作方法；
- 掌握公式和函数的具体应用。

【项目地图】

本项目的项目地图如图 8 - 1 所示。

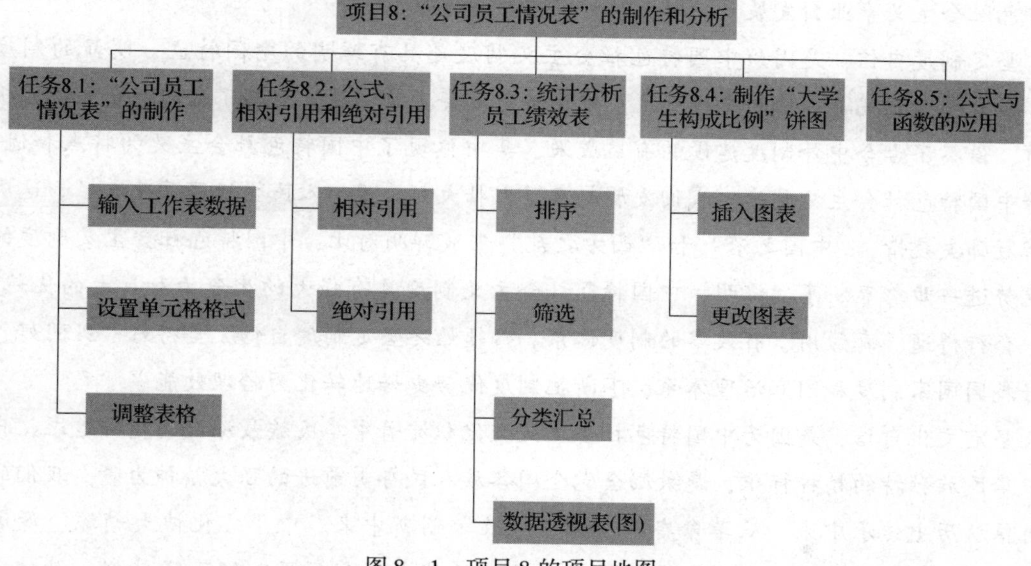

图 8－1　项目 8 的项目地图

【思政小课堂】

坚定中国特色社会主义道路自信、理论自信、制度自信、文化自信

习近平总书记豪迈地宣示：“当今世界，要说哪个政党、哪个国家、哪个民族能够自信的话，那中国共产党、中华人民共和国、中华民族是最有理由自信的。”这个自信就是中国特色社会主义道路自信、理论自信、制度自信、文化自信。要不断推进中国特色社会主义伟大事业、创造新的伟大奇迹，必须始终坚定“四个自信”。

坚定道路自信，是因为中国特色社会主义道路引领中国取得了举世瞩目的成就，为推动中国发展进步开辟了广阔前景。改革开放以来，我们坚定不移地走中国特色社会主义道路，经济实力、科技实力、综合国力大幅提升，国际地位空前提高，人民生活由温饱不足跨越到全面小康，创造了经济快速发展、社会长期稳定的奇迹。习近平总书记指出：“中国特色社会主义道路，是实现我国社会主义现代化的必由之路，是创造人民美好生活的必由之路。”必须始终坚定道路自信，保持头脑清醒，不惧任何风险，不为任何干扰所惑，毫不动摇地沿着这条通往复兴梦想的人间正道奋勇前进。

坚定理论自信，是因为中国特色社会主义理论体系是指导党和人民实现中华民族伟大复兴的正确理论，是立于时代前沿、与时俱进的科学理论。中国特色社会主义理论体系，包括邓小平理论、“三个代表”重要思想、科学发展观、习近平新时代中国特色社会主义思想。纵观世界政党发展史，没有哪一个政党像中国共产党这样如此重视理论创新，在实践的基础上创造出如此丰富、系统的科学理论，推动中华民族迎来了从站起来、富起来到强起来的伟大飞跃。这是我们理直气壮地坚定理论自信的坚实基础。必须始终坚定对党的基本理论特别是习近平新时代中国特色社会主义思想的高度自信，以科学理论引领伟大实践，不断推动中国特色社会主义事业新发展。

坚定制度自信，是因为中国特色社会主义制度是具有鲜明的中国特色、明显的制度优势、强大的自我完善能力的先进制度。中国特色社会主义制度，坚持了我国社会主义的根本性质，借鉴了古今中外制度建设的有益成果，集中体现了中国特色社会主义的特点和优势。坚持中国特色社会主义制度，我们发展起来了，壮大起来了，人民生活显著改善了。这次抗击新冠肺炎疫情，“中国之治”和“西方之乱”形成鲜明对比，中国特色社会主义制度的显著优势进一步彰显。事实证明，中国特色社会主义制度具有强大的生命力和巨大的优越性，是一套行得通、真管用、有效率的制度体系。必须始终坚定制度自信，坚持好、巩固好、完善好我国国家制度和国家治理体系，不断把制度优势更好地转化为治理效能。

坚定文化自信，是因为中国特色社会主义文化积淀着中华民族最深沉的精神追求，代表着中华民族独特的精神标识，是激励全党全国各族人民奋勇前进的强大精神力量。我们的文化自信从历史传承中来、从革命奋斗中来、从改革创新中来。中华文化博大精深、源远流长，涌现了老子、孔子、庄子、孟子等闻名于世的伟大思想巨匠，留下了诗经、汉赋、唐诗、宋词等浩如烟海的文学经典，为中华民族生生不息、薪火相传提供了丰富的精神滋养。革命文化和社会主义先进文化是在长期艰苦奋斗中不断淬炼的文化精华，红船精神、长征精神、延安精神、雷锋精神、“两弹一星”精神、抗洪精神、抗震救灾精神、抗疫精神……这些宝贵的精神财富，是推动革命、建设、改革事业走向胜利的强大精神动力。可以说，没有高度的文化自信，没有文化的繁荣兴盛，就没有中华民族的伟大复兴。必须始终坚定文化自信，不断激发全民族的文化创造活力，更好构筑中国精神、中国价值、中国力量。

在全面建设社会主义现代化国家新征程上，坚定“四个自信”，我们就能毫无畏惧地战胜一切困难和挑战，就能坚定不移地开辟新天地、创造新奇迹。

任务8.1 “公司员工情况表”的制作

【任务工单】 任务工单8-1：“公司员工情况表”的制作

<table>
<tr><td>任务名称</td><td colspan="5">“公司员工情况表”的制作</td></tr>
<tr><td>组别</td><td></td><td>成员</td><td></td><td>小组成绩</td><td></td></tr>
<tr><td>学生姓名</td><td colspan="3"></td><td>个人成绩</td><td></td></tr>
<tr><td>任务情境</td><td colspan="5">进入实习单位后徐经理让李晓东利用Excel制作一份公司员工情况表，并以“公司员工情况表”为名称进行保存。李晓东获得公司各位员工的基本信息后，利用Excel制作了一份“公司员工情况表”，以便徐经理和公司各位员工查看</td></tr>
</table>

续表

<table>
<tr><td>任务名称</td><td colspan="5">“公司员工情况表”的制作</td></tr>
<tr><td>组别</td><td></td><td>成员</td><td></td><td>小组成绩</td><td></td></tr>
<tr><td>学生姓名</td><td colspan="3"></td><td>个人成绩</td><td></td></tr>
<tr><td>任务目标</td><td colspan="5">创建“公司员工情况表”工作簿</td></tr>
<tr><td>任务要求</td><td colspan="5">按本任务后面列出的具体任务内容，完成“公司员工情况表”的制作</td></tr>
<tr><td>知识链接</td><td colspan="5"></td></tr>
<tr><td>计划决策</td><td colspan="5"></td></tr>
<tr><td>任务实施</td><td colspan="5">（1）创建“公司员工情况表”工作簿
（2）输入工作表数据
（3）编辑工作表数据
（4）调整行高与列宽
（5）重命名工作表
（6）为工作表增加标题
（7）设置单元格格式</td></tr>
</table>

续表

任务名称	"公司员工情况表"的制作				
组别		成员		小组成绩	
学生姓名				个人成绩	
检查	(1) 新建并保存"公司员工情况表"工作簿；(2) 录入数据；(3) 设置单元格格式；(4) 增加标题，为表格重命名				
实施总结					
小组评价					
任务点评					

【前导知识】

1. 新建工作簿

在 Excel 2016 中，工作簿是存储数据的文件，其默认扩展名为".xlsx"，Excel 2016 在启动后会自动创建一个名为"工作簿 1"的空白工作簿，在未关闭"工作簿 1"之前，再新建工作簿时，系统会自动命名为"工作簿 2""工作簿 3"……。

2. 保存工作簿

当完成一个工作簿的创建、编辑后，需要将工作簿文件保存起来，Excel 2016 提供了"保存"和"另存为"两种方法用于保存工作簿文件，其操作步骤如下。

(1) 选择"文件"→"保存"命令，此时如果要保存的文件是第一次存盘，将弹出"另存为"对话框，在该对话框中可设置"保存位置"，输入文件名；如果该文件已经被保存过，则不弹出"另存为"对话框，同时也不执行后面的操作。

(2) 选择"文件"→"另存为"命令，将为已保存过的文件再保存一个副本。

3. 工作表的插入、删除与重命名

用鼠标右键单击工作表标签，在弹出的快捷菜单中选择"插入"命令，即可在所选工作表之前插入一个新的工作表；选择"删除"命令，即可删除所选工作表；选择"重命名"命令，即可为所选工作表重新命名。

4. 工作表区域

工作表区域即用来记录数据的区域。

5. 单元格

每个单元格的位置由交叉的行标签和列标签表示，如"A5""B6"。每个单元格中可以

存放多达3 200个字符的信息，单元格是表格的最小单位。

6. 活动单元格

活动单元格是当前正在操作的单元格，被文本框框住。

7. 工作表标签

工作表标签默认为“Sheet1”，用于显示工作表的名称，当前活动的工作表是白色的，其余为灰色的，利用工作表标签可切换显示工作表。

8. 状态栏

状态栏位于Excel窗口的底部，可显示操作信息。

9. 数据输入

单击要输入数据的单元格，可输入所需数据。在Excel工作表的单元格中，可以输入数值型、字符型、日期时间型等不同类型的数据。下面分别对不同类型数据的输入方法进行介绍。

1）输入数值型数据

数值型数据是类似“100”“3.14”“-2.418”等形式的数据，它表示一个数量的概念。其中的正号“+”会被忽略，当用户需要输入普通的实数类型的数据时，只需直接在单元格中输入，其默认对齐方式是“右对齐”。输入的数据长度超过单元格宽度时（多于11位的数字，其中包括小数点和类似“E”和“+”这样的字符），Excel会自动以科学计数法表示。

2）输入字符型数据

字符型数据是指字母、数字和其他特殊字符的任意组合，如“ABC”“汉字”“@¥%”“010-8888888”等形式的数据。

当用户输入的字符型数据超过单元格的宽度时，如果右侧的单元格中没有数据，则字符型数据会跨越单元格显示；如果右侧的单元格中有数据，则只会显示未超出宽度部分的数据。

如果用户需要在单元格中输入多行文字，那么可以在一行输入结束后，按“Alt+Enter”组合键实现换行，然后输入后续的文字，字符型数据的默认对齐方式是“左对齐”。

3）输入日期时间型数据

对于日期时间型数据，按日期和时间的表示方法输入即可。输入日期时，用连字符“-”或斜杠“/”分隔日期的年、月、日；输入时间时用“:”分隔。例如，“2004-1-1”“2004/1/1”“8:30:20 AM”等均为正确的日期时间型数据。当日期时间型数据太长而超过列宽时，会显示“#”，表示当前列宽太小，用户只要适当调整列宽就可以正常显示数据。

10. 数据自动填充

输入一个工作表时，经常会遇到输入有规律的数据的情况。例如，需要在相邻的单元格中填入序号 1，3，5，7 等序列，这时就可以使用 Excel 的数据自动填充功能。数据自动填充是指将数据填写到相邻的单元格中，这是一种快速填写数据的方法。

1）使用鼠标左键填充

使用鼠标左键自动填充时，需要用到填充柄，填充柄位于选定单元格区域的右下角，是一个加粗的黑色实心十字。

填充的具体操作方法是：选择含有数据的起始单元格，移动鼠标指针到填充柄处，当鼠标指针变成实心十字形时，按住鼠标左键拖动鼠标到目标单元格。

2）使用鼠标右键填充

使用鼠标右键填充的操作步骤如下。

（1）选定待填充区域的起始单元格，然后输入序列的初始值并确认。

（2）移动鼠标指针到初始值的单元格右下角的填充柄处（指针变为实心十字形）。

（3）按住鼠标右键拖动填充柄，经过待填充的区域，在弹出的快捷菜单中选择要填充的方式。

11. 合并单元格

选择要合并的单元格，单击鼠标右键，在弹出的快捷菜单中选择“设置单元格格式”命令，打开“设置单元格格式”对话框，单击“对齐”选项卡，勾选“文本控制”区域的“合并单元格”复选框，再单击“确定”按钮。

12. 行高和列宽的调整

工作表中的行高和列宽是 Excel 默认设定的，如果需要调整，可以手动完成。

1）调整行高

（1）第一种方法。

把鼠标指针移动到行与上、下行边界处，当鼠标指针变成“上下箭头”形状时，拖动鼠标调整行高，这时 Excel 会自动显示行的高度值。

（2）第二种方法。

选择需要调整的行或行所在的单元格，在“开始”功能区的“单元格”组中单击“格式”按钮，选择“行高”选项，在弹出的“行高”对话框中输入行的高度值。

2）调整列宽

（1）第一种方法。

把鼠标指针移动到列与左、右列的边界处，当鼠标指针变成“左右箭头”形状时，拖动鼠标调整列宽，这时 Excel 会自动显示列的宽度值。

（2）第二种方法。

选择需要调整的列或列所在的单元格，在“开始”功能区的“单元格”组中单击“格式”按钮，选择“列宽”选项，在弹出的“列宽”对话框中输入列宽的宽度值。

【任务内容】

制作公司员工情况表的任务内容如下。

（1）创建工作簿和工作表，在工作表中输入数据，编辑、处理和保存数据。

（2）设置工作表的格式，调整工作表的行高和列宽，设置单元格格式。

（3）利用单元格格式命令设置单元格格式，如设置数据对齐方式、字体、底纹等。

（4）“公司员工情况表”工作簿的制作效果如图 8－2 所示。

	A	B	C	D	E	F	G	H	I
1	公司员工情况表								
2	编号	姓名	身份证号	出生日期	性别	年龄	工龄	学历	所属部门
3	0001	李晓东	132701197602148571	1976/2/14	男	44	24	硕士	财务部
4	0002	张正	132701197006136573	1970/6/13	男	50	22	大专	销售部
5	0003	徐丽珍	132701198602135579	1986/2/21	女	34	13	硕士及以上	研发部
6	0004	翁立飞	132701198102284570	1981/2/28	男	39	17	硕士	服务部
7	0005	陈亮	132701198002138572	1980/2/13	女	40	10	本科	服务部
8	0006	徐建波	132701198208167578	1982/8/16	男	38	16	大专	销售部
9	0007	徐奔	132701197602134570	1976/2/13	男	44	24	本科	服务部
10	0008	陶小康	132701197504243578	1975/4/24	男	45	25	硕士及以上	研发部
11	0009	刘芳	132701198201232522	1982/1/23	女	38	8	本科	销售部

图 8－2 “公司员工情况表”工作簿的制作效果

【任务实施】

1. 创建“公司员工情况表”工作簿

启动 Excel 2016，系统将自动创建一个名为“工作簿 1”的空白工作簿。若要将工作簿另存，可选择“文件”→“另存为”命令，在打开的“另存为”对话框中重新设置工作簿的保存位置和工作簿名称等，然后单击“保存”按钮即可。

2. 输入工作表数据

打开“公司员工情况表”工作簿，单击“Sheetl”工作表标签，将鼠标指针定位到 A1 单元格，输入“编号”，在 A2 单元格输入作为文本显示的数值型数据“0001”，此时需要选择第 1 列，在“设置单元格格式”对话框中的“数字”选项卡的“分类”列表中选择“文本”选项，如图 8－3 所示，单击“确定”后再输入数字序号“0001”。

选择 A2 单元格，将鼠标指针放置在选定单元格右下角的即填充柄上，当光标变成十字形时，按住鼠标左键向下拖动直到 A32 单元格，释放鼠标即可填充所有员工的编号。

利用快捷键在“学历”“所属部门”及“性别”列中输入数据。以“所属部门”列为例，单击 I3 单元格，按住 Ctrl 键，选择要输入相同数据的其他单元格，在其中一个单元格输入“销售部”，按“Ctrl＋Enter”组合键可同时在多个不相邻的单元格中输入相同的数据，如图 8－4 所示。

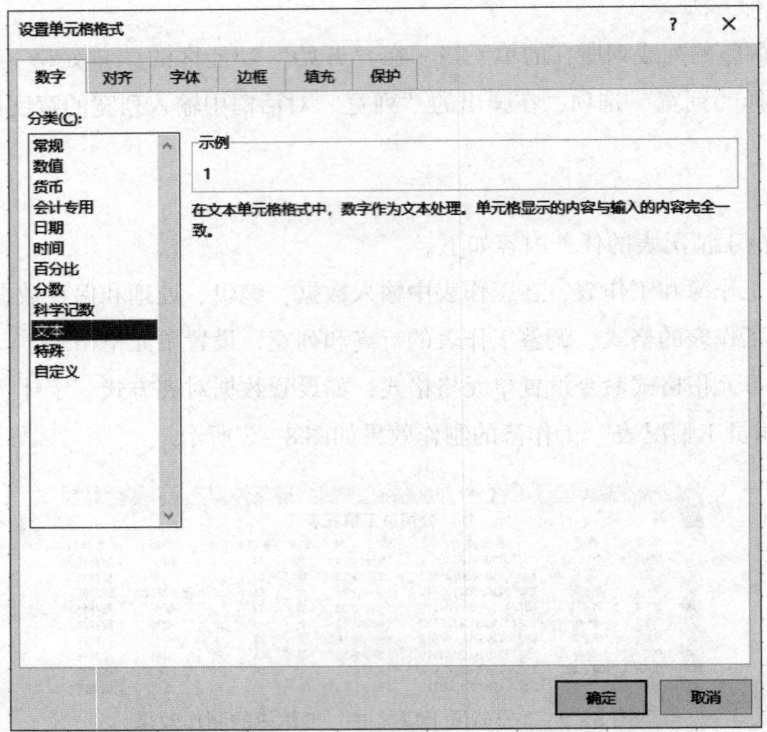

图 8－3 “设置单元格格式”对话框

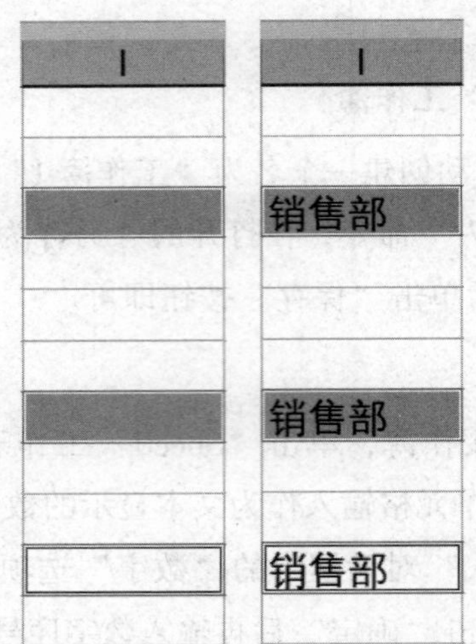

图 8－4 在不相邻的单元格中输入相同的数据

对于“身份证号”列，要先将其设为“文本”格式，再输入身份证号。如果按普通格式输入，则会出现图 8－5 所示的情况，即身份证号以科学计数法的形式显示，并且最后 3 位都默认为 0。在“文本”格式下输入身份证号的参考效果如图 8－6 所示。

在“出生日期”列也要采用“文本”格式输入数据。

	A	B	C	D
1	编号	姓名	身份证号	出生日期
2	0001		1.32701E+17	
3	0002			
4	0003			

图 8－5　在“常规”格式下输入身份证号

	A	B	C	D
1	编号	姓名	身份证号	出生日期
2	0001		132701197602148571	
3	0002		132701197006136573	
4	0003		132701198602135579	

图 8－6　在“文本”格式下输入身份证号的参考效果

3. 编辑工作表数据

在单元格中输入数据后，可用利用 Excel 的编辑功能对数据进行各种编辑操作，如修改数据、调整表格和复制数据等。

（1）修改数据：在选中的单元格中直接修改或在编辑栏中进行修改。

（2）清除单元格中的数据：选择单元格后按 Delete 键。

（3）查找数据：要在工作表中查找需要的数据，可单击工作表中的任意单元格，然后在“开始”功能区的“编辑”组中单击“查找和替换”按钮，在下拉列表中选择“查找”选项，打开“查找和替换”对话框，在“查找内容”文本框中输入要查找的内容，然后单击“查找下一个”按钮，如图 8－7 所示。

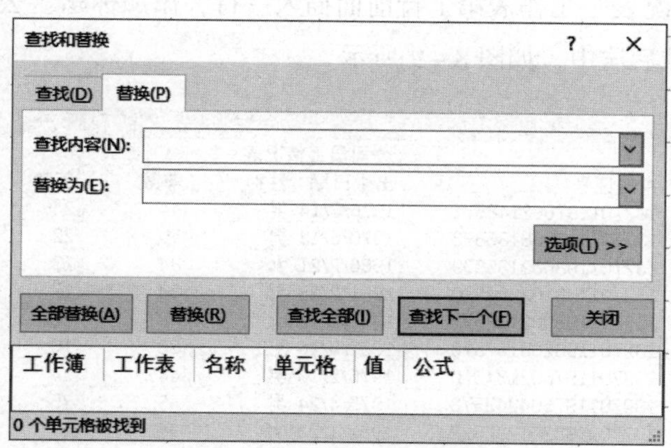

图 8－7　查找、替换数据

4. 调整表格

在单元格中输入数据时，经常会遇到这种情况：有的单元格中的文字只显示一半，有的单元格显示一串“#”号，而编辑栏中却看到对应单元格的完整数据。其原因是单元格的宽度不够，需要调整工作表的行高或列宽。

操作方法：把鼠标指针移动到该行与上、下行边界处，当鼠标指针变成✛形状时，拖动

鼠标调整行高，这时 Excel 会自动显示行的高度值；把鼠标指针移动到该列与左、右列的边界处，当鼠标指针变成✛形状时，拖动鼠标调整列宽，这时 Excel 会自动显示列的宽度值。

5. 重命名工作表

双击“Sheetl”工作表标签即可将“Sheet1”工作表重命名为“公司员工情况表”，也可以在“Sheet 1”工作表标签处单击鼠标右键，在弹出的快捷菜单中选择“重命名”命令，如图 8 – 8 所示。

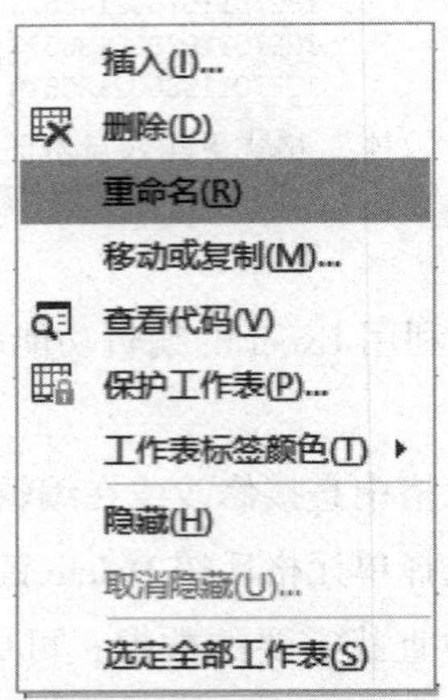

图 8 – 8　工作表标签鼠标右键快捷菜单

6. 为工作表增加标题

在“公司员工情况表”工作表第 1 行前面插入一行，添加标题“公司员工情况表”，合并 A1 ~ I1 单元格区域后居中，如图 8 – 9 所示。

	A	B	C	D	E	F	G	H	I
1				公司员工情况表					
2	编号	姓名	身份证号	出生日期	性别	年龄	工龄	学历	所属部门
3	0001	李晓东	132701197602148571	1976/2/14	男	44	24	硕士	财务部
4	0002	张正	132701197006136573	1970/6/13	男	50	22	大专	销售部
5	0003	徐丽珍	132701198602135579	1986/2/21	女	34	13	硕士及以上	研发部
6	0004	翁立飞	132701198102284570	1981/2/28	男	39	17	硕士	服务部
7	0005	陈亮	132701198002138572	1980/2/13	女	40	10	本科	服务部
8	0006	徐建波	132701198208167578	1982/8/16	男	38	16	大专	销售部
9	0007	徐奔	132701197602134570	1976/2/13	男	44	24	本科	服务部
10	0008	陶小康	132701197504243578	1975/4/24	男	45	25	硕士及以上	研发部
11	0009	刘芳	132701198201232522	1982/1/23	女	38	8	本科	销售部

图 8 – 9　为工作表添加标题

7. 设置单元格格式

（1）设置标题行，行高为“28”，字体为“黑体，加粗”，字号为“16”，图案为“红色”。将光标定位在第 1 行标题上，在“开始”功能区的“单元格”组中单击“格式”按钮，弹出图 8 – 10 所示的菜单，选择“行高”选项，在弹出对话框的“行高”文本框中输入“28”，如图 8 – 11 所示。

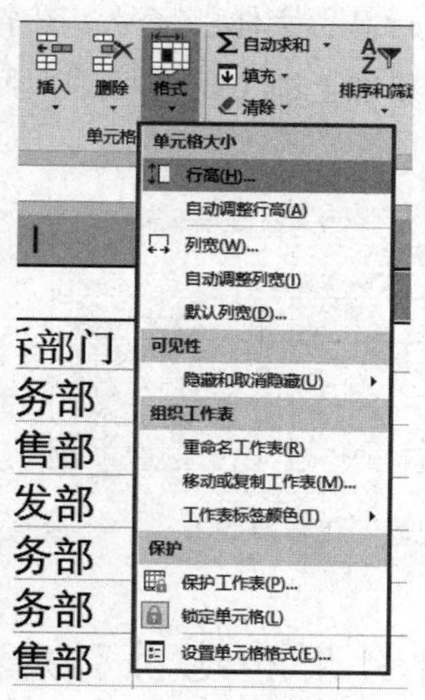

图8－10 设置单元格大小

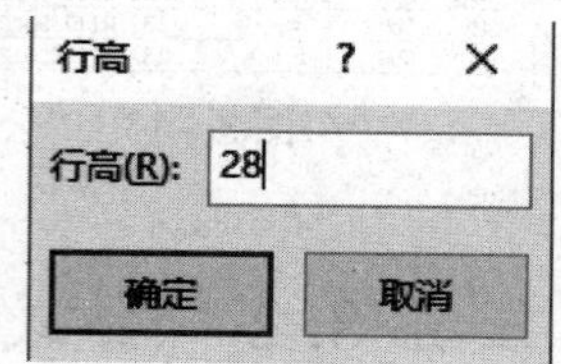

图8－11 设置单元格行高

（2）选中标题所在单元格，单击鼠标右键，在弹出的快捷菜单中选择“设置单元格格式”命令，打开“设置单元格格式”对话框，分别在“字体”“边框”“填充”选项卡中进行字体、填充效果、边框等的设置，如图8－12所示。

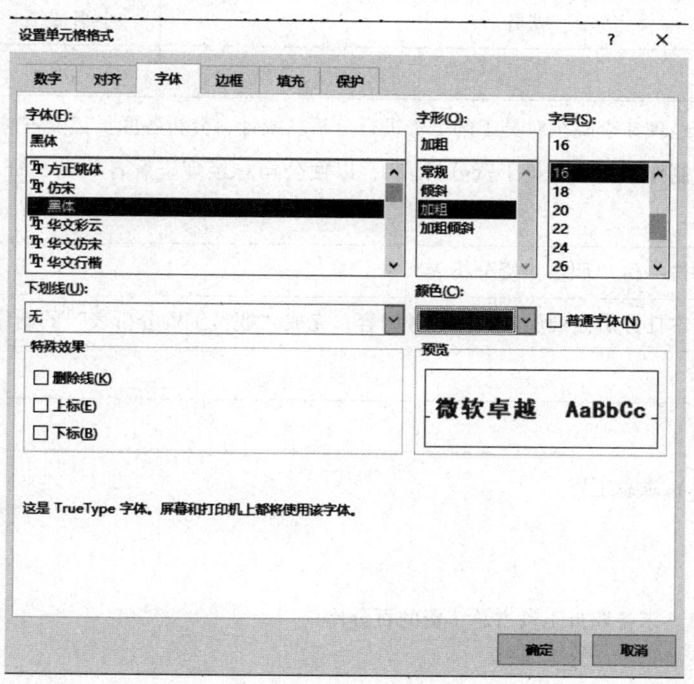

图8－12 “设置单元格格式”对话框

（3）设置A2～I2单元格，行高为“15”，字体为“楷体，加粗”，字号为“12”，图案为“蓝色”，单元格对齐方式为水平和垂直方向都为“居中”。

（4）对数据单元格 A3：I34 进行如下设置：行高、字体、字号、图案都保持默认值，对齐方式为水平和垂直方向都“居中”；最后给表格加上细实线边框，以原文件名称保存工作簿文件，效果如图 8 – 13 所示。

	A	B	C	D	E	F	G	H	I
1	公司员工情况表								
2	编号	姓名	身份证号	出生日期	性别	年龄	工龄	学历	所属部门
3	0001	李晓东	132701197602148571	1976/2/14	男	44	24	硕士	财务部
4	0002	张正	132701197006136573	1970/6/13	男	50	22	大专	销售部
5	0003	徐丽珍	132701198602135579	1986/2/21	女	34	13	硕士及以上	研发部
6	0004	翁立飞	132701198102284570	1981/2/28	男	39	17	硕士	服务部
7	0005	陈亮	132701198002138572	1980/2/13	女	40	10	本科	服务部
8	0006	徐建波	132701198208167578	1982/8/16	男	38	16	大专	销售部
9	0007	徐奔	132701197602134570	1976/2/13	男	44	24	本科	服务部
10	0008	陶小康	132701197504243578	1975/4/24	男	45	25	硕士及以上	研发部
11	0009	刘芳	132701198201232522	1982/1/23	女	38	8	本科	销售部

图 8 – 13 “公司员工情况表”工作簿效果

任务 8.2 公式、相对引用和绝对引用

【任务工单】 任务工单 8 – 2：公式、相对引用和绝对引用

任务名称	公式、相对引用和绝对引用				
组别		成员		小组成绩	
学生姓名				个人成绩	
任务情境	徐经理让李晓东对员工的工资进行分析、统计，分析各职员工资占总工资的百分比，统计后制作一份“职员工资分析表”，以便公司总经理查看各职员工资占总工资百分比的情况				
任务目标	制作一份“职员工资分析表”				
任务要求	按本任务后面列出的具体任务内容，完成“职员工资分析表”的制作				
知识链接					
计划决策					
任务实施	（1）求总工资 （2）求各职员工资占总工资的百分比 （3）设置百分比形式				

续表

任务名称	公式、相对引用和绝对引用				
组别		成员		小组成绩	
学生姓名				个人成绩	
检查	（1）总工资；（2）各职员工资占总工资的百分比；（3）百分比形式				
实施总结					
小组评价					
任务点评					

【前导知识】

1. 公式的输入

Excel 通过引进公式，增强了对数据的运算分析能力。在 Excel 中，公式在形式上由等号“=”开始，其语法可表示为“=表达式”。

当用户按 Enter 键确认公式输入完成后，单元格显示的是公式的计算结果。如果用户需要查看或者修改公式，则可以双击单元格，在单元格中查看或修改公式。

2. 使用函数

函数是 Excel 中预先定义好、经常使用的一种公式。Excel 提供了 200 多个内部函数，当需要使用时，可按照函数的格式直接引用，函数的输入有“手工输入”和“使用粘贴函数输入”两种方法。

1）手工输入

对于一些比较简单的函数，用户可以用“手工输入”的方法直接在单元格中输入函数。例如，可在对应单元格中直接输入“=SUM(E4：G4)”，然后按 Enter 键确认，即可得到求和结果。

2）使用粘贴函数输入

对于参数较多或比较复杂的函数，一般采用“粘贴函数”按钮来输入。常用的函数有求和（SUM）、求平均值（AVERAGE）、计算“指定字符串”的个数（COUNT）、求参数的最大值（MAX）、求参数的最小值（MIN）等。

3. 单元格引用

单元格引用用于标识工作表中的单元格或单元格区域，它在公式中指明了公式所使用数据的位置。单元格引用有相对引用、绝对引用及混合引用，它们分别适用于不同的场合。

1）相对引用

Excel 默认的单元格引用为相对引用。相对引用是指某一单元格的地址是相对于当前单元格的相对位置，由单元格的行号和列号组成，如 A1、B2、E5 等。在相对引用中，当复制或移动公式时，Excel 会根据移动的位置自动调节公式中引用单元格的地址。例如，E5 单元格中的公式“=C5 * D5/10”，在被复制到 E6 单元格时会自动变为“=C6 * D6/10”，从而使 E6 单元格也能显示正确的计算结果。

2）绝对引用

绝对引用是指某一单元格的地址是其在工作表中的绝对位置，其构成形式是在行号和列号前面各加一个“$”符号。例如，$A$2、$B$4、$H$5 都是对单元格的绝对引用。其特点在于，当把一个含有绝对引用的单元格中的公式移动或复制到一个新的位置时，公式中的单元格地址不会发生变化。例如，若在 E5 单元格中有公式“= B3 + C3”，如果将其复制到 E6 单元格中，则 E6 单元格中的公式还是“= B3 + C3”。绝对引用可以用于分数运算，以使分母的值固定不变。

3）混合引用

在公式中同时使用相对引用和绝对引用，称为混合引用。

【任务内容】

制作“职员工资分析表”，输入基本数据，如图 8－14 所示，制作完成效果如图 8－15 所示。

	A	B	C
1	职员工资分析表		
2	姓名	工资	各职员工资占总工资的百分比
3	夏小米	5684	
4	夏敬利	6358	
5	武妍	8251	
6	李红	18656	
7			
8	总工资		

图 8－14　输入基本数据

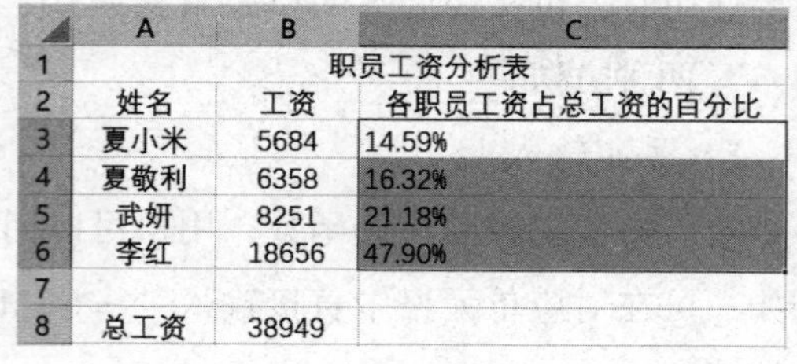

	A	B	C
1	职员工资分析表		
2	姓名	工资	各职员工资占总工资的百分比
3	夏小米	5684	14.59%
4	夏敬利	6358	16.32%
5	武妍	8251	21.18%
6	李红	18656	47.90%
7			
8	总工资	38949	

图 8－15　制作完成效果

（1）求总工资。

（2）求各职员工资占总工资的百分比。

（3）设置百分比形式。

【任务实施】

1. 求总工资

（1）将光标置于 B8 单元格，在“公式”功能区的“函数库”组中单击“插入函数”

按钮，在“选择类别”下拉列表中选择“全部函数”选项，在“选择函数”列表框中选择“SUM函数”选项，单击“确定”按钮，弹出图8－16所示对话框。

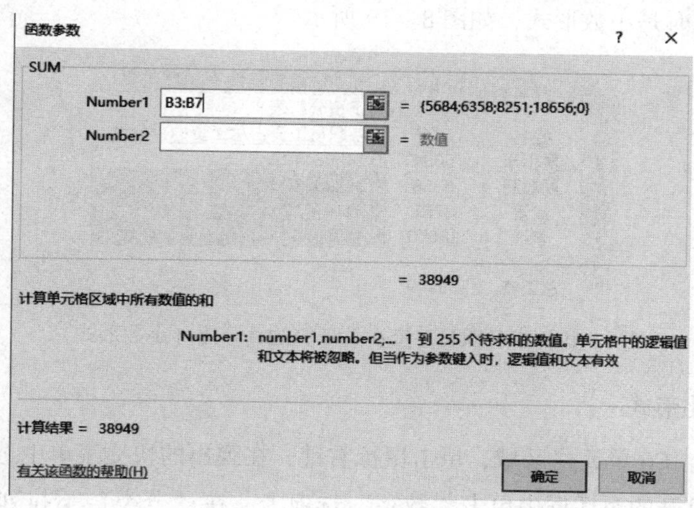

图8－16　SUM函数参数设置

（2）手动将“Number 1”文本框中“B3：B7”改为“B3：B6”，单击“确定”按钮（注：B8单元格中的公式是“= SUM(B3:B7)”），即可在B8单元格中算出总工资，如图8－17所示。

	A	B	C
1	职员工资分析表		
2	姓名	工资	各职员工资占总工资的百分比
3	夏小米	5684	
4	夏敬利	6358	
5	武妍	8251	
6	李红	18656	
7			
8	总工资	38949	

图8－17　求总工资

2. 求各职员工资占总工资的百分比

（1）在单元格中输入混合引用公式。将光标置于C3单元格，输入公式“= B3/ $ BS8”，如图8－18所示。

	A	B	C
1	职员工资分析表		
2	姓名	工资	各职员工资占总工资的百分比
3	夏小米	5684	=B3/B8
4	夏敬利	6358	
5	武妍	8251	
6	李红	18656	
7			
8	总工资	38949	

图8－18　混合引用公式

（2）按 Enter 键，然后将光标放置在 C 3 单元格右下角的即填充柄上，当光标变成十字形时，按住鼠标左键向下拖动直到 C6 单元格，释放鼠标左键即可填充得到各职员工资占总工资的百分比，此时是小数形式，如图 8－19 所示。

	A	B	C
1	职员工资分析表		
2	姓名	工资	各职员工资占总工资的百分比
3	夏小米	5684	0.145934427
4	夏敬利	6358	0.163239108
5	武妍	8251	0.211841126
6	李红	18656	0.47898534
7			
8	总工资	38949	

图 8－19　求各职员工资占总工资的百分比（小数形式）

3. 设置百分比形式

（1）选中 C3：C6 单元格区域，单击鼠标右键，在弹出的快捷菜单中选择“设置单元格格式”命令，在打开的对话框中单击“数字”选项卡，在“分类”下拉列表中选择“百分比”选项，调整“小数位数”为“2”位，如图 8－20 所示。

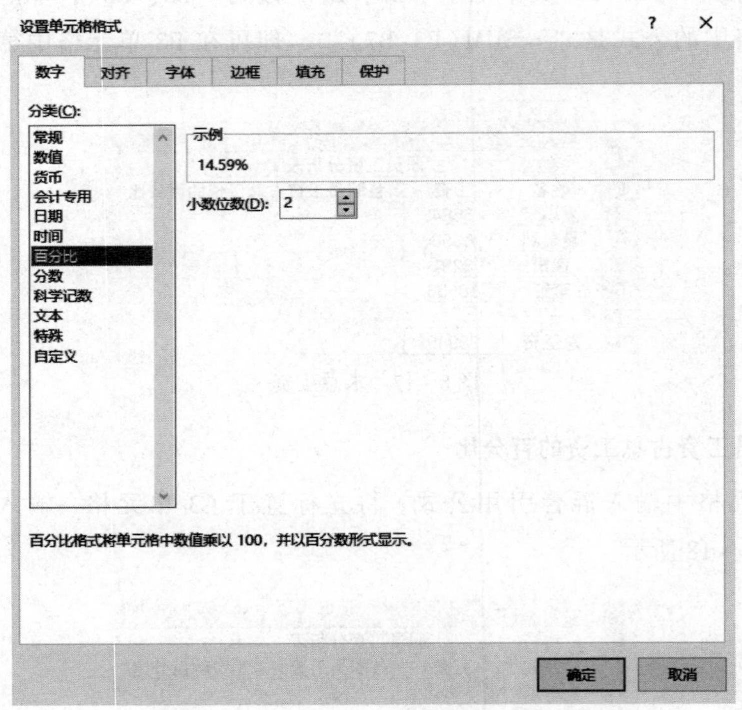

图 8－20　设置百分比形式

（2）单击“确定”按钮，并拖动活动单元格右下角的填充柄直到 C6 单元格，效果如图 8－21 所示。

	A	B	C
1	职员工资分析表		
2	姓名	工资	各职员工资占总工资的百分比
3	夏小米	5684	14.59%
4	夏敬利	6358	16.32%
5	武妍	8251	21.18%
6	李红	18656	47.90%
7			
8	总工资	38949	

图8－21　各职员工资占总工资的百分比效果

任务8.3　统计分析员工绩效表

【任务工单】　任务工单8－3：统计分析员工绩效表

任务名称	统计分析员工绩效表				
组别		成员		小组成绩	
学生姓名				个人成绩	
任务情境	徐经理让李晓东统计公司各员工1—3月份销售产品的数量，分析各员工在第一季度的销售情况，统计后制作一份“公司员工绩效表”，以便公司查看员工第一季度的销售绩效。				
任务目标	制作一份“公司员工绩效表”				
任务要求	按本任务后面列出的具体任务内容，完成“公司员工绩效表”的制作				
知识链接					
计划决策					
任务实施	（1）对“公司员工绩效表”数据进行排序 （2）筛选“公司员工绩效表”数据 （3）对“公司员工绩效表”数据进行分类汇总 （4）创建数据透视表和数据透视图				

续表

任务名称	统计分析员工绩效表				
组别		成员		小组成绩	
学生姓名				个人成绩	
检查	（1）“公司员工绩效表”数据的排序；（2）“公司员工绩效表”数据的筛选；（3）“公司员工绩效表”数据的分类汇总；（4）数据透视表和数据透视图				
实施总结					
小组评价					
任务点评					

【前导知识】

Excel 具有强大的数据管理与数据分析功能，可以对工作表数据进行快速的排序、筛选、分类汇总，同时，可以通过数据透视表实现数据的快速统计。

1. 数据排序

在 Excel 中经常需要对工作表中的某列数据进行排序，以方便分析和使用。Excel 对数据的排序依据是：如果字段是数值型或日期时间型数据，则按照数据大小进行排序；如果字段是字符型数据，则英文字符按照 ASCII 码排序，汉字按照汉字机内码或者笔画排序。

1）单列数据的排序

将光标放在工作表区域中需要排序的列中的任一单元格中，在“数据”功能区的“排序和筛选”组中的相应按钮，可按“升序”或“降序”对工作表中的数据重新排列。

2）多列数据的排序

当需要对工作表中的多列数据进行排序时，如果按单列数据排序，会出现值相同的情况，以此“单列数据”为主关键字，则在“值相同”的情况只能随机排序，在这种情况下还可以把“另一字段”作为次要关键字进行排序。

2. 数据筛选

数据筛选的含义是只显示符合条件的记录，隐藏不符合条件的记录。

1）数据筛选的具体操作方法

选中数据清单中含有数据的任一单元格。在“数据”功能区中，单击“排序和筛选”组中的“筛选”按钮，这时工作表标题行上增加了下三角按钮。

2）单击选定数据列的下三角按钮，设置筛选条件

这时，Excel 会根据设置的筛选条件隐藏不满足条件的记录。如果对所列记录还有其他

筛选要求，则可以重复上述步骤继续筛选，重复步骤1）可以取消自动筛选。

3）高级筛选

筛选规则主要包括比较运算符和逻辑运算符两部分。

（1）比较运算符。

当使用比较运算符比较两个值时，结果为逻辑值。比较运算符主要有以下几个：大于（>）、小于（<）、大于等于（>=）、小于等于（<=）、等于（=）、不等于（<>）。

（2）逻辑运算符。

高级筛选中用表格的位置来代表“或”和“并”两种逻辑关系。具体为：作条件的公式必须使用相对引用来使用第一行数据中相应的单元格；数据放在同一行中，表示“并”，即需要同时满足两个条件；数据放在不同行中，表示“或”，即只要满足其中一个条件即可。

例如：表8－1表示“姓名是王艳琴，并且工资必须高于5 000元”，表8－2表示“姓名是王艳琴，或者工资必须高于6 000元”。

表8－1 “并”示例

姓名	工资
王艳琴	>5 000

表8－2 “或”示例

姓名	工资
王艳琴	
	>5 000

3. 分类汇总

分类汇总的含义是首先对记录按照某一字段的内容进行分类，然后计算每类记录指定字段的汇总值，如总和、平均值等。在进行分类汇总前，应先对数据清单中的数据按某一规则进行排序，数据清单的第一行必须有字段名。

4. 数据透视表（或数据透视图）

1）行区域

数据透视表中最左边的标题称为行字段，对应“数据透视表字段列”表中“行”区域的内容，可以拖动字段名到“数据透视表字段列”的“行”。

2）列字段

数据透视表中最上边的标题称为列字段，对应“数据透视表字段列”表中“列”区域的内容，可以拖动字段名到“数据透视表字段列”的“列”。

【任务内容】

制作“公司员工绩效表”，原始数据如图 8－22 所示。

	A	B	C	D	E	F	G
1	一季度员工绩效表						
2	编号	姓名	工种	1月份	2月份	3月份	季度总产量
3	CJ09	夏炎芬	装配	500	502	530	1532
4	CJ10	夏小米	检验	480	526	524	1530
5	CJ11	张琴丽	装配	520	526	519	1565
6	CJ12	葛华	检验	515	514	527	1556
7	CJ13	吕继红	运输	500	520	498	1518
8	CJ14	王艳琴	检验	570	500	486	1556
9	CJ15	吕凤玲	运输	535	498	508	1541
10	CJ16	程燕霞	检验	530	485	505	1520
11	CJ17	胡方	装配	521	508	515	1544
12	CJ18	范丽芳	运输	516	510	528	1554

图 8－22 “公司员工绩效表”原始数据

（1）按季度总产量降序排序。

（2）以“季度总产量”为主要关键字，以“1 月份”为次要关键字排序。

（3）利用自动筛选把非“检验”工种都筛选出来。

（4）自定义筛选出季度总产量大于等于 1 540 的数据。

（5）利用高级筛选功能筛选出 1 月份产量大于 510 并且季度总产量大于 1 540 的记录。

（6）利用分类汇总求各“工种”季度总产量的和。

（7）创建数据透视表求各工种 1—3 月份的季度总产量。

【任务实施】

1. 对“公司员工绩效表”数据排序

（1）选中表格中任一单元格区域，在“数据”功能区的“排序和筛选”组中单击“排序”按钮，弹出“排序”对话框，设置“主要关键字”为“季度总产量”，设置“排序依据”为“数值”，设置“次序”为“降序”，如图 8－23 所示，单击“确定”按钮，排序后的效果如图 8－24 所示。

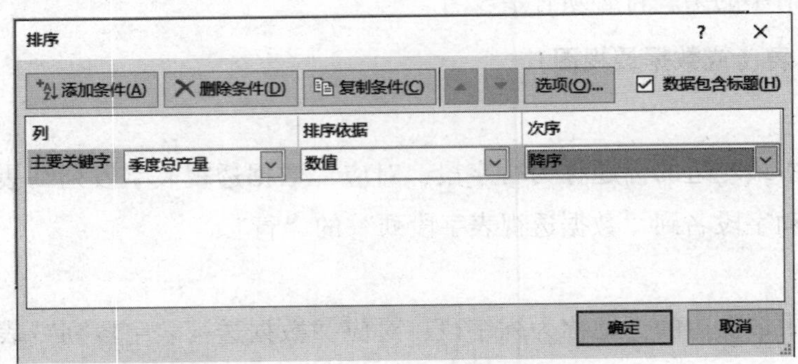

图 8－23 排序参数设置

	A	B	C	D	E	F	G
1	一季度员工绩效表						
2	编号	姓名	工种	1月份	2月份	3月份	季度总产量
3	CJ11	张琴丽	装配	520	526	519	1565
4	CJ12	葛华	检验	515	514	527	1556
5	CJ14	王艳琴	检验	570	500	486	1556
6	CJ18	范丽芳	运输	516	510	528	1554
7	CJ17	胡方	装配	521	508	515	1544
8	CJ15	吕凤玲	运输	535	498	508	1541
9	CJ09	夏炎芬	装配	500	502	530	1532
10	CJ10	夏小米	检验	480	526	524	1530
11	CJ16	程燕霞	检验	530	485	505	1520
12	CJ13	吕继红	运输	500	520	498	1518

图 8－24　按季度总产量排序后的效果

（2）观察排序后的结果，“葛华”与“王艳琴”的季度总产量都是“1 556”，为了避免随机排列，此时可添加“1 月份”作为“次要关键字”。单击“添加条件”按钮，选择“1 月份”作为“次要关键字”，设置“次序”为“降序”，如图 8－25 所示。单击“确定”按钮，排序后的效果如图 8－26 所示，此时可以看到，因为“王艳琴”的 1 月份产量高于“葛华”，又因为按降序排列，所以虽然总产量两个人一样，但现在“王艳琴”排到“葛华”的前面。

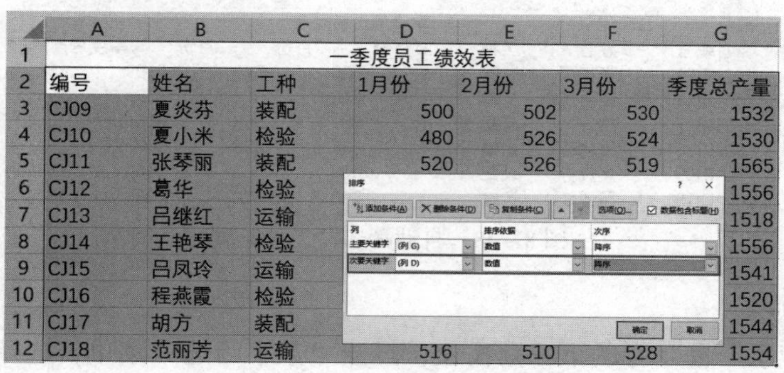

	A	B	C	D	E	F	G
1	一季度员工绩效表						
2	编号	姓名	工种	1月份	2月份	3月份	季度总产量
3	CJ09	夏炎芬	装配	500	502	530	1532
4	CJ10	夏小米	检验	480	526	524	1530
5	CJ11	张琴丽	装配	520	526	519	1565
6	CJ12	葛华	检验				1556
7	CJ13	吕继红	运输				1518
8	CJ14	王艳琴	检验				1556
9	CJ15	吕凤玲	运输				1541
10	CJ16	程燕霞	检验				1520
11	CJ17	胡方	装配				1544
12	CJ18	范丽芳	运输	516	510	528	1554

图 8－25　设置主要、次要关键字

	A	B	C	D	E	F	G
1	一季度员工绩效表						
2	编号	姓名	工种	1月份	2月份	3月份	季度总产量
3	CJ11	张琴丽	装配	520	526	519	1565
4	CJ14	王艳琴	检验	570	500	486	1556
5	CJ12	葛华	检验	515	514	527	1556
6	CJ18	范丽芳	运输	516	510	528	1554
7	CJ17	胡方	装配	521	508	515	1544
8	CJ15	吕凤玲	运输	535	498	508	1541
9	CJ09	夏炎芬	装配	500	502	530	1532
10	CJ10	夏小米	检验	480	526	524	1530
11	CJ16	程燕霞	检验	530	485	505	1520
12	CJ13	吕继红	运输	500	520	498	1518

图 8－26　按主要、次要关键字排序后的效果

2. 筛选“公司员工绩效表”数据

1）自动筛选

（1）选中表格中任意一单元格区域，在“数据”功能区的“排序和筛选”组中单击“筛选”按钮，则表格标题的每一字段旁边都出现一个下三角按钮，如图 8－27 所示。

	A	B	C	D	E	F	G
1	一季度员工绩效表						
2	编号	姓名	工种	1月份	2月份	3月份	季度总产量
3	CJ11	张琴丽	装配	520	526	519	1565
4	CJ14	王艳琴	检验	570	500	486	1556
5	CJ12	葛华	检验	515	514	527	1556
6	CJ18	范丽芳	运输	516	510	528	1554
7	CJ17	胡方	装配	521	508	515	1544
8	CJ15	吕凤玲	运输	535	498	508	1541
9	CJ09	夏炎芬	装配	500	502	530	1532
10	CJ10	夏小米	检验	480	526	524	1530
11	CJ16	程燕霞	检验	530	485	505	1520
12	CJ13	吕继红	运输	500	520	498	1518

图 8－27　自动筛选

（2）单击“工种”旁的下三角按钮，打开“数字筛选”菜单，取消勾选“检验”复选框，则“检验”工种都被筛选出去，效果如图 8－28 所示。

	A	B	C	D	E	F	G
1	一季度员工绩效表						
2	编号	姓名	工种	1月份	2月份	3月份	季度总产量
3	CJ11	张琴丽	装配	520	526	519	1565
6	CJ18	范丽芳	运输	516	510	528	1554
7	CJ17	胡方	装配	521	508	515	1544
8	CJ15	吕凤玲	运输	535	498	508	1541
9	CJ09	夏炎芬	装配	500	502	530	1532
12	CJ13	吕继红	运输	500	520	498	1518

图 8－28　自动筛选“工种”列

2）自定义筛选

单击“季度总产量”旁的下三角按钮，打开“数字筛选”菜单，选择“大于或等于”命令，弹出“自定义自动筛选方式”对话框，在“大于或等于”后面的文本框中输入“1540”，如图 8－29 所示，单击“确定”按钮，效果如图 8－30 所示。

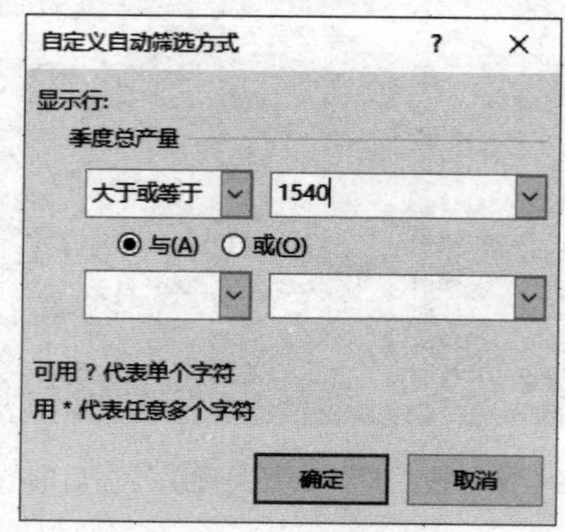

图 8－29　“自定义自动筛选方式”对话框

	A	B	C	D	E	F	G
1	一季度员工绩效表						
2	编号	姓名	工种	1月份	2月份	3月份	季度总产量
3	CJ11	张琴丽	装配	520	526	519	1565
4	CJ14	王艳琴	检验	570	500	486	1556
5	CJ12	葛华	检验	515	514	527	1556
6	CJ18	范丽芳	运输	516	510	528	1554
7	CJ17	胡方	装配	521	508	515	1544
8	CJ15	吕凤玲	运输	535	498	508	1541

图 8－30　自定义条件自动筛选的效果

3）高级筛选

（1）在 A14：B15 单元格区域输入图 8－31 所示的筛选条件。

	A	B	C	D	E	F	G
1	一季度员工绩效表						
2	编号	姓名	工种	1月份	2月份	3月份	季度总产量
3	CJ11	张琴丽	装配	520	526	519	1565
4	CJ14	王艳琴	检验	570	500	486	1556
5	CJ12	葛华	检验	515	514	527	1556
6	CJ18	范丽芳	运输	516	510	528	1554
7	CJ17	胡方	装配	521	508	515	1544
8	CJ15	吕凤玲	运输	535	498	508	1541
9	CJ09	夏炎芬	装配	500	502	530	1532
10	CJ10	夏小米	检验	480	526	524	1530
11	CJ16	程燕霞	检验	530	485	505	1520
12	CJ13	吕继红	运输	500	520	498	1518
13							
14	1月份	季度总产量					
15	>510	1540					

图 8－31　设置高级筛选条件

（2）选中表格中任意一单元格区域，在“数据”功能区的“排序和筛选”组中单击“高级”按钮，弹出“高级筛选”对话框，在“方式”区域选择“在原有区域显示筛选结果”选项，“列表区域”文本框中输入“A2：G12”，在“条件区域”文本框中输入“一季度员工绩效表！A14：B15”，如图 8－32 所示。单击“确定”按钮，出现图 8－33 所示筛选效果。

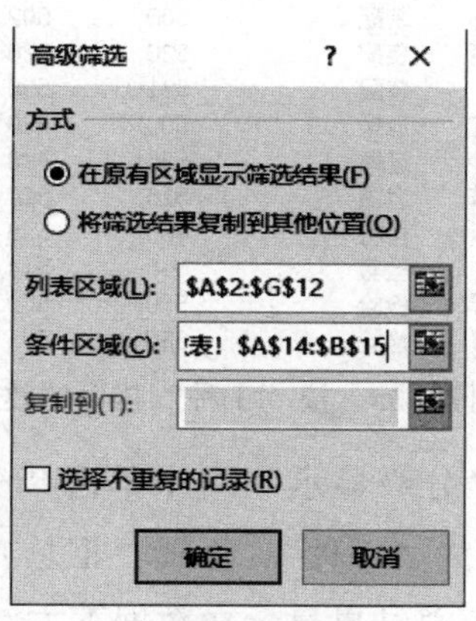

图 8－32　高级筛选条件设置

	A	B	C	D	E	F	G
1				一季度员工绩效表			
2	编号	姓名	工种	1月份	2月份	3月份	季度总产量
3	CJ11	张琴丽	装配	520	526	519	1565
4	CJ14	王艳琴	检验	570	500	486	1556
5	CJ12	葛华	检验	515	514	527	1556
6	CJ18	范丽芳	运输	516	510	528	1554
7	CJ17	胡方	装配	521	508	515	1544
8	CJ15	吕凤玲	运输	535	498	508	1541
13							
14	1月份	季度总产量					
15	>510	1540					

图 8－33　高级筛选的效果

3. 对“公司员工绩效表”数据进行分类汇总

（1）选中表格中任意一单元格区域，在“数据”功能区的“排序和筛选”组中单击“排序”按钮，弹出“排序”对话框，设置“主要关键字”为“工种”，设置“排序依据”为“数值”，设置“次序”为“升序”，如图 8－34 所示。单击“确定”按钮，排序后的效果如图 8－35 所示。

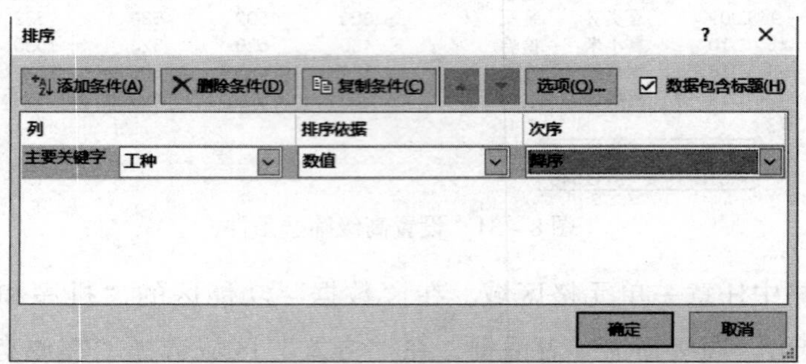

图 8－34　排序参数设置

	A	B	C	D	E	F	G
1				一季度员工绩效表			
2	编号	姓名	工种	1月份	2月份	3月份	季度总产量
3	CJ09	夏炎芬	装配	500	502	530	1532
4	CJ11	张琴丽	装配	520	526	519	1565
5	CJ17	胡方	装配	521	508	515	1544
6	CJ13	吕继红	运输	500	520	498	1518
7	CJ15	吕凤玲	运输	535	498	508	1541
8	CJ18	范丽芳	运输	516	510	528	1554
9	CJ10	夏小米	检验	480	526	524	1530
10	CJ12	葛华	检验	515	514	527	1556
11	CJ14	王艳琴	检验	570	500	486	1556
12	CJ16	程燕霞	检验	530	485	505	1520

图 8－35　按“工种”排序的效果

（2）在“数据”功能区的“分级显示”组中单击“分类汇总”按钮，弹出“分类汇总”对话框，设置“分类字段”为“工种”，设置“汇总方式”为“求和”，设置“选定汇总项”为“季度总产量”，并将汇总结果显示在数据下方，如图 8－36 所示。单击“确定”按钮，分类汇总后的效果如图 8－37 所示。

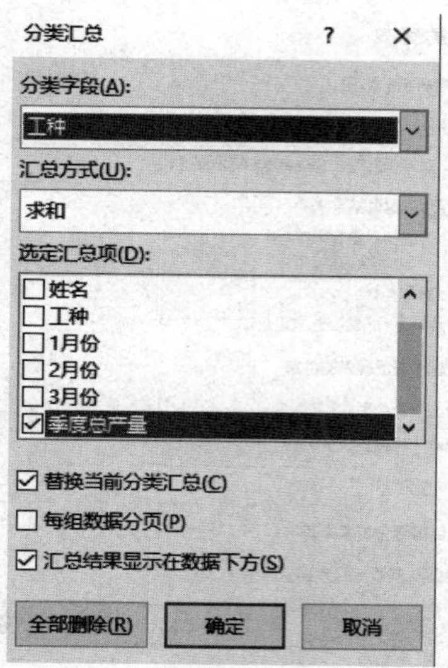

图 8－36 “分类汇总”对话框

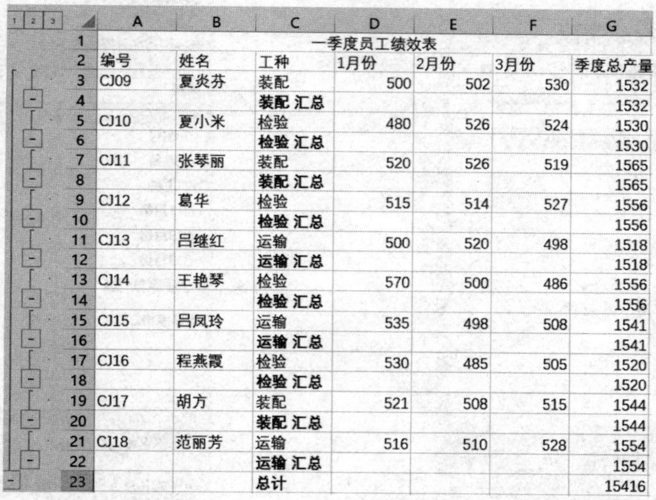

	A	B	C	D	E	F	G
1	一季度员工绩效表						
2	编号	姓名	工种	1月份	2月份	3月份	季度总产量
3	CJ09	夏炎芬	装配	500	502	530	1532
4			装配 汇总				1532
5	CJ10	夏小米	检验	480	526	524	1530
6			检验 汇总				1530
7	CJ11	张琴丽	装配	520	526	519	1565
8			装配 汇总				1565
9	CJ12	葛华	检验	515	514	527	1556
10			检验 汇总				1556
11	CJ13	吕继红	运输	500	520	498	1518
12			运输 汇总				1518
13	CJ14	王艳琴	检验	570	500	486	1556
14			检验 汇总				1556
15	CJ15	吕凤玲	运输	535	498	508	1541
16			运输 汇总				1541
17	CJ16	程燕霞	检验	530	485	505	1520
18			检验 汇总				1520
19	CJ17	胡方	装配	521	508	515	1544
20			装配 汇总				1544
21	CJ18	范丽芳	运输	516	510	528	1554
22			运输 汇总				1554
23			总计				15416

图 8－37 分类汇总后的效果

4. 创建数据透视表和数据透视图

（1）将光标放置在数据区中任意一单元格，在“插入”功能区的“表格”组中单击“数据透视表”按钮，弹出图 8－38 所示对话框。

（2）单击“确定”按钮，弹出图 8－39 所示“数据透视表字段”设置界面。

（3）在“数据透视表字段”窗格中将“工种”字段拖动到“筛选器”列表框中，数据表中将自动添加筛选字段，然后用同样的方法将“姓名”和“编号”字段拖到“筛选器”列表框中。

（4）使用同样的方法按顺序将“1 月份”“2 月份”“3 月份”“季度总产量”字段拖到“Σ值”列表框中，如图 8－40 所示。

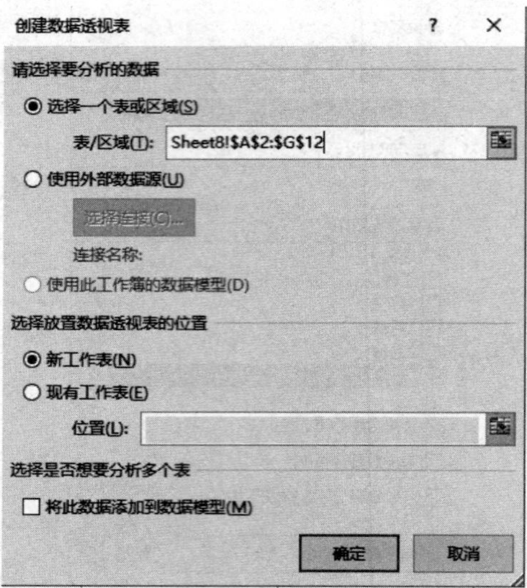

图 8－38 “创建数据透视表”对话框

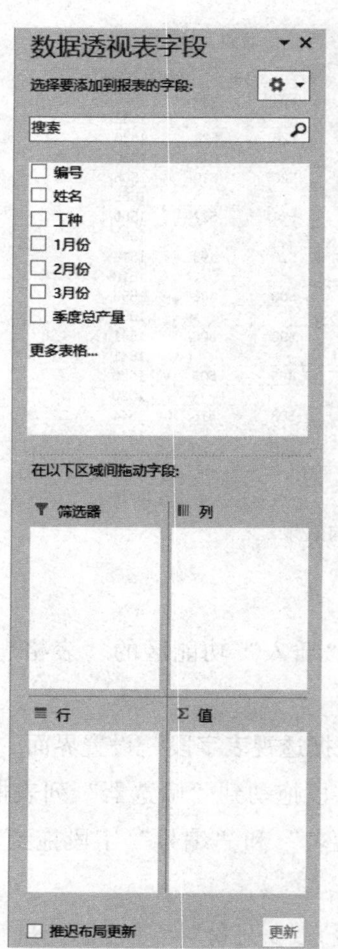

图 8－39 “数据透视表字段”设置界面（1）

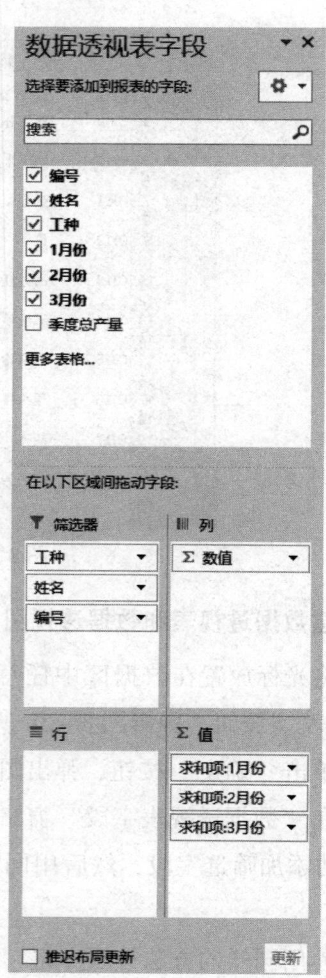

图 8－40 “数据透视表字段”设置界面（2）

（5）在创建好的数据透视表中单击“工种”字段后的下三角按钮，在打开的列表框中选择“检验”选项，如图8-41所示，单击“确定”按钮，即可在表格中显示该工种下所有员工的汇总数据，如图8-42所示。

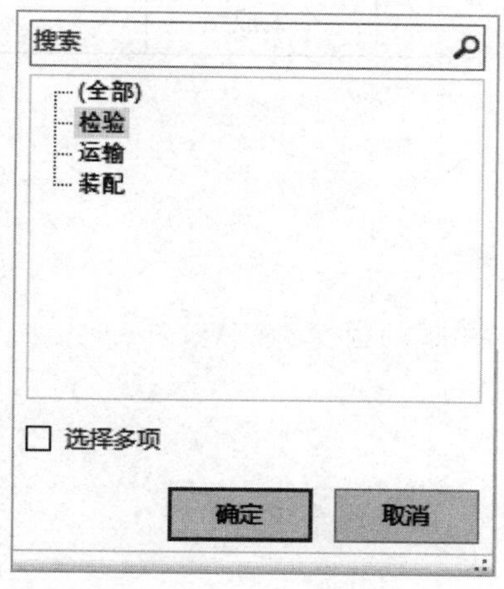

图8-41 数据透视表“工种”的设置

	A	B	C
1	工种	检验	
2	姓名	(全部)	
3	编号	(全部)	
4			
5	求和项:1月份	求和项:2月份	求和项:3月份
6	2095	2025	2042

图8-42 对汇总结果进行筛选

任务8.4 制作“大学生构成比例”饼图

【任务工单】 任务工单8-4：制作“大学生构成比例”饼图

<table>
<tr><td>任务名称</td><td colspan="5">制作“大学生构成比例”饼图</td></tr>
<tr><td>组别</td><td></td><td>成员</td><td></td><td>小组成绩</td><td></td></tr>
<tr><td>学生姓名</td><td colspan="3"></td><td>个人成绩</td><td></td></tr>
<tr><td>任务情境</td><td colspan="5">公司在人才市场新招聘了一批员工，他们来自不同的大学，徐经理想了解这批员工的学历情况，就让李晓东统计不同学历的学生分别占全部学生的百分比，统计后制作一份“学生构成比例”表格，同时根据该表格制作一张“大学生构成比例”饼图，以便总经理查看新招聘员工的学历情况</td></tr>
<tr><td>任务目标</td><td colspan="5">制作“大学生构成比例”饼图</td></tr>
<tr><td>任务要求</td><td colspan="5">按本任务后面列出的具体任务内容，完成“大学生构成比例”饼图的制作</td></tr>
<tr><td>知识链接</td><td colspan="5"></td></tr>
<tr><td>计划决策</td><td colspan="5"></td></tr>
</table>

续表

任务名称	制作“大学生构成比例”饼图				
组别		成员		小组成绩	
学生姓名				个人成绩	
任务实施	（1）插入饼图 （2）更改图表标题和图例的位置 （3）移动图表位置				
检查	（1）饼图；（2）图表标题和图例；（3）图表位置				
实施总结					
小组评价					
任务点评					

【前导知识】

图表的编辑操作如下。

1. 选取图表

在对图表进行编辑时，首先要选取图表。如果是嵌入式图表，则单击图表；如果是图表工作表，则需单击此工作表标签。

2. 移动图表和改变图表大小

选中图表后，图表四周会出现 8 个黑色的小方块，这时可以对图表进行移动和改变大小的操作，与 Word 相同。

3. 删除图表

选中图表后，按 Delete 键即可删除图表。

4. 改变图表类型

选中图表，单击“图表设计”功能区中的“更改图表类型”按钮，选择合适的图表类型。

【任务内容】

（1）选中“学生类别”和“占学生数的比例”数据，建立三维饼图。

（2）在上方添加图表标题“大学生构成比例”，将图例放在下方。

（3）改变图表大小，并将改变大小的图表移动到 A9：C22 单元格区域。

【任务实施】

1. 插入图表

（1）选中 A2：A6 单元格区域，按住 Ctrl 键，再选中 C2：C6 单元格区域，如图 8－43 所示。

	A	B	C
1	学生构成比例		
2	学生类别	人数	占学生数的比例
3	专科生	2050	19.43%
4	本科生	6800	64.45%
5	研究生	1200	11.37%
6	博士生	500	4.74%
7			
8	总人数	10550	

图 8－43　选择不连续的两列

（2）在“插入”功能区的“图表”组中单击“插入图表”按钮，在“所有图表”选项卡中选择“饼图”选项，在“图表类型”中选择“三维饼图”，如图 8－44 所示。

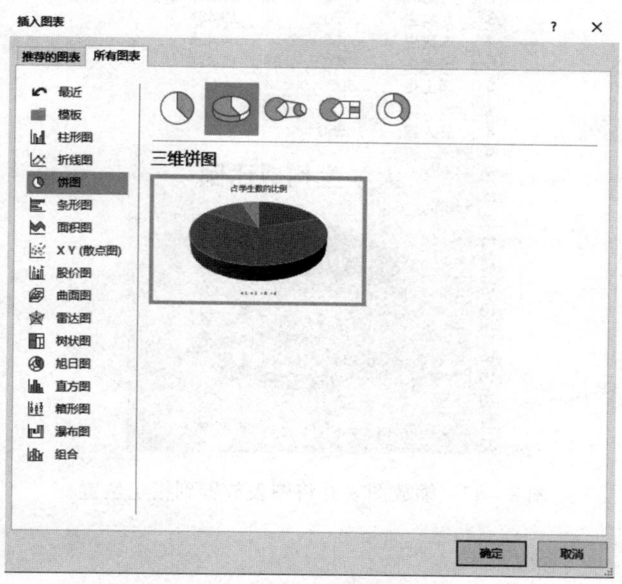

图 8－44　图表类型设置

（3）单击“确定”按钮，选中图表，在“图表工具”扩展功能区中单击“设计”选项卡，在“图表样式”组中选择“样式3”，效果如图8－45所示。

2. 更改图表标题和图例的位置

双击图表标题“占学生数的比例”，修改为“大学生构成比例”；选中图表，在“图表工具”扩展功能区中单击“设计”选项卡，在“图表布局”组中单击“添加图表元素”下拉箭头，选择“图例”→“底部”选项，单击“确定”按钮，设置后的效果如图8－46所示。

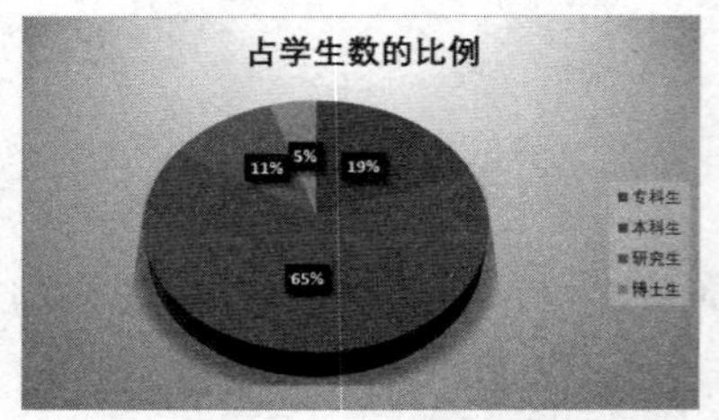

图8－45　生成带有比例的饼图

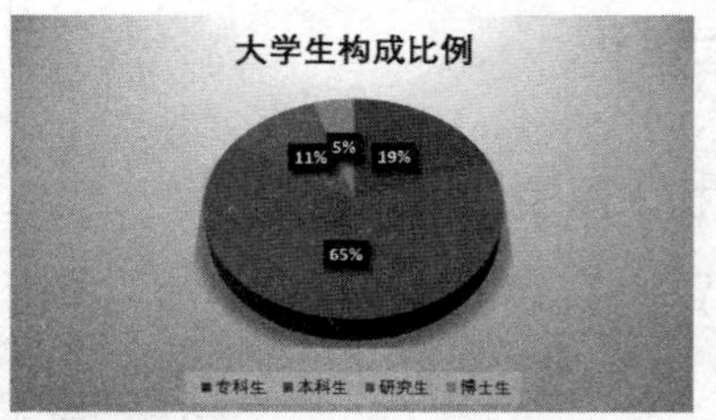

图8－46　更改图表标题和图例的位置

3. 移动图表位置

选中图表，将光标移动到图表右下角的小圆圈上，当出现对角线箭头（从矩形左上到右下）时，按住鼠标左键进行拖放，改变图表大小，并将改变大小的图表移动到A9：C22单元格区域，设置后的效果如图8－47所示。

	A	B	C
1	学生构成比例		
2	学生类别	人数	占学生数的比例
3	专科生	2050	19.43%
4	本科生	6800	64.45%
5	研究生	1200	11.37%
6	博士生	500	4.74%
7			
8	总人数	10550	

图8－47　缩放图表并将图表放置到指定位置

任务8.5 公式与函数的应用

【任务工单】 任务工单8－5：制作“2018年第二学期成绩表”

<table>
<tr><td>任务名称</td><td colspan="5">制作“2018年第二学期成绩表”</td></tr>
<tr><td>组别</td><td></td><td>成员</td><td></td><td>小组成绩</td><td></td></tr>
<tr><td>学生姓名</td><td colspan="3"></td><td>个人成绩</td><td></td></tr>
<tr><td>任务情境</td><td colspan="5">毕业之前，学校安排一批实习生到某单位实习，单位徐经理让李晓东利用Excel制作一份“2018年第二学期成绩表”，作为用人单位了解实习生的依据，以便徐经理掌握实习生的基本情况</td></tr>
<tr><td>任务目标</td><td colspan="5">制作“2018年第二学期成绩表”</td></tr>
<tr><td>任务要求</td><td colspan="5">按本任务后面列出的具体任务内容，完成“2018年第二学期成绩表”的制作</td></tr>
<tr><td>知识链接</td><td colspan="5"></td></tr>
<tr><td>计划决策</td><td colspan="5"></td></tr>
<tr><td>任务实施</td><td colspan="5">（1）新建工作簿

（2）计算英语折合分

（3）计算总分

（4）计算最高分

（5）计算总人数</td></tr>
</table>

续表

<table>
<tr><td>任务名称</td><td colspan="5">制作“2018 年第二学期成绩表”</td></tr>
<tr><td>组别</td><td></td><td>成员</td><td></td><td>小组成绩</td><td></td></tr>
<tr><td>学生姓名</td><td colspan="3"></td><td>个人成绩</td><td></td></tr>
<tr><td>任务实施</td><td colspan="5">（6）计算不及格人数
（7）评出优秀并计算优秀率
（8）为工作表改名
（9）设置工作表
（10）保存文件</td></tr>
<tr><td>检查</td><td colspan="5">（1）“2018 年第二学期成绩表”的制作；（2）总分、最高分、总人数、不及格人数、优秀率的计算；（3）工作表的改名和保存</td></tr>
<tr><td>实施总结</td><td colspan="5"></td></tr>
<tr><td>小组评价</td><td colspan="5"></td></tr>
<tr><td>任务点评</td><td colspan="5"></td></tr>
</table>

【前导知识】

Excel 中的几个常用函数如下。

1. RANK 函数

返回数字在一列数字中相对于其他数值的大小排名，可按降序排列，也可按升序排列。

2. IF 函数

判断是否满足某个条件，如果满足则返回一个值，如果不满足则返回另一个值。

3. COUNTIF 函数

计算某个区域中满足给定条件单元格的数目。

4. SUMIF 函数

对满足条件的单元格中的数据求和。

【任务内容】

建立 Excel 文档，输入基本数据，如图 8－48 所示。按照下列要求完成操作，并将操作结果以“实习人员成绩 . xlsx”为文件名保存。

	A	B	C	D	E	F	G	H	I
1	2018 年 第二学期成绩表								
2	学号	姓名	英语	听力	高数	物理	英语折合分	总分	总评
3	20140301	李晓东	64	96	83	88			
4	20140302	张正	73	82	92	89			
5	20140303	徐丽珍	82	93	77	90			
6	20140304	翁立飞	81	73	80	65			
7	20140305	陈亮	65	78	75	82			
8	20140306	徐建波	56	64	80	73			
9	20140307	徐奔	37	66	58	62			
10	20140308	陶小康	71	53	72	54			
11	20140309	刘芳	63	76	80	70			
12	20140310	田东鹏	85	68	86	70			
13	最高分								
14	总人数								
15	不及格人数								

图 8－48　2018 年第二学期成绩表

（1）计算英语折合分（英语折合分＝英语成绩×60%＋听力成绩×40%）和总分，精确到小数点后一位。

（2）计算最高分、总人数和不及格人数。

（3）按照总分评出优秀（总分≥250），计算优秀率（优秀率＝优秀人数/总人数），其值用百分数形式显示。

（4）将工作表重命名为“实习人员成绩表”。

（5）按照样表对“实习人员成绩表”进行以下设置：

①将标题字体格式设置为“黑体，16号，灰色底纹，白色”，采用合并及垂直居中对齐方式。

②将表头各列标题（第2行）设置为“浅灰色底纹，位置居中”，其他内容设置为“居中”。

③将所有框线设置为“细实线”。

【任务实施】

1. 新建工作簿

启动Excel 2016，在“Sheet1”工作表的第1行输入“2018年第二学期成绩表”，在第2行输入标题列信息，按照样表输入学号、姓名、各门课程考试成绩。

2. 计算英语折合分

（1）在G3单元格内输入公式“=C3*60%+D3*40%”或“=C3*.6+D3*.4”，如图8-49所示，按Enter键结束输入，便求得李晓东同学的英语折合分。

IF = C3*60%+D3*40%

	A	B	C	D	E	F	G
1	2018年第二学期成绩表						
2	学号	姓名	英语	听力	高数	物理	英语折合分
3	20140301	李晓东	64	96	83	88	+D3*40%

图8-49 输入英语折合分公式

（2）选中G3单元格，将光标移到G3单元格右下角，当光标变成黑十字时按住鼠标左键将其拖动到G12单元格，松开鼠标左键，完成公式复制，即可计算得到其他同学的英语折合分，如图8-50所示。

	A	B	C	D	E	F	G
1	2018年第二学期成绩表						
2	学号	姓名	英语	听力	高数	物理	英语折合分
3	20140301	李晓东	64	96	83	88	76.8
4	20140302	张正	73	82	92	89	76.6
5	20140303	徐丽珍	82	93	77	90	86.4
6	20140304	翁立飞	81	73	80	65	77.8
7	20140305	陈亮	65	78	75	82	70.2
8	20140306	徐建波	56	64	80	73	59.2
9	20140307	徐奔	37	66	58	62	48.6
10	20140308	陶小康	71	53	72	54	63.8
11	20140309	刘芳	63	76	80	70	68.2
12	20140310	田东鹏	85	68	86	70	78.2

图8-50 公式填充复制结果

3. 计算总分

（1）选中 H3 单元格，在“公式”功能区的“函数库”组中单击“自动求和”按钮，系统会自动调用 SUM 函数，默认函数参数为 C3：G3 单元格区域，更改参数为 E3：G3 单元格区域，如图 8－51 所示，可求出李晓东同学的总分。

	A	B	C	D	E	F	G	H	I
1	2018 年 第 二 学 期 成 绩表								
2	学号	姓名	英语	听力	高数	物理	英语折合分	总分	总评
3	20140301	李晓东	64	96	83	88	76.8	=SUM(E3:G3) SUM(number1, [number2], ...)	
4	20140302	张正	73	82	92	89	76.6		

图 8－51　选中求和单元格区域

（2）再次选中 H3 单元格，拖动填充柄至 H12 单元格，松开鼠标左键，可完成其他同学的总分计算，总分填充结果如图 8－52 所示。

	A	B	C	D	E	F	G	H
1	2018 年 第 二 学 期 成 绩表							
2	学号	姓名	英语	听力	高数	物理	英语折合分	总分
3	20140301	李晓东	64	96	83	88	76.8	247.8
4	20140302	张正	73	82	92	89	76.6	257.6
5	20140303	徐丽珍	82	93	77	90	86.4	253.4
6	20140304	翁立飞	81	73	80	65	77.8	222.8
7	20140305	陈亮	65	78	75	82	70.2	227.2
8	20140306	徐建波	56	64	80	73	59.2	212.2
9	20140307	徐奔	37	66	58	62	48.6	168.6
10	20140308	陶小康	71	53	72	54	63.8	189.8
11	20140309	刘芳	63	76	80	70	68.2	218.2
12	20140310	田东鹏	85	68	86	70	78.2	234.2

图 8－52　总分填充结果

（3）选中“英语折合分”和“总分”两列，在“开始”功能区的“数字”组中单击增加小数位数按钮“”，结果保留两位小数，如图 8－53 所示。

	A	B	C	D	E	F	G	H
1	2018 年 第 二 学 期 成 绩表							
2	学号	姓名	英语	听力	高数	物理	英语折合分	总分
3	20140301	李晓东	64	96	83	88	76.80	247.80
4	20140302	张正	73	82	92	89	76.60	257.60
5	20140303	徐丽珍	82	93	77	90	86.40	253.40
6	20140304	翁立飞	81	73	80	65	77.80	222.80
7	20140305	陈亮	65	78	75	82	70.20	227.20
8	20140306	徐建波	56	64	80	73	59.20	212.20
9	20140307	徐奔	37	66	58	62	48.60	168.60
10	20140308	陶小康	71	53	72	54	63.80	189.80
11	20140309	刘芳	63	76	80	70	68.20	218.20
12	20140310	田东鹏	85	68	86	70	78.20	234.20

图 8－53　保留两位小数设置结果

4. 计算最高分

（1）选中 C13 单元格，在“公式”功能区的“函数库”组中单击“插入函数”按钮，打开图 8－54 所示的“插入函数”对话框。

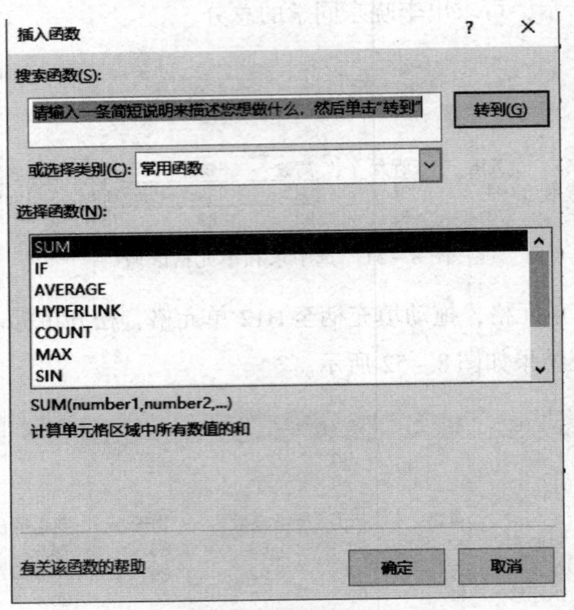

图 8－54　“插入函数”对话框

（2）在“或选择类别”下拉列表中选择“常用函数”选项，然后在“选择函数”列表框中选择 MAX 函数，或在“或选择类别”下拉列表中选择“统计”选项，在“选择函数”列表框中选择 MAX 函数，单击“确定”按钮，打开图 8－55 所示的“函数参数”对话框。

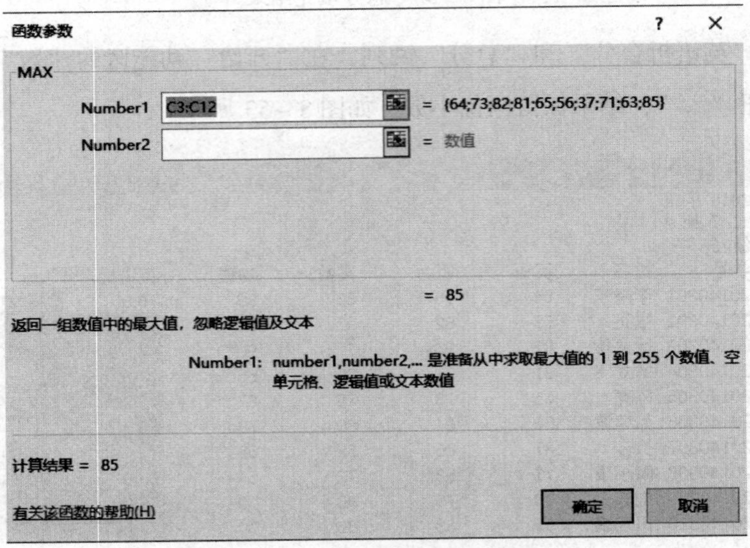

图 8－55　“函数参数”对话框

（3）在“函数参数”对话框中，单击“Number1”数值框后面的压缩按钮，选中C3：C12单元格区域，单击“确定”按钮，即可求出英语最高分。

（4）再次选中C13单元格，拖动填充柄至G13单元格，松开鼠标左键，完成其他课程最高分的计算，如图8－56所示。

	A	B	C	D	E	F	G
1	2018年第二学期成绩表						
2	学号	姓名	英语	听力	高数	物理	英语折合分
3	20140301	李晓东	64	96	83	88	76.80
4	20140302	张正	73	82	92	89	76.60
5	20140303	徐丽珍	82	93	77	90	86.40
6	20140304	翁立飞	81	73	80	65	77.80
7	20140305	陈亮	65	78	75	82	70.20
8	20140306	徐建波	56	64	80	73	59.20
9	20140307	徐奔	37	66	58	62	48.60
10	20140308	陶小康	71	53	72	54	63.80
11	20140309	刘芳	63	76	80	70	68.20
12	20140310	田东鹏	85	68	86	70	78.20
13	最高分		85	96	92	90	86.4

图8－56　最高分填充计算结果

5. 计算总人数

（1）选中B14单元格，在“公式”功能区的“函数库”组中单击“插入函数”按钮，在“插入函数”对话框中设置类别为“统计”，选择COUNTA函数，如图8－57所示。

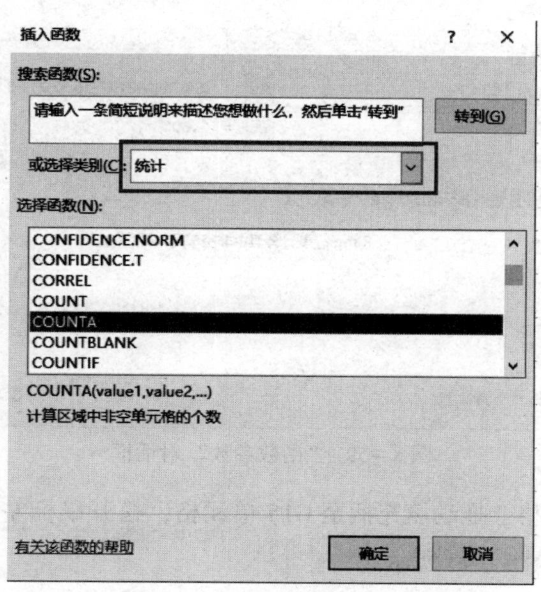

图8－57　“插入函数”对话框

（2）单击“确定”按钮，函数参数选择B3：B12单元格区域，如图8－58所示，求出总人数为10。

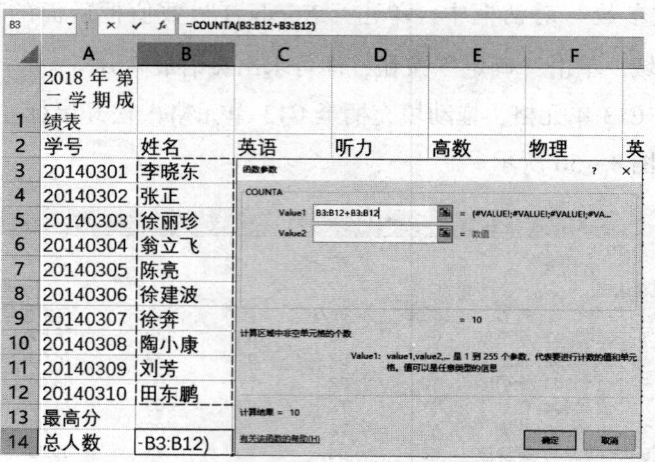

图 8－58　选择 COUNTA 函数参数

6. 计算不及格人数

（1）选中 C15 单元格，在“公式”功能区的“函数库”组中单击“插入函数”按钮，在“统计”类别中，选择 COUNTIF 函数，单击“确定”按钮，打开“函数参数”对话框。

（2）函数参数 Range 选择为 C3：C12 单元格区域，Criteria 条件定义为“<60”，如图 8－59 所示，单击“确定”按钮，C15 单元格中显示不及格人数。

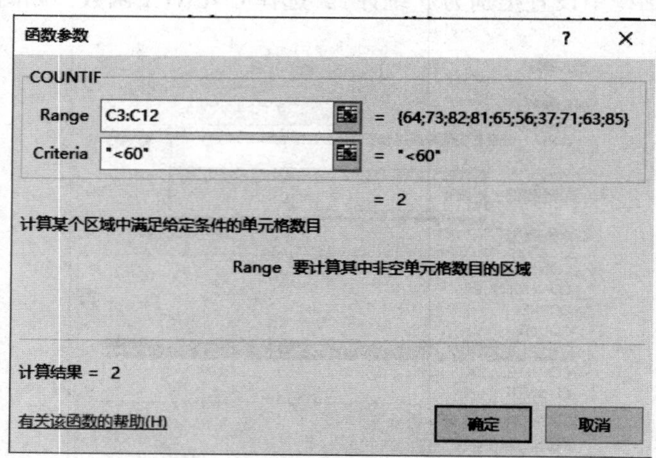

图 8－59　“函数参数”对话框

（3）选中 C15 单元格，拖动填充柄至 G15 单元格，松开鼠标左键，完成其他课程不及格人数的计算，结果如图 8－60 所示。

7. 评出优秀并计算优秀率

（1）选中 I3 单元格，在“公式”功能区的“函数库”组中单击“插入函数”按钮，在“常用函数”类别中，选择 IF 函数，单击“确定”按钮，打开“函数参数”对话框。

	A	B	C	D	E	F	G
1	2018年第二学期成绩表						
2	学号	姓名	英语	听力	高数	物理	英语折合分
3	20140301	李晓东	64	96	83	88	76.80
4	20140302	张正	73	82	92	89	76.60
5	20140303	徐丽珍	82	93	77	90	86.40
6	20140304	翁立飞	81	73	80	65	77.80
7	20140305	陈亮	65	78	75	82	70.20
8	20140306	徐建波	56	64	80	73	59.20
9	20140307	徐奔	37	66	58	62	48.60
10	20140308	陶小康	71	53	72	54	63.80
11	20140309	刘芳	63	76	80	70	68.20
12	20140310	田东鹏	85	68	86	70	78.20
13	最高分		85	96	92	90	86.4
14	总人数	10					
15	不及格人数		2	1	1	1	2

图8-60　不及格人数填充结果

（2）在“Logical_test”逻辑条件框中输入条件表达式“H3>250”，在“Value_if_true”条件为真返回值框中输入“"优秀"”，在“Value_if_false”条件为假返回值框中输入“" "”（空格），如图8-61所示，单击“确定”按钮，即可得到李晓东的总评。

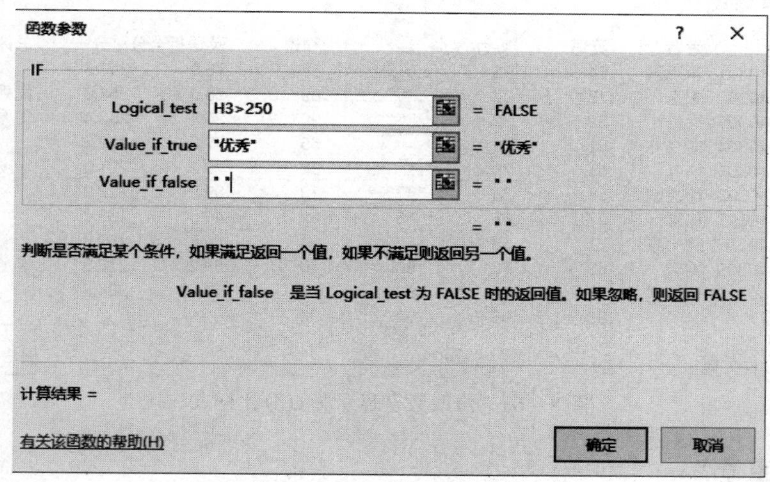

图8-61　IF函数设置

提示：可在I3单元格中直接输入公式“=IF（H3>=250,"优秀"," "）”。公式符号均为英文标点符号。

（3）选中I3单元格，拖动填充柄至I12单元格，松开鼠标左键，完成其他同学的总评，如图8-62所示。

（4）合并H14、H15单元格，输入“优秀率”，合并I14、I15单元格，选中该单元格并输入公式“=COUNTIF（I3：I12,"优秀"）/B14”，可得到优秀率为0.3。

（5）选中计算出的优秀率，在“开始”功能区的“数字”组中单击“百分比样式”按钮，如图8-63所示，优秀率的值即用百分比样式显示。

	A	B	C	D	E	F	G	H	I
1	2018 年 第 二 学 期 成 绩表								
2	学号	姓名	英语	听力	高数	物理	英语折合分	总分	总评
3	20140301	李晓东	64	96	83	88	76.8	247.8	
4	20140302	张正	73	82	92	89	76.6	257.6	优秀
5	20140303	徐丽珍	82	93	77	90	86.4	253.4	优秀
6	20140304	翁立飞	81	73	80	65	77.8	222.8	
7	20140305	陈亮	65	78	75	82	70.2	227.2	
8	20140306	徐建波	56	64	80	73	59.2	212.2	
9	20140307	徐奔	37	66	58	62	48.6	168.6	
10	20140308	陶小康	71	53	72	54	63.8	189.8	
11	20140309	刘芳	63	76	80	70	68.2	218.2	
12	20140310	田东鹏	85	68	86	70	78.2	234.2	

图 8－62　总评填充结果

	A	B	C	D	E	F	G	H	I
1	2018 年 第 二 学 期 成 绩表								
2	学号	姓名	英语	听力		物理	英语折合分	总分	总评
3	20140301	李晓东	64	96		88	76.8	247.8	
4	20140302	张正	73	82		89	76.6	257.6	优秀
5	20140303	徐丽珍	82	93		90	86.4	253.4	优秀
6	20140304	翁立飞	81	73		65	77.8	222.8	
7	20140305	陈亮	65	78		82	70.2	227.2	
8	20140306	徐建波	56	64		73	59.2	212.2	
9	20140307	徐奔	37	66	58	62	48.6	168.6	
10	20140308	陶小康	71	53	72	54	63.8	189.8	
11	20140309	刘芳	63	76	80	70	68.2	218.2	
12	20140310	田东鹏	85	68	86	70	78.2	234.2	
13	最高分		85	96	92	90			
14	总人数								0.3
15	不及格人数								

图 8－63　修改数字显示为百分比样式

8. 工作表重命名

选中“Sheet1”工作表并单击鼠标右键，在弹出的快捷菜单中选择“重命名”命令，输入“实习人员成绩表”，则完成“Sheet1”工作表的重命名。

9. 工作表设置

（1）选中 A1：I1 单元格区域，在“开始”功能区的“对齐方式”组中单击“合并后居中”按钮，即可完成单元格的合并及居中。

（2）在“开始”功能区的“对齐方式”组中单击右下角的对话框启动器按钮，打开“设置单元格格式”对话框。

（3）在“字体”选项卡中设置字体为“黑体”，字号为“16”，颜色为“白色”，如图 8－64 所示。在“填充”选项卡中设置底纹为“灰色”。

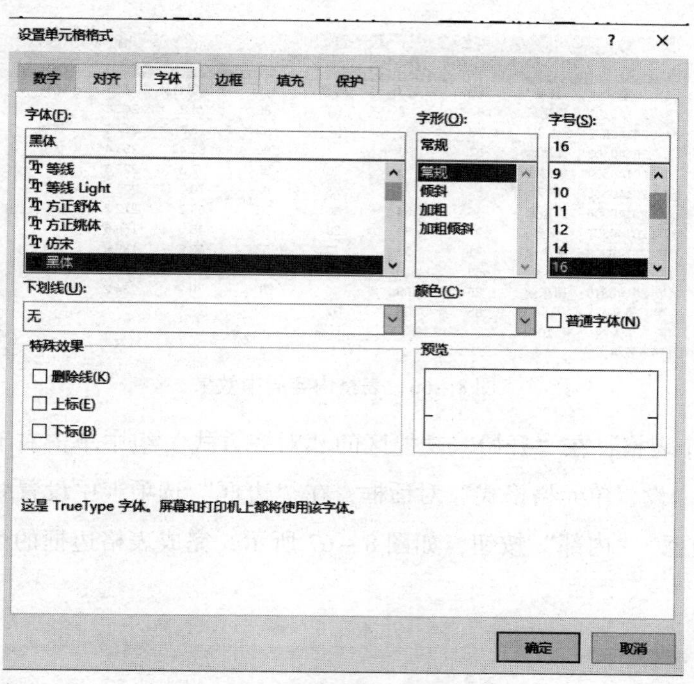

图 8－64　设置字体

（4）选中表格第 2 行至最后一行，在“开始”功能区的“单元格”组中单击“格式”按钮，在下拉列表中选择“行高”选项，如图 8－65 所示，在打开的对话框中设置行高为“16”，在“开始”功能区的“对齐方式”组中单击“居中”按钮，则表格内容全部居中，设置结果如图 8－66 所示。

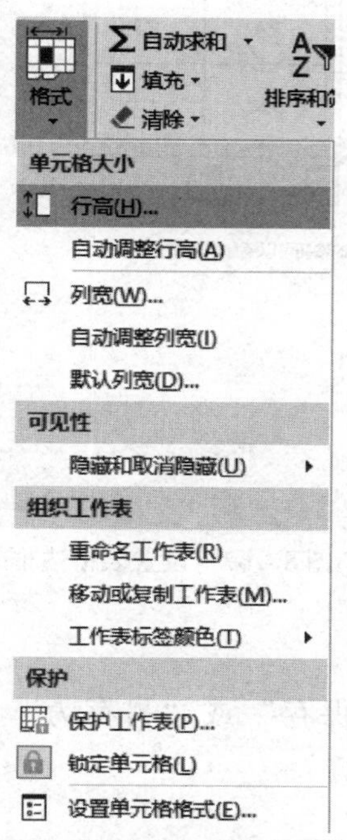

图 8－65　单元格格式设置下拉菜单

	A	B	C	D	E	F	G	H	I
1	2018年第二学期成绩表								
2	学号	姓名	英语	听力	高数	物理	英语折合分	总分	总评
3	20140301	李晓东	64	96	83	88	76.8	247.8	
4	20140302	张正	73	82	92	89	76.6	257.6	优秀
5	20140303	徐丽珍	82	93	77	90	86.4	253.4	优秀
6	20140304	翁立飞	81	73	80	65	77.8	222.8	
7	20140305	陈亮	65	78	75	82	70.2	227.2	
8	20140306	徐建波	56	64	80	73	59.2	212.2	
9	20140307	徐奔	37	66	58	62	48.6	168.6	
10	20140308	陶小康	71	53	72	54	63.8	189.8	
11	20140309	刘芳	63	76	80	70	68.2	218.2	
12	20140310	田东鹏	85	68	86	70	78.2	234.2	
13	最高分		85	96	92	90			
14	总人数	10						优秀率	30%
15	不及格人数		2	1	1	1	2		

图 8－66　表格内容居中效果

（5）选中整个表格，在“开始”功能区的“对齐方式”组中单击右下角的对话框启动器按钮，打开“设置单元格格式”对话框，在“边框”选项卡中设置线条样式为“细实线”，单击“外边框”“内部”按钮，如图 8－67 所示，完成表格边框的设置，最终效果如图 8－68 所示。

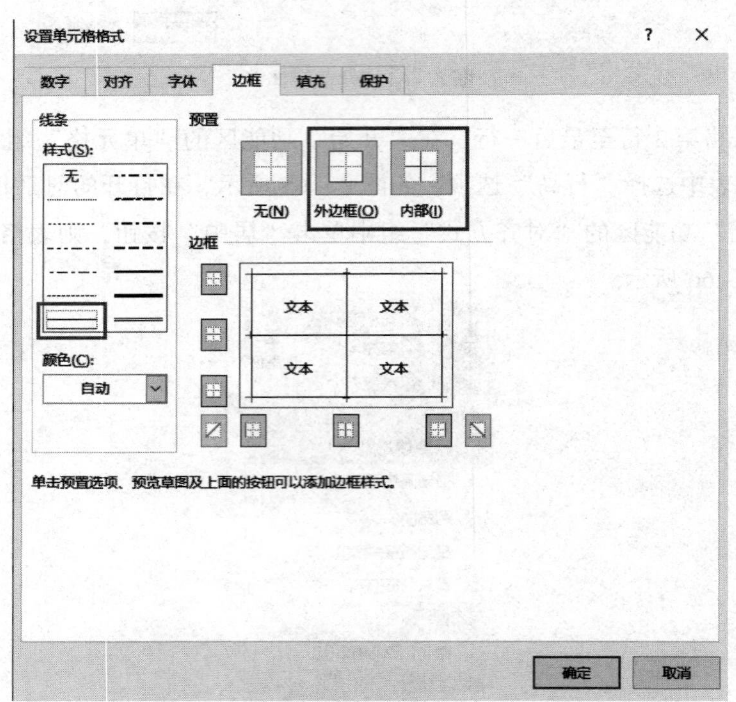

图 8－67　设置表格边框

10. 保存文件

在“文件”选项卡中选择“保存”或“另存为”命令，将文件以“实习人员成绩.xlsx”为文件名保存，退出 Excel。

	A	B	C	D	E	F	G	H	I
1	2018年第二学期成绩表								
2	学号	姓名	英语	听力	高数	物理	英语折合分	总分	总评
3	20140301	李晓东	64	96	83	88	76.8	247.8	
4	20140302	张正	73	82	92	89	76.6	257.6	优秀
5	20140303	徐丽珍	82	93	77	90	86.4	253.4	优秀
6	20140304	翁立飞	81	73	80	65	77.8	222.8	
7	20140305	陈亮	65	78	75	82	70.2	227.2	
8	20140306	徐建波	56	64	80	73	59.2	212.2	
9	20140307	徐奔	37	66	58	62	48.6	168.6	
10	20140308	陶小康	71	53	72	54	63.8	189.8	
11	20140309	刘芳	63	76	80	70	68.2	218.2	
12	20140310	田东鹏	85	68	86	70	78.2	234.2	
13	最高分		85	96	92	90			
14	总人数	10						优秀率	30%
15	不及格人数		2	1	1	1	2		

图 8－68　最终效果

【知识考核】

选择题

（1）Microsoft Excel 2016 是处理（　　）的软件。

A. 数据报表　　B. 图像效果　　C. 图形设计方案　　D. 文字

（2）Excel 2016 工作簿默认的扩展名为（　　）。

A. “. docx”　　B. “. xlsx”　　C. “. dotx”　　D. “. xltx”

（3）在 Excel 2016 工作表中，不正确的单元格地址是（　　）。

A. C$66　　B. $C66　　C. C6$6　　D. C66

（4）在 Excel 2016 工作表中，在某单元格内输入数值 123，不正确的输入形式是（　　）。

A. 123　　B. ＝123　　C. ＋123　　D. ＊123

（5）在 Excel 2016 工作表中进行智能填充时，鼠标指针的形状为（　　）。

A. 空心粗十字　　B. 向左上方的箭头

C. 实心细十字　　D. 向右上方的箭头

（6）在 Excel 2016 工作表的单元格中，输入数字字符串 100083（邮政编码）时，应输入（　　）。

A. 100083　　B. '100083　　C. '100083　　D. 100083'

（7）在 Excel 2016 中，字符型数据默认的显示方式是（　　）。

A. 中间对齐　　B. 右对齐　　C. 左对齐　　D. 自定义

（8）Excel 2016 单元格的地址是由（　　）来表示的。

A. 列标和行号　　B. 行号　　C. 列标　　D. 任意确定

（9）在下列 Excel 2016 的单元格地址中，为绝对地址的是（　　）。

A. E9　　B. H6　　C. E$3　　D. $C7

（10）在 Excel 2016 工作表中，（　　）是单元格的混合引用。

A. B10　　B. B10　　C. B$10　　D. 以上都不是

（11）在 Excel 2016 单元格区域的表示方法中，区域符号是冒号，通常的格式是“第 1 单元格地址：第 2 单元格地址”，以 A1 和 C5 为对角所形成的矩形区域的表示方法是（　　）。

A. A1：C5　　B. C5；A1　　C. A1 + C5　　D. A1，C5

（12）Excel 2016 单元格 E10 的值等于 E5 的值加上 E6 的值，在单元格 E10 中输入公式（　　）。

A. = E5 + E6　　B. = E5：E6　　C. E5 + E6　　D. E5：E6

（13）在公式运算中，如果要引用第 6 行的相对地址、第 A 列的绝对地址，则应为（　　）。

A. A6　　B. A$6　　C. 6A　　D. $A6

（14）在 Excel 2016 的工作表中，若要对一个区域中的各行数据求和，应使用（　　）函数，或使用工具栏中的“Σ”按钮进行运算。

A. AVERAGE　　B. SUM　　C. SUN　　D. SIN

（15）在工作表中，如果选择了输入有公式的单元格，则单元格显示（　　）。

A. 公式　　B. 公式的结果

C. 公式和结果　　D. 空白

（16）“排序”对话框中的“主要关键字”有（　　）排序方式。

A. 递增和递减　　B. 递增和不变

C. 递减和不变　　D. 递增递减和不变

（17）如果某单元格显示为若干个“#”号（如########），则表示（　　）。

A. 公式错误　　B. 数据错误

C. 行高不够　　D. 列宽不够

（18）在 Excel 2016 中，对数据列表进行分类汇总时，若分类字段未排序，则必须先对作为分类依据的字段进行（　　）操作。

A. 筛选　　B. 排序

C. 统计　　D. 合并

（19）在 Excel 2016 中，通过工作表创建的图表有两种，分别为（　　）图表。

A. 独立、嵌套式　　B. 独立、嵌入式

C. 组合、嵌入式　　D. 组合、独立

（20）在 Excel 2016 中已输入的数据清单含有字段——学号、姓名和成绩，若希望只显示成绩不及格的学生信息，则可以使用（　　）功能。

A. 分类统计　　B. 统计

C. 筛选　　D. 排序

【拓展练习】

（1）制作图 8－69 所示成绩表。

	A	B	C	D	E	F	G	H	I
1	学号	姓名	性别	大学英语	计算机应用	高等数学	应用文写作	总分	名次
2	04302101	杨妙琴	女	70	92	73	65		
3	04302102	周凤连	女	60	86	66	42		
4	04302103	白庆辉	男	46	73	79	71		
5	04302104	张小静	女	75	75	95	99		
6	04302105	郑敏	女	78	79	98	88		
7	04302106	文丽芬	女	93	81	43	69		
8	04302107	赵文静	女	96	85	31	65		
9	04302108	甘晓聪	男	36	98	71	53		
10	04302109	廖宇健	男	35	82	84	74		
11	04302110	曾美玲	女	缺考	91	35	67		
12	04302111	王艳平	女	47	99	79	98		
13	04302112	刘显森	男	96	82	74	86		
14	04302113	黄小惠	女	76	78	85	81		
15	04302114	黄斯华	女	94	61	94	47		
16	04302115	李平安	男	91	53	56	77		

图 8－69　成绩表

（2）利用 SUM 函数和 RANK 函数计算总分和平均分。

（3）制作图 8－70 所示成绩统计表。

课程	大学英语	计算机应用	高等数学	应用文写作
班级平均分				
班级最高分				
班级最低分				
应考人数				
参考人数				
缺考人数				
90-100(人)				
80-89(人)				
70-79(人)				
60-69(人)				
59以下(人)				
及格率				
优秀率				

图 8－70　成绩统计表

（4）利用条件函数和分段函数等计算成绩统计表中的数据。

（5）根据成绩统计表中各分数段的人数绘制图 8－71 所示数据图表。

（6）利用 IF 函数求各科分数的等级，如图 8－72 所示。

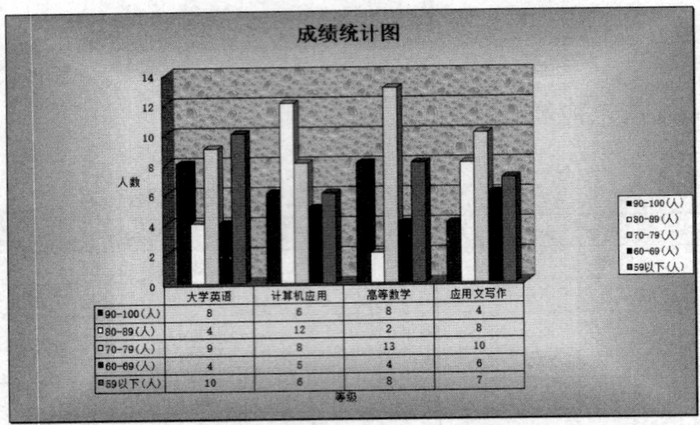

图 8－71 数据图表

	A	B	C	D	E	F	G
1	学号	姓名	性别	大学英语	计算机应用	高等数学	应用文写作
2	04302101	杨妙琴	女	C	A	C	及格
3	04302102	周凤连	女	D	B	D	不及格
4	04302103	白庆辉	男	E	C	C	及格
5	04302104	张小静	女	C	C	A	及格
6	04302105	郑敏	女	C	C	A	及格
7	04302106	文丽芬	女	A	B	E	及格
8	04302107	赵文静	女	A	B	E	及格
9	04302108	甘晓聪	男	E	A	C	不及格
10	04302109	廖宇健	男	E	B	B	及格
11	04302110	曾美玲	女	缺考	A	E	及格
12	04302111	王艳平	女	E	A	C	及格
13	04302112	刘显森	男	A	B	C	及格
14	04302113	黄小惠	女	C	C	B	及格
15	04302114	黄斯华	女	A	D	A	不及格
16	04302115	李平安	男	A	E	E	及格

图 8－72 求各科分数的等级

具体规则见表

表 8－3 具体规则

科目	分数	等级
大学英语 计算机应用 高等数学	<60	E
	60－70	D
	70－80	C
	80－90	B
	90－100	A
应用文写作	只要不是缺考，只要 >=60	及格
	只要不是缺考，<60	不及格
	缺考	缺考

项目 9
岗位竞聘和企业员工职业素质培训演示文稿的制作

【项目导读】

PowerPoint 是 Office 套装的一个组件，专门用于制作幻灯片。利用 PowerPoint 创建的文件又称为演示文稿，演示文稿包含的每一页就是幻灯片。因为 PowerPoint 2003 或者更早版本的文件后缀为“. ppt”，PowerPoint 2016 版本的文件后缀为“ *. pptx”，所以 PowerPoint 简称为 PPT。使用 PowerPoint 制作的演示文稿可以通过计算机屏幕或投影机播放，主要用于学术交流、产品介绍、工作汇报和各类培训。

本项目的任务为：“制作岗位竞聘演示文稿”和“制作企业员工职业素质培训演示文稿”。

【项目目标】

➢ 掌握演示文稿的创建方法；

➢ 掌握在演示文稿中插入新幻灯片、文本框、形状和艺术字的方法，并可以进行属性的修改；

➢ 掌握修改幻灯片设计模板，进行统一格式设置的方法；

➢ 掌握演示文稿的母版样式的修改方法；

➢ 掌握在演示文稿中添加动画和修改动画方案的方法；

➢ 掌握修改幻灯片切换方式及幻灯片放映方式的方法；

➢ 掌握在幻灯片中添加超链接和动作的方法。

【项目地图】

本项目的项目地图如图 9－1 所示。

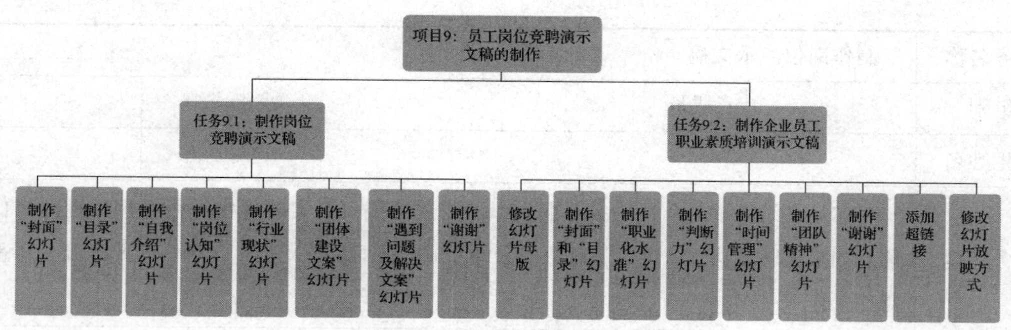

图 9－1　项目 9 的项目地图

【思政小课堂】

引导学生树立正确的三观：世界观、人生观和价值观

世界观，也叫宇宙观，是哲学的朴素形态。世界观是人们对整个世界的总的看法和根本观点。人们的社会地位不同，观察问题的角度不同，形成不同的世界观。哲学是其理论表现形式。世界观的基本问题是精神和物质、思维和存在的关系问题，根据对这两者关系的不同回答，划分为两种根本对立的世界观基本类型，即唯心主义世界观和唯物主义世界观。

人生观是指对人生的看法，也就是对于人类生存的目的、价值和意义的看法。人生观是由世界观决定的。人生观是一定社会或阶级的意识形态，是一定社会历史条件和社会关系的产物。人生观的形成是在人们实际生活过程中逐步产生和发展起来的，受人们世界观的制约。不同社会或阶级的人们有着不同的人生观。

价值观是指人们在认识各种具体事物的价值的基础上，形成的对事物价值的总的看法和根本观点。一方面表现为价值取向、价值追求，凝结为一定的价值目标；另一方面表现为价值尺度和准则，成为人们判断事物有无价值及价值大小的评价标准。一个人的价值观一旦确立，便具有相对的稳定性。就社会和群体而言，由于人员更替和环境的变化，社会或群体的价值观是不断变化的。传统价值观会不断地受到新价值观的挑战。对诸事物的看法和评价在心目中的主次、轻重的排列次序，构成了价值观体系。价值观和价值观体系是决定人的行为的心理基础。

引导学生牢固树立“劳动最光荣、劳动最崇高、劳动最伟大、劳动最美丽”的观念，培养学生认识美、爱好美和创造美的能力，弘扬工匠精神，使学生干一行、爱一行、钻一行，在自身成长过程中修身立德、学习知识、培养能力，做到德才兼备。

任务9.1 制作岗位竞聘演示文稿

【任务工单】 任务工单9-1：制作岗位竞聘演示文稿

任务名称	制作岗位演示文稿				
组别		成员		小组成绩	
学生姓名				个人成绩	
任务情境	王尔培在结束了3个月的实习期后，需要在同组4个实习生中进行经理助理的岗位竞聘，如果竞聘成功，就可以签订用人合同，成为公司的正式员工，否则就要离开公司重新寻找工作				

续表

<table>
<tr><td>任务名称</td><td colspan="5">制作岗位演示文稿</td></tr>
<tr><td>组别</td><td></td><td>成员</td><td></td><td>小组成绩</td><td></td></tr>
<tr><td>学生姓名</td><td colspan="3"></td><td>个人成绩</td><td></td></tr>
<tr><td>任务目标</td><td colspan="5">掌握演示文稿的创建方法。
掌握在演示文稿中插入新幻灯片、文本框、形状和艺术字的方法，并可以进行属性的修改。
掌握修改幻灯片设计模板，进行统一格式设置的方法</td></tr>
<tr><td>任务要求</td><td colspan="5">按本任务后面列出的具体任务内容，制作 8 张岗位竞聘演示文稿</td></tr>
<tr><td>知识链接</td><td colspan="5"></td></tr>
<tr><td>计划决策</td><td colspan="5"></td></tr>
<tr><td>任务实施</td><td colspan="5">（1）制作“封面”幻灯片
（2）制作“目录”幻灯片
（3）制作“自我介绍”幻灯片
（4）制作“岗位认知”幻灯片
（5）制作“行业现状”幻灯片
（6）制作“团体建设文案”幻灯片</td></tr>
</table>

续表

<table>
<tr><td>任务名称</td><td colspan="5">制作岗位演示文稿</td></tr>
<tr><td>组别</td><td></td><td>成员</td><td></td><td>小组成绩</td><td></td></tr>
<tr><td>学生姓名</td><td colspan="3"></td><td>个人成绩</td><td></td></tr>
<tr><td>任务实施</td><td colspan="5">（7）制作“遇到问题及解决文案”幻灯片

（8）制作“谢谢”幻灯片</td></tr>
<tr><td>检查</td><td colspan="5">（1）“封面”幻灯片；（2）“目录”幻灯片；（3）“自我介绍”幻灯片；（4）“岗位认知”幻灯片；（5）“行业现状”幻灯片；（6）“团体建设文案”幻灯片；（7）“遇到问题及解决文案”幻灯片；（8）“谢谢”幻灯片</td></tr>
<tr><td>实施总结</td><td colspan="5"></td></tr>
<tr><td>小组评价</td><td colspan="5"></td></tr>
<tr><td>任务点评</td><td colspan="5"></td></tr>
</table>

【前导知识】

1. 新建幻灯片

方法一：选择“开始”→“新建幻灯片”→“标题幻灯片”命令，创建一张新的幻灯片。

方法二：直接在第一张幻灯片下按“Ctrl + M”组合键，新建幻灯片。

2. 统一演示文稿的风格

利用系统自带的设计模板统一演示文稿的风格。例如：选择“设计”→“肥皂”模板。

3. 设置母版，统一演示文稿的风格

选择“设计”→“Office 主题”模板。例如：选择“视图”→“幻灯片母版”→“背景样式”→“纯色填充”选项，在弹出的下拉菜单中选择“设置背景格式”命令，打开“设置背景格式”窗格，选择“填充”→“图案填充”→“点线 20%”选项，单击“应用到全部”按钮。

4. 插入自选图形、艺术字

选择“插入”→“形状”命令，可插入自选图形；选择“插入”→“艺术字”命令，可插入艺术字。

【任务内容】

王尔培在结束了3个月的实习期后，需要在同组4个实习生中进行经理助理的岗位竞聘，如果竞聘成功，就可以签订用人合同，成为公司的正式员工，否则就要离开公司重新寻找工作。使用PowerPoint 2016制作岗位竞聘演示文稿，如图9－2所示。

图9－2　岗位竞聘演示文稿

（1）制作“封面”幻灯片；

（2）制作“目录”幻灯片；

（3）制作“自我介绍”幻灯片；

（4）制作“岗位认知”幻灯片；

（5）制作“行业现状”幻灯片；

（6）制作“团队文化与建设文案”幻灯片；

（7）制作“可能遇到的问题及解决方案”幻灯片；

（8）制作“谢谢”幻灯片。

【任务实施】

1. 制作“封面”幻灯片

（1）启动PowerPoint 2016后，以“引用”模板创建演示文稿，修改模板字体为“绿色”，在标题框中输入“经理助理岗位竞聘”，设置字号为“80”。在副标题框中输入“实习生：王尔培”，修改字号为“24”，设置对齐方式为“右对齐”，如图9－3所示。

图 9－3 “封面”幻灯片

（2）插入“仅标题”版式幻灯片，修改演示文稿的模板为“蓝色”→“柏林”，调整标题与副标题的位置，如图 9－4 所示。

图 9－4 修改模板

2. 制作“目录”幻灯片

（1）在第 2 张幻灯片标题框中输入“目录”，修改文字格式为“54 号，黑体”。插入 1 个“流程图：顺序访问存储器”的形状，修改样式为“强烈效果－青绿，强调颜色 2”，在形状里添加文字“01”，设置字体为“华文琥珀”，字号为“18”，颜色为“白色”。

（2）复制多个该形状后，修改相应的文字内容。继续插入文本框，输入目录内容，修改文字格式为“24 号，宋体”，设置中文文本颜色为“白色”，设置英文文本颜色为“白色，文字 1，深色 50%”。在标题框右侧插入一个文本框，输入“助理竞聘”，设置文字格式为“32 号，华文琥珀”，颜色为“青绿，个性 3，淡色 80%”，如图 9－5 所示。

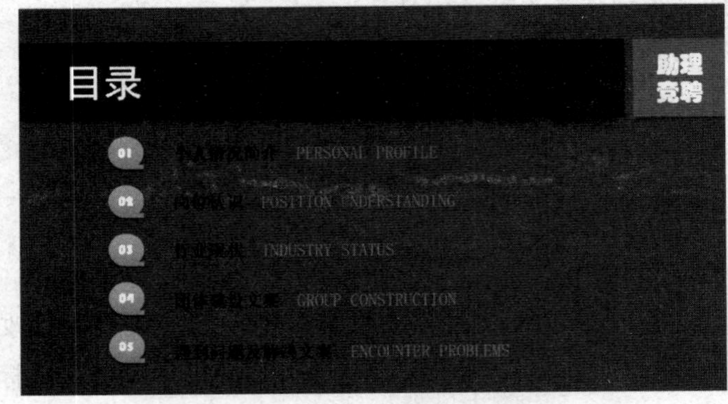

图 9－5 “目录”幻灯片

（3）为了重点显示“目录”幻灯片，需要修改这张幻灯片的背景色。选中该幻灯片后，在“设计”功能区的“自定义”组中，选择“设置背景格式”→“图片或纹理填充”选项，选择“纹理”→“新闻纸”样式。最后将中文文本的颜色改为“黑色”，如图 9-6 所示。

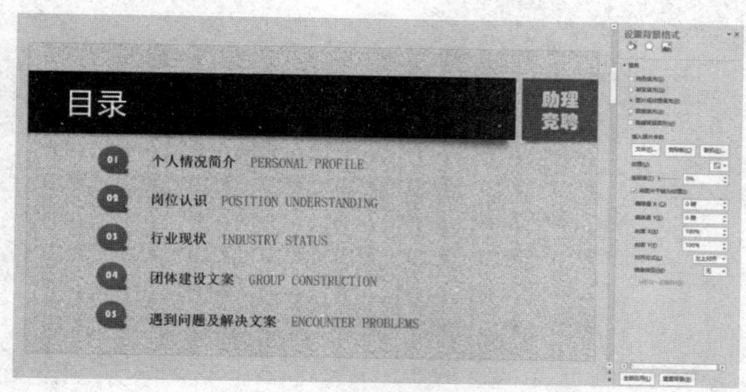

图 9-6　修改背景格式

（4）选择“视图”→“幻灯片母版”选项，如图 9-7 所示。在“内容与标题”版式中修改标题框中的文字字体为“黑体”，字号为“54”，如图 9-8 所示。用同样的方法修改“仅标题”版式字体为“黑体”，字号为“54”，如图 9-9 所示。

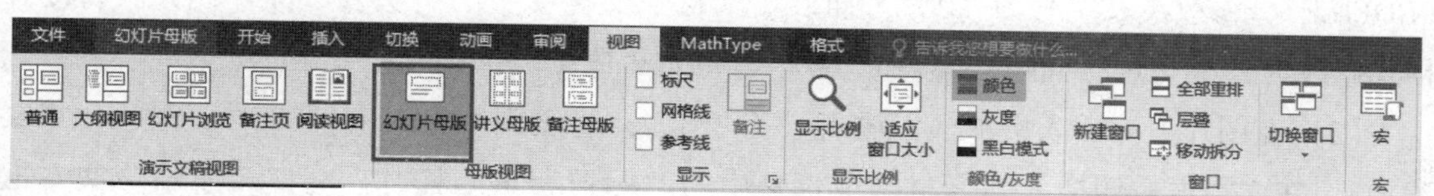

图 9-7　幻灯片母版

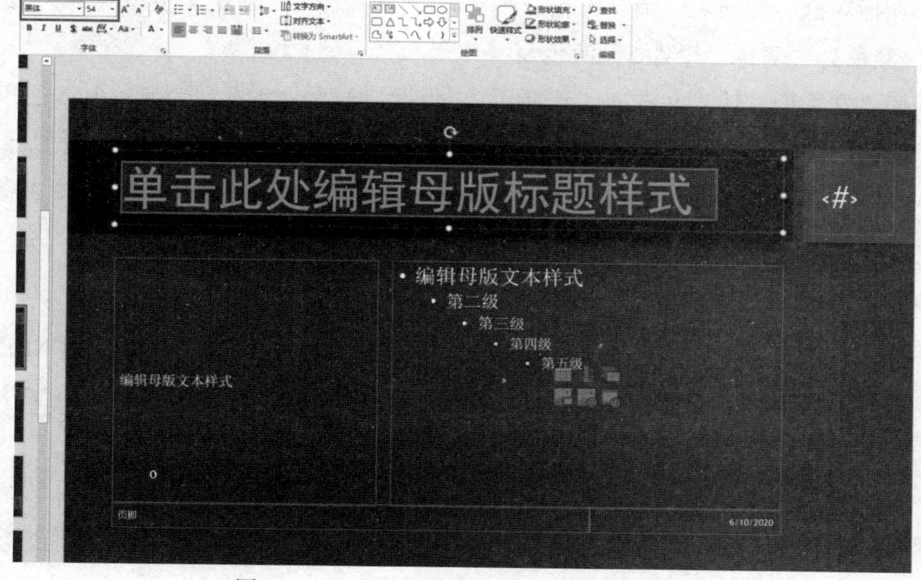

图 9-8　“内容与标题”版式字体格式修改

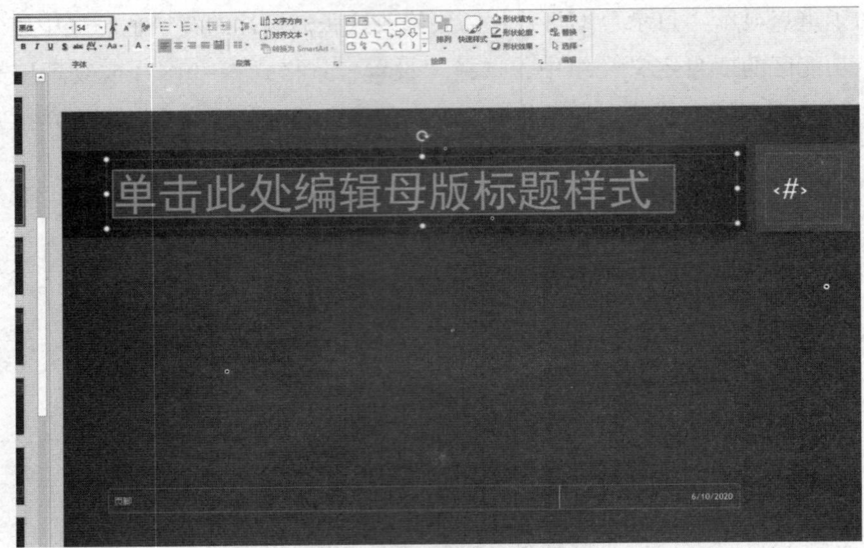

图 9－9 “仅标题”版式字体格式修改

3. 制作“自我介绍”幻灯片

（1）新建“仅标题”版式幻灯片，在标题框中输入“个人情况简介 PERSONAL PROFILE”，修改英文字号为“20”。插入“素材”文件夹中的“头像 . jpg”图片，将图片样式修改为“柔化边缘椭圆”，添加“靠下”的透视阴影。

（2）在图片下方插入文本框，输入“王尔培”，修改文字格式为“32 号，黑色，华文琥珀”，在文本框右侧插入“素材”文件夹中的“标识 . png”图片。将“王尔培”文本框和该图片组合成一个对象，放在图片的阴影位置上方。

（3）在标题框右侧插入一个文本框，输入“助理竞聘”，设置文字格式为“32 号，华文琥珀”，颜色为“青绿，个性 3，淡色 80%”。

（4）插入文本框，输入文本“工作履历”，设置字号为“24”，绘制一个白色和蓝色的圆形并将其组合成时间标识。将时间标识复制多个，修改彩色圆形的颜色为“绿色”和“橙色”，添加一条 3. 5 磅的白色线条组合成工作时间标识条，插入多个文本框。输入工作履历内容。选择多个文本框，使其左对齐且纵向均匀分布，如图 9－10 所示。

4. 制作“岗位认知”幻灯片

（1）新建“仅标题”版式幻灯片，在标题框中输入“岗位认知 POSITION UNDER”，修改英文字号为“20”。在标题框右侧插入一个文本框，输入“助理竞聘”，设置文字格式为“32 号，华文琥珀”，颜色为“青绿，个性 3，淡色 80%”。

（2）绘制圆形，修改填充色为双色“线性渐变”，两个颜色的终止点都是 50%。复制该圆形后删除填充色，修改线条颜色也为同样颜色的双色“线性渐变”，两个形状的相关属性设置如图 9－11 所示。

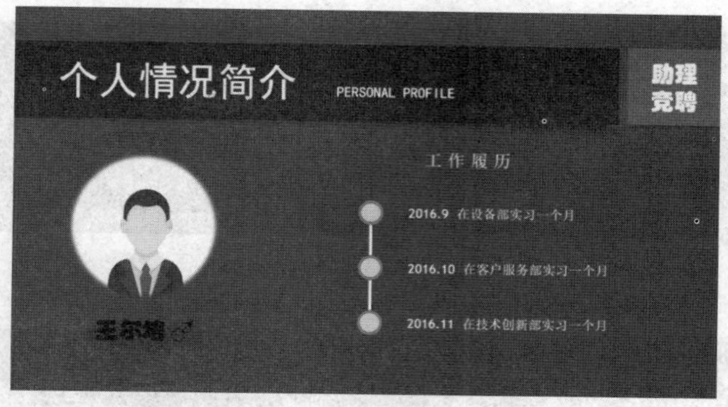

图 9－10　“自我介绍”幻灯片

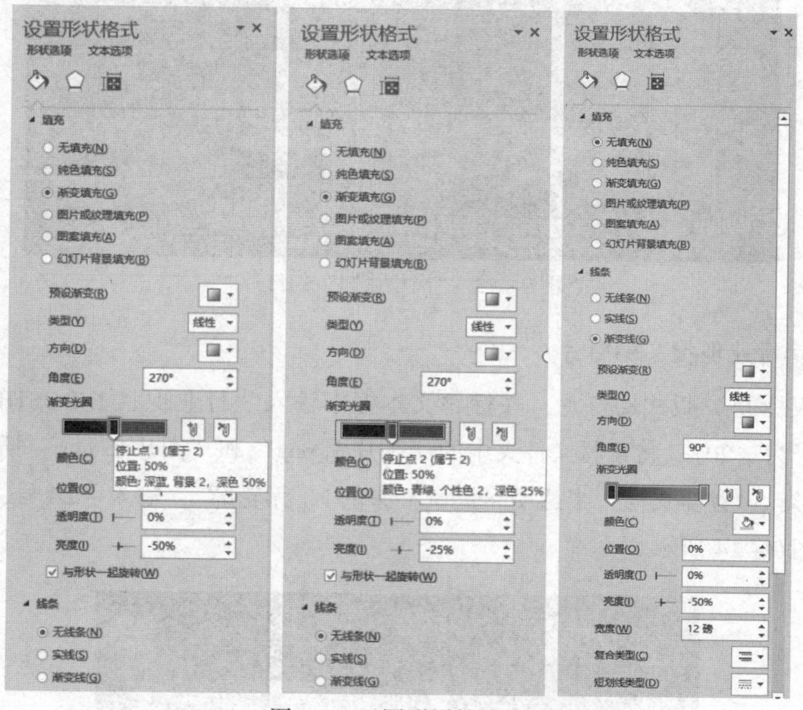

图 9－11　图形属性设置

（3）在所绘图形内插入文本框，输入“经理助理”，设置文字格式为“32 号，黑体”，颜色为“青绿，个性 3，淡色 80%”。

（4）绘制多条 1.5 磅线段，设置颜色为“青绿，个性 2，深色 50%”，组合为分支指示线。再绘制多个矩形，设置样式为“强烈效果－青绿，强调颜色 2”，在图形内依次输入“24 号，黑体”的文本内容。在各个图形下侧插入文本框，输入“18 号，黑体”的文本内容，如图 9－12 所示。

（5）绘制一条 1.5 磅的白色线条和一个样式为“浅色 1 轮廓，彩色填充－青绿，强调颜色 2”的矩形，在矩形里输入“24 号，黑体”的文本内容。在矩形下侧插入文本框，输入“18 号，黑体”的文本内容。“岗位认知”幻灯片如图 9－13 所示。

图 9－12　工作角色内容

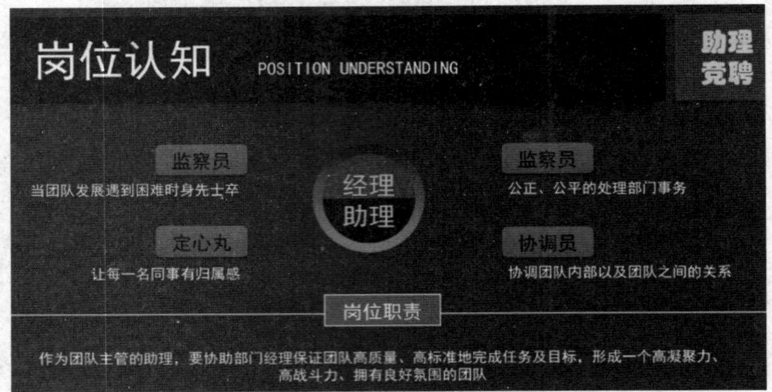

图 9－13　“岗位认知”幻灯片

5. 制作“行业现状”幻灯片

新建“仅标题”版式幻灯片，在标题文本框中输入“行业现状 INDUSTRY STATUS”，修改英文字号为“20”，将素材文件夹中的“图片 1. png”和“图片 2. png”插入幻灯片中，绘制红色矩形，设置样式为“半透明－黑色，深色 1，无轮廓”，输入“28 号，黑体”的文本内容，如图 9－14 所示。

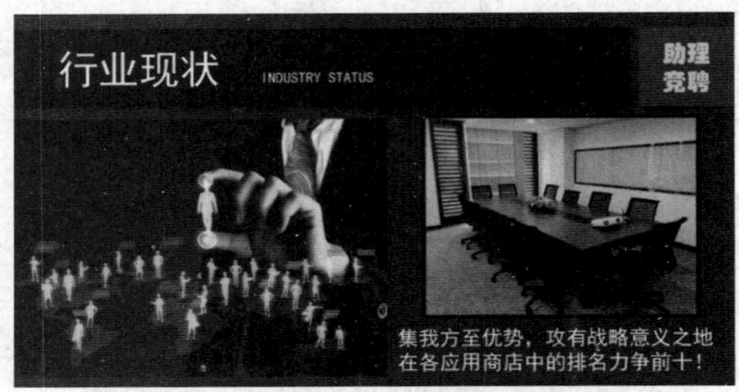

图 5－14　“行业现状”幻灯片

6. 制作“团体建设文案”幻灯片

（1）新建“仅标题”版式幻灯片，在标题文本框中输入“团体建设文案 GROUP CONSTRUCTION”，修改英文文本字号为“20”，在标题框右侧插入一个文本框，输入“助理竞聘”，设置文字格式为“32 号，华文琥珀”，颜色为“青绿，个性 3，淡色 80%”。打

开“素材”文件夹，插入图片“3. png”和“图片4. png”。

（2）选中“图片3”后，修改图片样式为“映像右透视”，打开窗口，修改“Y旋转”为“0”。调整图片的水平位置和垂直位置。

（3）选中“图片4”后，修改图片样式为“映像右透视”，打开窗口，修改“X旋转”为“20”，“Y旋转”为“0”。调整图片的水平位置和垂直位置。

（4）插入文本框，输入内容后修改文字格式为“32号，黑体”。

“团体建设文案”幻灯片如图9－15所示。

图9－15　“团体建设文案”幻灯片

7. 制作“遇到问题及解决文案”幻灯片

（1）新建“仅标题”版式幻灯片，在标题文本框中输入“遇到问题及解决文案ENCOUNTER PROBLEMS”，修改英文文字字号为“20”，在标题框右侧插入一个文本框，输入“助理竞聘”，设置文字格式为“32号，华文琥珀”，颜色为“青绿，个性3，淡色80%”。

（2）插入“素材”文件夹中的“图片5. jpg”，修改图片样式为“旋转，白色”，添加“半映像，4pt偏移量”的映像效果。插入文本框并输入内容，设置标题文字的格式为“24号，黑体”，设置正文部分文字的格式为“18号，黑体”，如图9－16所示。

图9－16　“遇到问题及解决文案”幻灯片

8. 制作“谢谢”幻灯片

（1）新建“空白”版式幻灯片，在幻灯片右侧蓝色方框内插入一个文本框，输入“助理竞聘”，设置文字格式为“32 号，华文琥珀”，颜色为“青绿，个性 3，淡色 80%”。

（2）插入样式为“填充 – 白色，文本 1，阴影”的艺术字“谢谢各位领导聆听”，在“艺术字样式”组中单击“文本效果”按钮，选择“转换”→“跟随路径”→“上弯弧”选项，将艺术字旋转一定角度后放到幻灯片的左上角。

（3）插入文本框，输入“实习生：王尔培”，单击“文本效果”按钮，将艺术字转换成“倒三角”的弯曲样式，设置“紧密映像，接触”效果，如图 9 – 17 所示。

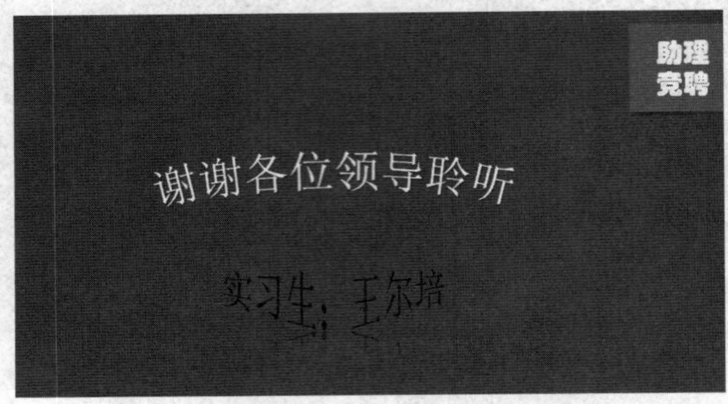

图 9 – 17 “谢谢”幻灯片

任务 9.2 制作企业员工职业素质培训演示文稿

【任务工单】 任务工单 9 – 2：制作企业员工职业素质培训演示文稿

任务名称	制作企业员工职业素质培训演示文稿				
组别		成员		小组成绩	
学生姓名				个人成绩	
任务情境	在王尔培成功竞聘经理助理 1 年后，公司需要对新入职的顾问员工进行职业素质培训，这是他作为经理助理独立完成的第一个项目。作为一次对工作能力的考核，如果这次培训圆满举行，他可以从普通经理助理升职到顾问管理层，如果错过这次升迁就要再等 3 年				
任务目标	制作 13 张企业员工职业素质培训演示文稿				
任务要求	按本任务后面列出的具体任务内容，完成企业员工职业素质培训演示文稿的制作				
知识链接					

续表

<table>
<tr><td>任务名称</td><td colspan="5">制作企业员工职业素质培训演示文稿</td></tr>
<tr><td>组别</td><td></td><td>成员</td><td></td><td>小组成绩</td><td></td></tr>
<tr><td>学生姓名</td><td colspan="3"></td><td>个人成绩</td><td></td></tr>
<tr><td>计划决策</td><td colspan="5"></td></tr>
<tr><td>任务实施</td><td colspan="5">（1）修改幻灯片母版
（2）制作“封面”和“目录”幻灯片
（3）制作“职业化水准”幻灯片
（4）制作“判断力”幻灯片
（5）制作“时间管理”幻灯片
（6）制作“团队精神”幻灯片
（7）制作“谢谢”幻灯片
（8）添加超链接
（9）修改幻灯片放映方式</td></tr>
</table>

续表

任务名称	制作企业员工职业素质培训演示文稿				
组别		成员		小组成绩	
学生姓名				个人成绩	
检查	（1）修改幻灯片母版；（2）“封面”和“目录”幻灯片；（3）“职业化水准”幻灯片；（4）“判断力”幻灯片；（5）“时间管理”幻灯片；（6）“团队精神”幻灯片；（7）“谢谢”幻灯片；（8）添加超链接；（9）修改幻灯片放映方式				
实施总结					
小组评价					
任务点评					

【前导知识】

1. 添加动画

打开 PowerPoint 2016 演示文稿，选择需要添加动画的占位符，在“动画”功能区的“动画”组中单击下拉按钮，弹出动画效果列表。

2. 设置动画效果

单击上方菜单栏中的“动画”选项切换到动画页面，单击“自定义动画”按钮，右边出现自定义动画设置框。选中需要添加动画效果的内容，这时候右边的设置框中出现“添加效果”按钮，单击“添加效果”按钮，会出现动画效果设置框，将鼠标移到“进入”区域，这时候可以在出现的对话框中选择内容出现时的动画效果。

3. 设置幻灯片的切换效果

单击“切换”选项卡，其中有很多切换方式，单击相应切换方式就能看到动画效果，单击“效果选项”按钮设置即可。在“效果选项”按钮右边的“声音”下拉列表中可以选择切换幻灯片时的声音，“持续时间”就是切换时动画效果的持续时间，换片方式可以选择“单机鼠标时”或者自动换片。设置完成后单击“应用到全部”按钮即可，如果想让每张幻灯片都有自己的效果，则对每张幻灯片都进行设置即可。

4. 设置演示文稿的放映方式

在“幻灯片放映”功能区中单击“设置幻灯片放映方式”按钮，然后选择一种放映方式即可。放映方式包括“演讲者放映”“观众自行浏览”“在展台浏览”等。它们主要的区别就是幻灯片是否充满全屏幕。放映幻灯片时，可以选择放映全部幻灯片，也可以自行设置的从第几页到第几页放映，其他的不进行放映。

【任务内容】

在王尔培成功竞聘经理助理1年后，公司需要对新入职的顾问员工进行职业素质培训，这是他作为经理助理独立完成的第一个项目。作为一次对工作能力的考核，如果这次培训圆满举行，他可以从普通经理助理升职到顾问管理层，如果错过这次升迁就要再等3年。

使用PowerPoint 2016制作企业员工职业素质培训演示文稿，如图9－18所示。

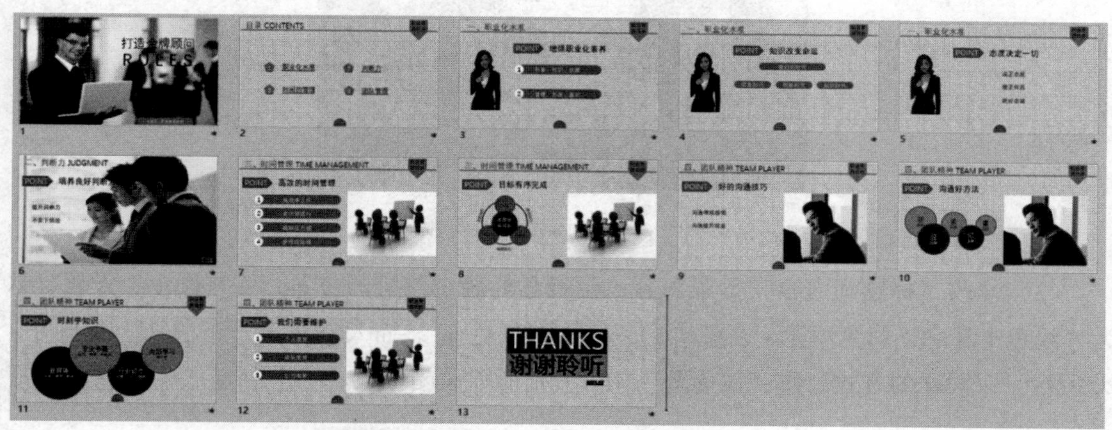

图9－18　企业员工职业素质培训演示文稿

（1）修改幻灯片母版；

（2）制作“封面”和“目录”幻灯片；

（3）制作“职业化水准”幻灯片；

（4）制作“判断力”幻灯片；

（5）制作“时间管理”幻灯片；

（6）制作“团队精神”幻灯片；

（7）制作“谢谢”幻灯片；

（8）添加超链接；

（9）修改幻灯片放映方式。

【任务实施】

1. 修改幻灯片母版

幻灯片母版是一类特殊的幻灯片，幻灯片母板控制所有幻灯片的某些共同特征，例如文本的字体、颜色、字号，幻灯片背景及某些特殊效果。

修改幻灯片母版能够将添加背景图片和文件，将其应用于所有页面，使整个演示文稿格式的统一，同时可以减少工作量，提高工作质量。

（1）新建一个“空白演示文稿”模板文件，打开幻灯片母版，修改所有幻灯片背景为

“新闻纸”，颜色为“中性”。

（2）修改“标题幻灯片”母版主、副标题的位置和大小，绘制图形，输入文本“企业员工职业素质培训”，设置图形样式为“彩色填充 - 橙色，强调颜色 2，无轮廓”。插入“素材”文件夹中的“培训.jpg”图片，置于底层，如图 9 - 19 所示。

图 9 - 19　封面幻灯片母版

（3）修改“标题和内容”母版内容占位符和标题占位符的位置，绘制图形，设置样式为“浅色 1 轮廓，彩色填充 - 灰色 - 50%，强调颜色 3”。插入“页码”的页脚，如图 9 - 20 所示。以同样的方式制作“仅标题”幻灯片母版后关闭母版。

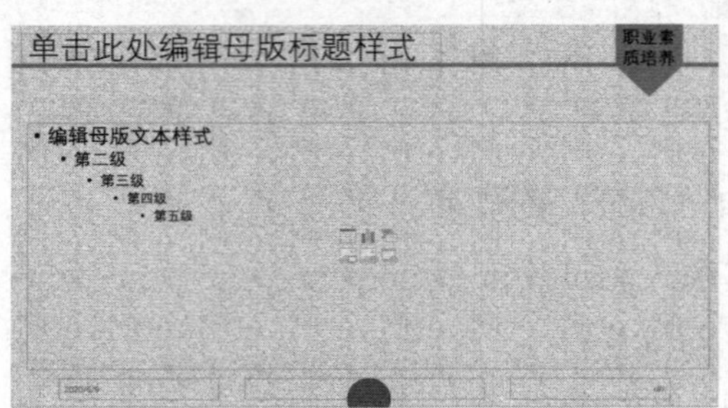

图 9 - 20　幻灯片母版

2. 制作“封面”和“目录”幻灯片

（1）打开标题幻灯片后，在主标题处输入“打造金牌顾问”，在副标题处输入“RULES”，修改字符间距为“加宽”，设置属性，效果如图 9 - 21 所示。

图 9 - 21　“封面”幻灯片

（2）为该幻灯片添加“传送带”的切换效果。

（3）新建“仅标题”版式幻灯片，制作“目录”幻灯片，绘制五边形，样式为“强烈效果 - 灰色 - 50%，强调颜色 3”。将每个数字标签和匹配的文本框组合成一个整体，所有组合都添加“向内溶解”的进入动画效果，修改所有动画激活条件为“上一动画同时”，如图 9 - 22 所示。

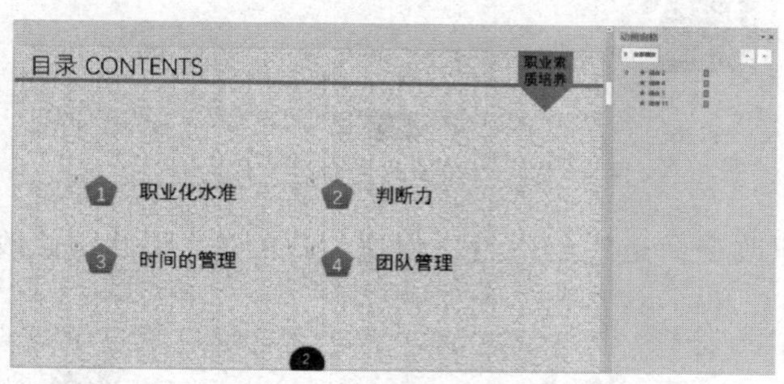

图 9 - 22　“目录”幻灯片

3. 制作“职业化水准”幻灯片

（1）新建“仅标题”版式幻灯片，在标题处输入“一、职业化水准”。从“素材”文件夹中找到“图片 1. jpg”插入幻灯片，在图片工具菜单中删去图片的背景，修改图片高度为“16. 75 厘米”，宽度为“16. 41 厘米”，设置图片水平位置为从左上角 0 厘米，垂直位置从左上角 2. 16 厘米。

（2）绘制图形，插入文本框，输入“增强职业化素养”，继续绘制圆角矩形，修改形状后添加圆形的形状后组合，输入内容。为“增强职业化素养”文本框添加“脉冲”强调动画。修改时间为“0. 5 秒”，“重复”为“直到幻灯片末尾”，激活条件为“与上一动画同时”，对两个组合形状添加“上浮”和“下浮”的进入动画，修改时间为“0. 5 秒”，第二个组合形状的动画激活条件为“上一动画之后”，如图 9 - 23 所示。

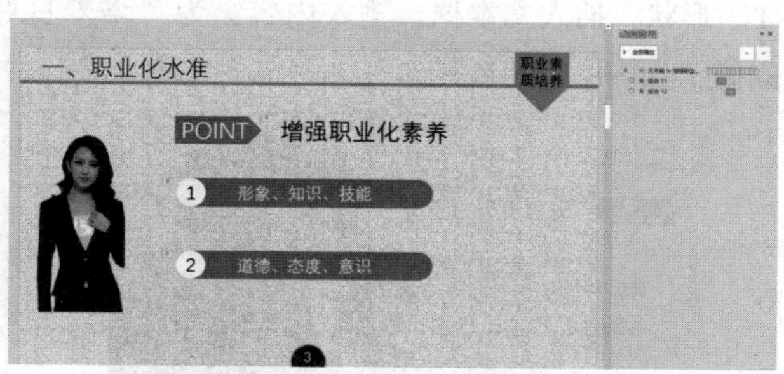

图 9 - 23　“增强职业化素养”幻灯片

（3）复制“增强职业化素养”幻灯片后，修改内容，为“知识改变命运”文本框添加 0. 5 秒时长的“脉冲”强调动画，修改“重复”为“直到幻灯片结束”。修改幻灯片切换效果为“自右侧”的“推进”切换动画，如图 9 - 24 所示。

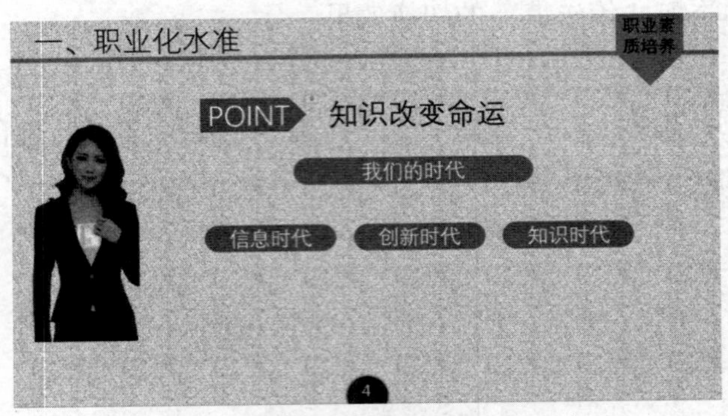

图 9-24 “知识改变命运”幻灯片

（4）复制“知识改变命运”幻灯片，保留“POINT”形状，修改其他文本内容，如图 9-25 所示。

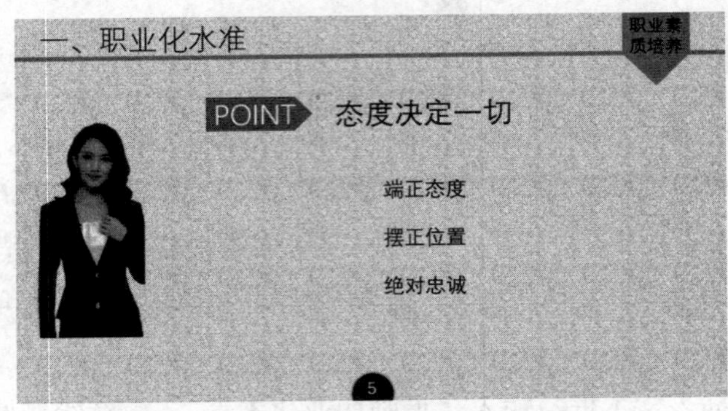

图 9-25 “态度决定一切”幻灯片

4. 制作“判断力”幻灯片

（1）插入“仅标题”版式幻灯片，在标题框中输入文本“二、判断力 JUDGMENT”。从“素材”文件夹中找到“图片 2. jpg”插入幻灯片，放大后置于底层。

（2）复制“POINT”形状，插入文本框，输入内容，为“培养良好判断力”文本添加同样的“脉冲”强调动画，如图 9-26 所示。

图 9-26 “判断力”幻灯片

（3）为该幻灯片添加“闪光”切换动画。

5. 制作“时间管理”幻灯片

（1）插入“仅标题”版式幻灯片，在标题框中输入“三、时间管理 TIME MANAGEMENT”。

（2）复制“POINT”形状，插入文本框，输入“高效的时间管理”，添加“脉冲”强调动画。

（3）制作多个形状组合，输入相关数字标识和内容，如图9－27所示。为这张幻灯片添加“自右侧”的“库”切换动画。

图9－27　“高效的时间管理”幻灯片

（4）复制“高效的时间管理”幻灯片，修改文本框内容为“目标有序完成”。删除形状组合后，绘制多个圆形形状，输入内容。插入文本框，输入“高效执行”，复制多份旋转后放于合适的位置，如图9－28所示。为这张幻灯片添加“自底部”的“平移”切换动画。

图9－28　“目标有序完成”幻灯片

（5）依次为“年度任务目标”“周计划”“高效执行”“月度计划”“高效执行”“季度计划”“高效执行”添加0.5秒的“淡出”进入动画，对圆形轮廓线添加2秒的“轮子”进入动画，除了“年度任务目标”动画的激活条件为“鼠标单击”，其他所有动画的激活条件均为“上一动画之后”，将圆形轮廓线动画放到“年度任务目标”之后。

6. 制作“团队精神”幻灯片

（1）新建“仅标题”版式幻灯片，在标题框中输入“四、团队精神 TEAM PLAYER”，复制“POINT”形状，插入文本框，输入内容“好的沟通技巧”，添加“脉冲”强调动画。

（2）插入文本框，输入内容，左对齐排列。从“素材”文件夹中找到“图片7. png”，插入幻灯片，将图片大小缩放到67%，水平位置为从左上角17.99厘米，垂直位置为从左上角2.19厘米，如图9－29所示。为幻灯片添加“涟漪”切换动画。

图9－29 “好的沟通技巧”幻灯片

（3）复制“好的沟通技巧”幻灯片后，将文本框中的内容修改为“沟通好方法”，删除其余文本框，绘制多个圆形后输入文本，调整圆形上、下层的关系，如图9－30所示。修改幻灯片切换动画为“页面卷曲”。

图9－30 “沟通好方法”幻灯片

（4）复制幻灯片，将文本框中的内容修改为“时刻学知识”。删除图片和形状，绘制多个圆形，输入内容，调整上、下层关系，如图9－31所示。

图9－31 “时刻学知识”幻灯片

（5）复制幻灯片，修改文本框中的内容为“我们需要维护”，删除圆形形状后，重新绘制多个形状组合，输入居中对齐的文本，如图9－32所示。

图 9－32　“我们需要维护”幻灯片

7. 制作“谢谢”幻灯片

（1）插入“空白”版式幻灯片，绘制两个矩形，输入文本内容，设置文字格式为“115号，微软雅黑”。为幻灯片添加“日式折纸”切换动画。

（2）在幻灯片内插入“图案填充－灰色－50%，个性色3，窄横线，内部阴影”样式的艺术字，输入“REPLAY”，放到形状的右下侧，如图 9－33 所示。

图 9－33　“谢谢”幻灯片

（3）插入动作，设置为“单击鼠标”时“超链接到第一张幻灯片”，播放声音为“breeze. wav”，在“操作设置”对话框中勾选“单击时突出显示”复选框。

8. 添加超链接

（1）打开“目录”幻灯片，将“职业化水准”文本框超链接到第 3 张幻灯片，将“判断力”文本框超链接到第 6 张幻灯片，将“时间管理”文本框超链接到第 7 张幻灯片，将“团队管理”文本框超链接到第 9 张幻灯片。

（2）将第 5 张幻灯片的图片超链接到第 2 张幻灯片。

（3）在第 6 张幻灯片中插入图形，输入“返回”并超链接到第 2 张幻灯片。

（4）分别将第 8 张和第 12 张幻灯片的图片超链接到第 2 张幻灯片。

9. 修改幻灯片放映方式

（1）在“幻灯片放映”功能区中设置“放映类型”为“演讲者放映”，修改“换片”方式为“手动”，勾选“使用演示者视图”复选框，如图 9－34 所示。

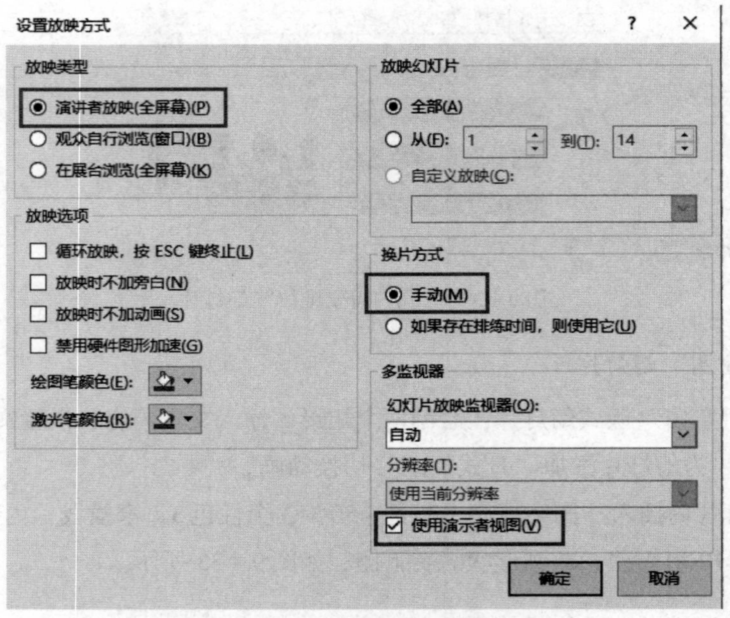

图 9－34　设置幻灯片放映方式

（2）将演示文稿导出为“PowerPoint 97－2003 演示文稿（*.ppt）”类型文件。

【知识考核】

1. 填空题

（1）“*.pptx”文件是________文件类型。

（2）要停止正在放映的幻灯片，按________即可。

（3）在一张 A4 纸上最多可以打印________张幻灯片。

（4）在 PowerPoint 2016 的________视图下可以对幻灯片中的内容进行编辑。

（5）在幻灯片占位符之外不可以直接插入________。

2. 选择题

（1）利用（　　）不能创建新的演示文稿。

A. “开始”菜单　　B. 桌面快捷方式

C. Word 文档　　D. 已打开的演示文稿

（2）（　　）不是母版视图。

A. 讲义母版　　B. 幻灯片母版

C. 标题母版　　D. 备注母版

（3）设置幻灯片母版的命令位于（　　）功能区中。

A. 视图　　B. 开始

C. 设计　　D. 插入

(4) PowerPoint 2016 演示文稿不能另存为（　　）。

A. PowerPoint 97—2003 演示文稿　　B. Word 文档

C. PowerPoint 模板　　D. WPS 文档

(5) 要想使某一张幻灯片应用不同主题，（　　）。

A. 是不可以的　　B. 可以设置该幻灯片不使用母版

C. 可以直接修改该幻灯片主题　　D. 可以重新设置母版

(6) 在幻灯片母版中插入的对象只能在（　　）中修改。

A. 备注母版　　B. 幻灯片母版

C. 讲义母版　　D. 幻灯片版式

(7) 在（　　）下能实现在屏幕上显示多张幻灯片。

A. 阅读视图　　B. 大纲视图

C. 幻灯片浏览视图　　D. 备注页视图

(8) 进入幻灯片各种视图的较快的方法是（　　）。

A. 选择“视图”选项卡　　B. 选择“审阅”选项卡

C. 使用快捷菜单　　D. 单击屏幕下方的视图控制按钮

(9) 设置幻灯片放映时间的命令是（　　）。

A. “幻灯片放映”→“使用计时”按钮

B. “幻灯片放映”→“设置幻灯片放映”按钮

C. “幻灯片放映”→“排练计时”按钮

D. “幻灯片放映”→“自定义幻灯片放映”按钮

(10) 在大纲视图下输入演示文稿的文本内容时，单击鼠标右键，在弹出的菜单中选择（　　）命令，可在幻灯片的大标题下面输入小标题。

A. “升级”　　B. “降级”

C. “上移”　　D. “下移”

3. 判断题

(1) 利用 PowerPoint 2016 制作演示文稿时，一个演示文稿中的各幻灯片可以选用不同的主题。（　　）

(2) 在 PowerPoint 2016 中，在动画设置中，不能对当前的设置进行预览。（　　）

(3) 在 PowerPoint 2016 的普通视图下，可以同时显示幻灯片、大纲和备注。（　　）

(4) PowerPoint 2016 提供了 10 个可供选择的幻灯片版式。（　　）

(5) 幻灯片版式中包含了一些称为占位符的虚线框。（　　）

4. 操作题

宏志集团度财务分析

(1) 新建一个演示文稿，选择设计主题“丝状”。

（2）在标题幻灯片中输入主标题“宏志集团2014年度财务分析”，输入副标题“报告人：张立荣”。

（3）第2张幻灯片版式选择“标题和内容”。标题为“资产负债分析”，插入“三维饼图”，内容为“其他资产48%”“应收预付帐款18%”“现金17%”“存货17%”。

（4）饼图设置：图表标题“三类重要流动资产在总资产中的比例”位于图表上方，设置“在右侧显示图例”，标签选项“类别名称，百分比，数据标签外”。

（5）第3张幻灯片版式选择“标题和内容”。标题为“资产负债表分析”，插入表格，内容见表，表格中字体设置为“黑体，24号”。

表9－1　第3张幻灯片插入内容

项目	余额/元	跌价准备	计提价/%
原材料	4 453	294	6.60
产成品	15 718	129	0.07
包装物及其他	2 053	—	—
合计	22 224	415	1.87

（6）第4张幻灯片版式选择“标题和内容”。标题为“损益表分析”，插入“三维簇状柱形图”，内容为“2018年销售毛利率11%”“2019年销售毛利率16%”“销售新增量毛利率41%”。图形设置：标题为“销售毛利率增加是今年利润增加的主要原因”，选择图表样式5。

（7）第5张幻灯片设版式选择“标题和文本”，标题为“综述”，文本内容设置：一级标题为“总体运行良好”“亟待改进”，二级标题为“宏观经济环境严峻”“管理有待加强”。

（8）修改主题，在“变体”组中，设置颜色为“蓝绿色”，字体为“黑体”，背景样式为“样式6”。

（9）设置幻灯片大小为“标准（4：3）”。

（10）保存文件，完成效果如图9－35所示。

动态主题

（1）新建一个演示文稿，切换到母版视图，单击“幻灯片母版”按钮。

（2）在“Office主题幻灯片母版：由幻灯片1使用”中画一个矩形框，设置高为19厘米，宽为33.9厘米，位置为“左上角，水平0厘米，垂直0厘米”，填充“渐变，浅色渐变－个性色1，线性，右下到左上”，将边框线条设置为“白色，草绘|自由曲线”。

（3）复制9个柜形框，高度分别缩小90%、80%、70%、60%、50%、40%、30%、

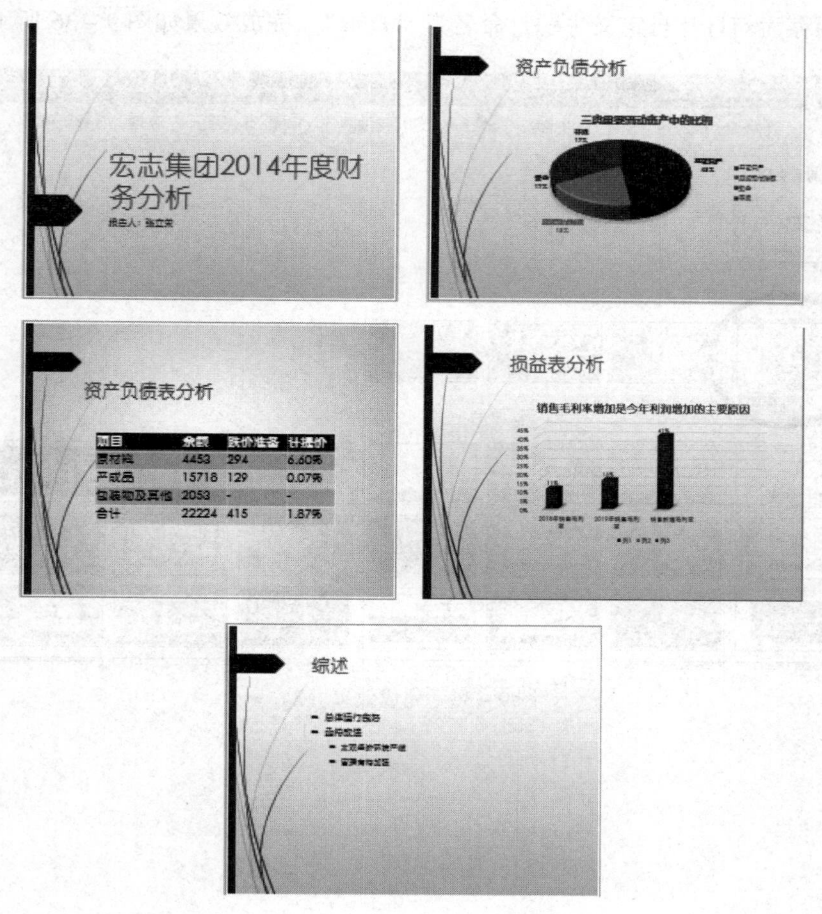

图9－35　完成效果（1）

20%、10%。调整矩形框右边，将突出部分缩到幻灯片右边。

（4）调整“标题”“内容”占位符到顶层。

（5）为所有矩形框设置动画。设置“进入”为“轮子”，“开始”为“上一动画之后”，“持续时间”为“00.50”。

（6）插入一个幻灯片母版，画一个矩形框，设置高为19厘米，宽为33.9厘米，位置为“左上角，水平0厘米，垂直0厘米”，填充“渐变，浅色渐变－个性色1，线性，右下到左上”，将边框线条设置为“白色”。

（7）复制9个柜形框，高度和宽度分别缩小90%、80%、70%、60%、50%、40%、30%、20%、10%，将所有矩形框置于底层。

（8）为所有矩形框设置动画。设置“进入”为“缩放”，“开始”为“上一动画之后”，“持续时间”为“00.50”。

（9）将所母版标题文字设置为“黑体”，将两个母版系列的标题版式中的主标题文字设置为“红色”。

（10）保存为幻灯片自定义主题，命名为“矩形”。完成效果如图 9－36 所示。

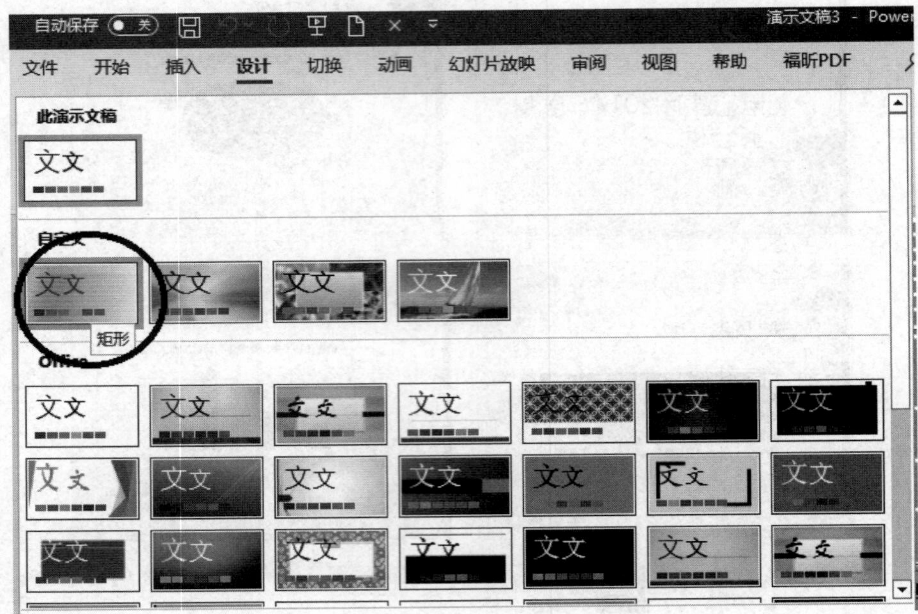

图 9－36　完成效果（2）

参考文献

[1] 陈万钧，吴秀英. 新一代信息技术 [M]. 北京：电子工业出版社，2021.
[2] 游新娥，谢完成. 新一代信息技术基础 [M]. 北京：电子工业出版社，2020.
[3] 张磊，袁辉. 新一代信息技术 [M]. 西安：西安电子科技大学出版社，2021.
[4] 石忠. 信息技术基础 [M]. 北京：北京理工大学出版社，2021.
[5] 吴媛，赖秀珍. 信息技术项目化教程 [M]. 北京：北京理工大学出版社，2021.
[6] 杨竹青. 新一代信息技术导论 [M]. 北京：人民邮电出版社，2020.